El robot de carne y hueso

Connie Selvaggi

authorHOUSE®

AuthorHouse™
1663 Liberty Drive
Bloomington, IN 47403
www.authorhouse.com
Teléfono: 833-262-8899

Published by AuthorHouse 09/07/2021

ISBN: 978-1-6655-3700-1 (tapa blanda)
ISBN: 978-1-6655-3699-8 (libro electrónico)

Dentro del plan universal, en la aventura de supervivencia de todas las razas, los verdaderos valores de la energía y el espíritu no tienen cabida dentro del diseño egocéntrico y acelerado de la reingeniería humana actual. No somos conciencias computarizadas, somos seres evolutivos, con discernimiento de espíritu.

Contents

PARTE II
RECHAZAMOS LA POLÍTICA, PERO ELLA NOS ABSORBE

Connie Selvaggi

Estudió Psicología, Nutrición y Turismo, lo que la ha conducido hacia intereses diversos, como la filosofía, la psicología cognitiva, la política y la meditación. Ha sido profesora de educación elemental y es la funda-dora de la Suicide Prevention Foundation, iniciativa que surgió con el ánimo de prevenir el suicidio, desde su propia experiencia vital. Esto la ha convertido en una abanderada en este propósito, a partir de un examen y conocimiento profundo de sus causas. Ha publicado obras cuyas temáticas indagan su interior, como un laboratorio que le ha permitido, primero, comprender al ser humano no como dualidad sino como unidad, aquello de lo cual todos participamos: nuestra consciencia; segundo, entender la diferencia a partir de la interacción de la mente con el mundo físico o fenomenológico. Es conferencista, terapeuta y guía espiritual, de ahí la finalidad de sus libros: que ellos continúen, por sí mismos, su legado. Ha publicado Recipes from the Heart (2002), What's Inside Lakewood Church? (2010), Las maravillas del pensa-miento (2012) y Paisaje: poemas (2020).

Correo electrónico: selvaggi001@hotmail.com

Prólogo

Sin aún conocer el camino para profundizar en el intelecto que predice la inteligencia artificial (IA), me satisface haber encontrado la vía para entrar en los corazones humanos y juntos anticiparnos al riesgo que desata la controversia de la tecnología, la robótica y la misma IA. En 2014, se publicó mi libro *Las maravillas del pensamiento*, que escribí con la certeza de que compartir con los lectores el testimonio más valioso de mi vida podría evitar que otras personas cometieran la locura de pensar que el suicidio es la solución a los problemas en la congestión que se vive en nuestra era del cerebro nuevo. Gracias al impacto positivo que causó esta obra entre los diferentes criterios de las personas que la leyeron, surgió la idea de continuar escribiendo *El robot de carne y hueso* que se enfoca en un despertar de la consciencia, con observaciones sobre la mente robótica en todos los ámbitos que nos hemos permitido usar. El sentido común es el que en todas las páginas de este libro impera, para hacernos presentes entre los milénicos y darnos cuenta de que el potencial humano es más poderoso que cualquier máquina artificial.

Considero que es imposible escribir un libro sin tener el deseo y la pasión de relatar una historia, sin contar una vivencia o sin inspirarse en algún poema que despierte un interés en el asunto narrado. Indudablemente, mi inspiración ha sido mi propia vida y las reflexiones que he sacado después de largos años de observación del comportamiento humano.

No me cabe duda de que los avances tecnológicos y el desmesurado desarrollo de la robótica impresionan con nuestros primeros compañeros automatizados: Jibo, el nuevo miembro de la familia, simpaticón e inteligente que conmocionó a muchos hogares; Pepper, el robot de compañía; EmoSpark, que se toma la molestia de adaptarse a las diferentes personalidades para buscar comprender qué nos hace feliz o infeliz de acuerdo con el pulso emocional; Rex Biónico, al que solo le falta el aparato digestivo para competir entre la perfección de la robótica; o la bella Sofía, humanoide que, aunque sea criticada por la imponencia al amenazar la raza humana, interactúa y encanta por sus respuestas, para mí, programadas en las entrevistas. Además, sin duda, hay que hablar de las muñecas y de los muñecos de silicona y termoplástico que a todos deja perplejo; pero ninguno de ellos supera la calidez humana, ni la fortaleza espiritual que se encuentra en la esencia interior de un ser humano. La creatividad, la espontaneidad original y los sentimientos que nos inspiran al amor propio y a la empatía de un individuo en nuestras sociedades pueden aún revivir en todo robot de carne y hueso, si despertamos el potencial humano y nos proponemos entender todos estos inventos de la inteligencia.

Un escritor apasionado es aquel que, debido a circunstancias especiales, decide ser testigo de sus propios desafíos para el bienestar de otros sin importar la fama. En este nuevo libro, decidí investigar la manipulación de la mente y la necesidad del descubrimiento del potencial que hay en cada persona. La obra deja claro el proceso de una metamorfosis humana y todo lo que se necesita saber para la identificación de un robot de carne y hueso de acuerdo con el criterio personal.

Introducción

En consideración a los cambios y desafíos de esta nueva época, llegué a la conclusión de que nada nos ha alejado de la realidad: la ley divina de la vida es nacer y evolucionar. A pesar de los avances tecnológicos, las nuevas generaciones tienen que buscar la paz interior, la salud física y mental, para continuar su trayecto hasta una edad que desconoce por completo, en la que desaparece la consciencia. A pesar de que el hombre es privilegiado con la razón, con el hecho de ser el único heredero de todo lo creado, de contar con la ciencia y la tecnología, que nos ha traído grandes comodidades y oportunidades para disfrutar de una vida material mejor, también se evidencia que en el asombroso misterio de la evolución solo aumenta la destreza técnica y con esta, un torrente de competencia destructiva, que es el alto precio que la raza humana, los animales y el mismo planeta Tierra están pagando. Aunque algunos *milenium* se reconocen como los únicos hacedores del cerebro y el reto que se imponen de encontrar la fórmula para la inmortalidad. Hasta hoy nadie puede negar que al paso de cada generación no ha quedado nada que evite el dolor y la miseria humana. La conclusión de la vida ayer, hoy y siempre sigue siendo la misma reflexión: "polvo eres y en polvo te convertirás".

Ahora bien, lo que hace que ese polvo permanezca con una forma perfecta de hombre o mujer es lo oculto en el pensar, en el crear y en todo lo que encierra la espiritualidad, que sigue siendo el misterio de la vida, a pesar de los asombrosos intentos por darle a esta algún sentido creíble y lógico para todos.

Después de indagar por todas partes, decidí magnificar el espíritu, minimizar el materialismo y el fanatismo, así como crear e ir construyendo herramientas para ser útil en la vida con el potencial humano. Creo que alejar del pensamiento los cuestionamientos acerca del origen de la vida, las injusticias y las predicciones de lo que puedo llegar a ser es lo que me ha llevado a sentir el flujo de la vida en la paz espiritual. Al profundizar en mi espíritu, encontré que controlar el ego es el arte de saber vivir en nuestra esencia y que se necesita un permanente ejercicio de tal control para no salir de ella.

¿Cuál es el camino perfecto? No hay un camino perfecto, pero sí debemos conocer el arte de planear y hacer de lo imperfecto un peldaño que nos fortalezca, para vigilar de cerca nuestras actitudes mentales y permitirnos entrar en el desarrollo del maravilloso mundo del autoconocimiento. En este sentido, la tecnología es una de las ventajas que tenemos para ampliar el conocimiento y no permitir que nos hundamos en un mundo sin sentido. Debido a la globalización informativa, podemos entender que lo conveniente hoy día, es poseer no solo bienes materiales, sino también el saber. Este cambio fue posible gracias al desarrollo acelerado de la IA, que en muchos ha despertado la consciencia de reinventarnos para una visión más realista de los acontecimientos que ocurren en diferentes escenarios y exigirnos la verificación de resultados positivos en el foco de intereses individuales. Así es como se han abierto oportunidades para todo el que quiera prepararse y servir de instrumento eficaz en la evolución de la vida. Por ejemplo, los avances en las técnicas para procesos mentales se han publicado con una narrativa sencilla; se ha ampliado la comprensión de los mecanismos del control emocional, que nos va llevando a conocer cómo funciona el cerebro humano para conseguir el equilibrio. Los resultados en una persona equilibrada se reflejan en el control de sus emociones: se hacen seres exponenciales y es fascinante compartir con ellos.

La trama de este libro tiene, sin duda, un enfoque en el potencial individual; por tanto, me complace compartir el análisis de William Atkinson sobre la individualidad, en su gran obra *Psicología del éxito*:

La cualidad de la individualidad se patentiza en el fuerte sentimiento y las manifestaciones que nacen de él, del respeto de sí mismo, confianza en sí mismo, dignidad e independencia. Es el instintivo reconocimiento del Ego de la persona, que está detrás de todo procedimiento mental y acción física. El Ego es el que nosotros reconocemos cuando sentimos la conscientividad "Soy". Está detrás de todo pensamiento, sentimiento, elección, acción. Nosotros podemos decir: "Siento", "Pienso", "Hago" o "Escojo"; pero el "Yo" está siempre en el centro del pensamiento, del sentimiento, de la elección o acción. La voluntad es la confirmación de una forma de conscientividad desde el centro al exterior, este reconocimiento y conscientividad de la voluntad es la herencia de la individualidad. La fuerza de la individualidad viene de dentro. Aquellos en que la individualidad está bien desarrollada manifiestan confianza en sí mismos, dependencia de sí mismos, respeto de sí mismos, independencia de pensamiento y acción, fuerte deseo de libertad, verdadero orgullo y un sentimiento de poder interno, manifiestan cualidades que dominan y aman el sentimiento del poder, no por vanidad, sino por el sentimiento mismo. (cap. 13)

William Atkinson, con este sabio análisis de la individualidad, me deja claro que llegó el momento de reflexionar sobre sus palabras, para explorar el conocimiento del desarrollo personal y activar la capacidad del intelecto que nos lleva a descubrir herramientas secretas, para hacer de nuestra vida un paraíso o un infierno mental, en medio de la tormenta que ya ha sido provocada.

En la última década como conferencista, he tenido la oportunidad de comprobar y concientizarme de que los senderos se hacen y el camino se ensancha con las huellas que vamos dejando. También he compartido con muchas personas el proceso espiritual, una herramienta clave para alcanzar la paz interior, que va más allá de cualquier apego físico o material. En la práctica de varias técnicas de crecimiento interior, me di cuenta de que el propósito de vida es un privilegio que nos motiva a continuar el plan de vida al andar y aunque varios estudios en el comportamiento de los individuos señalan que una vida con propósito ayuda en el manejo positivo de las emociones ante los desafíos de la vida cotidiana, también concluí que la felicidad interior no depende de ningún propósito de vida. La felicidad que nos da el propósito de vida no es constante, sino que contribuye a nuestras propias recompensas superficiales que causan enorme alegría, mientras que la felicidad que ofrece el campo espiritual se logra con la práctica hasta que se queda en el sentir de una vida agradecida.

No fue fácil entender que somos templo sagrado y, por tanto, hay algo sobrenatural en él, para actuar en todas las cosas cotidianas por grandes o pequeñas que sean. Empecé por observar la confusión presente en las personas con respecto al nombre Dios o Diosa tengo que decir porque, en la actualidad, para algunos la controversia es la brújula de sus vidas, por ejemplo: ¿Dios será blanco, rojo, negro? ¿Tendrá sangre azul? ¿De dónde proviene? Unos se dicen que son ateos, otros cristianos, musulmanes, testigos de Jehová, o que profesan cualquiera de las religiones tradicionales o modernas que circulan alrededor del mundo.

Durante un año me puse en la tarea de asistir a reuniones en varias iglesias de diferentes nominaciones. Empecé por visitar con un contacto una mezquita. Le pregunté a una gran variedad de personas qué significa Dios para ellas y la respuesta común entre la mayoría de la gente fue: "Un Ser Superior, creador de lo invisible y lo visible" y "Dios es Uno Absoluto, el Todopoderoso y gobernante del universo y de todo lo que existe".

Entre los que no pertenecen a ninguna nominación, la mayoría cree que Dios es "la fuerza natural que hay dentro del ser"; en esta última respuesta, me detuve por mucho tiempo y sentí que esa fuerza es el mismo Dios que habita en mí. No tuve la necesidad de esforzarme para entender esto. Entonces seguí adentrándome cada día, con mucha calma en mi interior y cuando sentí una fuerza sobrenatural se abrió la mente a la programación de los mensajes espirituales. Acaté dos de ellos, que han sido determinantes en mi transformación. El primero me dio el discernimiento para entender que la felicidad es un proceso de vida que se siente aun desde niños y que se interpreta de forma individual, de acuerdo con experiencias procesadas. El segundo fue grabado en mi memoria igual que un marinero fiel a su brújula: todo lo que Dios hace y provee es bueno y perfecto; el cerebro humano y el orden universal son ejemplos de ello. Con la creencia en lo anterior he aprendido que si mis anhelos no se cumplen como yo quiero, es porque hay una fuente poderosa interior que lo quiere mejor, contrario a lo que yo imaginaba. Con esta estela navego en el tiempo y en el momento preciso para lograr lo que me propongo sin exigencias banales.

Infierno mental

Viví el infierno mental después de mi retorno a Houston en la época de los atentados de Nueva York del 11-S. Es la razón por la que empecé a escribir estos mensajes, pues no le deseo a nadie ese sufrimiento innecesario. Experimenté la programación de la mente en un desierto; es decir, la programación de una vida sin sentido, sin herramientas, sin esperanza y sedienta de fe que abandoné cuando dejé mi tierra. Hablando del desierto no imaginamos mucho, ¿verdad?, solo la arena y las tormentas; se tiene la sensación de calor y vacío, lo experimenté en el viaje al desierto del Sahara. Mi programa mental afrontó el miedo, una actitud que suele tomar ventaja negativa, construye un entorno material y forma un panorama hermoso e iluso. Las ilusiones del futuro se vuelven presagios que amenazan la propia vida. La mente se inunda con un mar de dudas y temores cuando se acaba el poder material y en un instante se pierde el equilibrio de la psiquis.

El infierno mental es un conflicto interno que se forma por no poder satisfacer las exigencias del ego. Entre los miembros de un alto mando, por ejemplo, es muy común tal comportamiento: la búsqueda de armas destructivas como estrategia material es una aliada del ego para lograr el poder y el dinero, violentando los valores de la moral. Quienes creen que el ser humano vale por lo que tiene, crean en la consciencia la necesidad de suprimir del pensamiento cualquier ética y hasta quitar del medio la vida humana, con tal de conseguir la satisfacción propia.

La complejidad del pensamiento es tal que, en ausencia del discernimiento o criterio propio, la mente puede convertirse en algo desechable: la mente desarrolla una tensión que se vuelve peligrosa y explota en forma de agresividad con el primer desafío de la vida. Yo lo viví, el ego se resistió a aceptar las condiciones de la realidad. A causa de las presiones de la sociedad, se vuelve embarazoso el hecho de vencer con esfuerzo obstáculos para reconstruir metas que parecían alcanzadas. Asimismo, los prejuicios hacen que se pierda la seguridad en el ser y las expectativas en el campo competitivo de los objetos materiales o del desempeño laboral. La ausencia de comprensión y de amor propio hace que el ego mismo nos traicione en busca de una alternativa rápida y dramática que para muchos hoy finaliza con el suicidio. En el contexto de este flagelo tan común en nuestra sociedad, cuando domina la mente no importa la edad, la raza, la cultura ni la condición social o económica. Por eso, el viaje en el robot de carne y hueso se ha preparado con un tiquete en primera clase para despertar la consciencia de un cambio urgente en nuestras vidas.

No obstante, cambiar la mente condicionada por ideas nuevas y despertar el deseo de poder ser un individuo original y creativo con su propio potencial, son las metas que deseamos alcanzar sin importar la cultura, la raza, la religión, la creencia o el color que tengamos. En consecuencia, el primer capítulo de la obra está escrito en un contexto personal de hechos significativos en el análisis de la fase en desarrollo de una metamorfosis humana, que pone énfasis de forma amena en la responsabilidad adquirida para salir de la crisálida del condicionamiento. En la revisión de actividades y manera de reaccionar ante las diferentes circunstancias de la vida, se usaron criterios de expertos en el comportamiento humano para el bienestar individual.

El libro está dividido en dos partes que consta de 18 capítulos, muchos de ellos los escribí en medio de la naturaleza; en algunos de los relatos, el lector encontrará metáforas inspiradas en el ambiente natural, que quise registrar por la originalidad del sentimiento que me produce. En este se destacan tres prioridades: a) despertar el interés en descubrir el potencial único que llevamos dentro, b) persuadir a las personas a reconocer la importancia de reinventarnos ante el peligro latente de convertirnos en robots de carne y hueso por la manipulación de unos pocos de la élite del poder adquisitivo; c) motivación para actuar a retomar la esencia de cada uno, el respeto, la confianza necesaria para vencer el miedo y poder defender nuestras libertades que encontramos amenazadas.

Dejo al lector navegando en el mensaje de estas páginas, le deseo que encuentre en sí mismo la tranquilidad, la paz y el amor en un mundo lleno de desafíos temporales, que no son otra cosa que el desespero por querer ser mejor que el otro. "Lo cierto es que quien aprende de todos un poco se volverá sabio".

Dios no creó el mal; el mal es el resultado de la ausencia de Dios en el corazón de los seres humanos.

Albert Einstein

PARTE I

El fin de las habilidades asertivas

Presentación

El mundo está lleno de damnificados espirituales, no es para menos, en medio de un ambiente multicultural con condicionamientos diferentes que producen una variedad de opiniones contrarias, el miedo nos sobresalta, preferimos vivir manipulados y callados que arriesgarnos a defender nuestra esencia.

Los recientes avances en *big data* o IA amenazan los valores y principios. Al respecto se puede señalar que es fácil para muchas personas hacer caso del razonamiento de muchos autores que con argumentos deforman la idea de confiar en Dios y tener fe en la vida.

Según los profundos análisis de la inteligencia emocional con respecto a la exposición del control individual, las habilidades que fomentan la armonía entre las personas serán un bien cada vez más preciado en el mundo laboral. Este principio se aplica también a nuestra consciencia individual: si la cólera y la indignación por las injusticias de la vida se convierten en armonía en nuestro interior se acabará su guerra interna y vendrá la luz de la sabiduría para contribuir con buenas ideas en el conflicto interior que se vive.

Posiblemente, una solución para manejar las desventajas mencionadas es un despertar de consciencia a través del autoconocimiento en las mentes robóticas. Cuando descubrí mis valores y los de otras personas, borré de mi mente la idea según la cual las injusticias de la vida se solucionan por la fuerza, la rebeldía y el dinero. Aunque las injusticias existen y siempre existirán, nuestra tarea no consiste en enfocarnos en ellas, sino en aprender a vivir con tales injusticias usando nuestra inteligencia.

En 2017, cuando trabajaba como docente en una escuela de Houston, confirmé que la creatividad y la inteligencia emocional son la clave para interactuar en grupos de influencia mutua y superar cualquier enseñanza automatizada. Un día, al entrar en el salón de clase, ¡oh, Dios mío!, me encontré con algo parecido a una hoguera de humanos, es decir, al grupo de niños fuera de control. Su comportamiento era una especie de furia interna desatada contra todo; uno de los niños agarró a mi asistente a golpes, como si estuviera expresando sus propias frustraciones. En medio de la trifulca otros alumnos se subían a los escritorios y desde allí lanzaban lápices, cuadernos y cuanto objeto encontraban alrededor para encender los ánimos de todos. Tiempo después, controlada la hoguera por un auxiliar de seguridad, el mismo guarda me dijo que esos episodios eran frecuentes en el salón. Entonces, uno de los grandes retos que me impuse en ese momento fue controlar la disciplina del grupo antes de proceder a dar clases. Terminada la jornada salí con cierta adrenalina y un poco confundida por el reto, con rumbo donde una hermana para recoger cuarenta muñecos de peluche o marionetas de esas a las que se mete la mano por debajo del vestido y se usan para presentaciones teatrales; el diseño era de un gran papagayo de diferentes colores, con un fuerte sonido de papagayo.

Mi cabeza daba vueltas imaginando cómo podía usar los peluches de tal forma que me pudieran servir para calmar las emociones desequilibradas de los niños, en su mayoría de seis años de edad. En el despertar del nuevo día siguiendo la rutina, en la ducha fresca, en el desayuno con el café y jugo de naranja me preparaba como un autómata, en vista de que mi pensamiento estaba dirigido a los muñecos. Ya estando en el auto con dirección a la escuela me sumergí en el tráfico; sentía mucha confianza y gran fortaleza de poder llegar y ayudar a mis niños, pero se me hizo eterno el viaje entre la inmensa cantidad de autos.

Una vez en el salón mi postura y lenguaje corporal posiblemente transmitieron mucha seguridad entre los pupilos, me sorprendieron con la atención con que miraban a su nueva maestra, se percibía con una mirada de misterio y emoción, sujetaba una enorme bolsa plástica de color negro sin dejar ver el contenido. Sentados en la alfombra listos para empezar las clases, mi saludo fue el sonido enrarecido del papagayo. Todos me miraron perplejos y en segundos soltaron una suave carcajada, mientras otros sonreían maliciosamente. Les dije que debían mantenerse sentados en la alfombra sin hacer ningún ruido, porque les traía una sorpresa grande; acataron la orden y acto seguido saqué los muñecos, les enseñé los papagayos de diferentes colores, rosado, anaranjado, amarillo y negro. Por lo maravillados que estaban me di cuenta en el instante de que mi idea era magnífica para controlar la disciplina; a cada uno le asigné un muñeco, pero solo podían disfrutar un rato de él los alumnos que se portaran bien. La mayoría de ellos reaccionó de manera excelente y a los más traviesos los involucré conmigo en una organización que hice del salón en diferentes centros. Se mostraron interesados en el centro de arte; por ello lo hicimos más grande.

Con frecuencia seguí viendo en mis alumnos una enorme necesidad de explorar sus talentos y de descansar de las frustraciones que traían de sus casas; les formé equipos de fútbol, música y pintura; nadie se explicó cómo en un solo mes, el salón se había convertido en un buen ejemplo. Los chicos resultaron llevando semanalmente su muñeco a casa y los padres firmaban para devolverlo los lunes. El rendimiento académico dio un resultado espectacular en las pruebas del distrito.

Al finalizar el año todos llevaron su muñeco a casa como regalo de su maestra. Hoy los recuerdo con nostalgia porque sé que el amor y la comprensión a los niños no es la vocación de todos los docentes.

El resultado alcanzado con los estudiantes obedeció a la determinación que se requiere para aprender a enseñar técnicas de empoderamiento y estrategias en el control emocional de la mente de los pequeños. Algunas de estas son tan sencillas como difundir la confianza y la honestidad o propagar la felicidad a través del calor humano que empieza en el hogar y en las primeras impresiones de la escuela. El autoconocimiento de los padres de familia, instructores y guías es primordial para poder proyectarnos con éxito hacia un cambio colectivo. Hay talleres gratuitos con profesionales expertos en psicoterapias y miles de programas grabados en línea para capacitarnos como guías que son de mucha ayuda. La comodidad del aprendizaje disponible en aulas virtuales o acceso abierto es una de las ventajas que nos ofrecen los avances tecnológicos en momentos de ocio.

La práctica de pensamientos positivos en el hogar y la sociedad constituye un buen ejemplo para el desarrollo de las nuevas generaciones. En el ambiente de los adultos con mente abierta a todas las posibilidades a las que estamos expuestos se percibe un calor que relaja y acentúa la comprensión de nuevas ideas; además, contribuye a la confianza de los adolescentes para difundir mensajes de empoderamiento y al control de la ola de suicidios y masacres actuales. La seguridad propia adquirida en la experiencia, cultiva un tesoro de sabiduría que se convierte en la médula espinal de nuestro testimonio para fortalecer la mente débil de otros. Extraje esta verdad tras reconocer la debilidad en mi crecimiento interior, que después fortalecí como una roca en el camino para empoderarme y levantar la autoestima que muchos han valorado a través de mis libros y conferencias.

Siempre me han encantado los dichos que de pequeña escuchaba en casa, pues dejan moralejas y en ocasiones obligan a que uno se detenga a profundizar en su sentido. Por ejemplo, "unas personas nacen con estrella y otras estrelladas", desde mi potencial único de consciencia nadie nace estrellado; algunos nacen en condiciones menos favorables que otros, pero todos por igual nacemos con espíritu para movernos en un campo real lleno de posibilidades, cuyo potencial se puede aprovechar, así como se puede disfrutar de su luz propia. Estamos en condiciones de despejar las dudas con respecto a creencias inculcadas para poder así continuar con la mente libre de prejuicios, lo que nos permite imaginar, visualizar y materializar los objetivos del plan que nos convierte en estrellas. La falta de creatividad, la dependencia de la tecnología mal manejada y la mente robótica te hacen pensar que naciste estrellado.

1.

La fe

Defínete a ti mismo y podrás pisar firme.
María Matilde Londoño Jaramillo

Gracias al desarrollo que nos ofrece la tecnología, hemos podido romper mitos y tradiciones que nos permiten avanzar en nuestro conocimiento propio y no solo en la determinación de la aparición de los caracteres hereditarios o en los descubrimientos planetarios o en la sorpresiva inteligencia artificial (IA); pero lo que aún sigue en el ojo de la ciencia con dosis de misticismo son los poderes de la mente. Por tanto, la transformación de la mente, el cerebro y el cuerpo es un proceso que se encuentra en las actitudes más sencillas y simples que conocemos desde nuestros antepasados y que hoy perdura por el asentimiento de los testigos y de los estudios avanzados.

En el actual mundo de la psicología positiva, existen dos factores de empoderamiento que supe ubicar en la consciencia como armas de defensa emocional: la fe y la esperanza, que en este primer capítulo los presento en plena acción. He descubierto la importancia de adoptar la actitud positiva y natural que estas dos nos ofrecen en el crecimiento y en el fortalecimiento de los senderos. Literalmente, la combinación de las dos para mí, son habilidades que manejan el flujo de energía positiva con enfoque más en el campo psicológico que en el concepto que lo envuelven las tradiciones fanáticas. En una lectura sobre la salud mental, encontré que las personas que practican la fe y esperanza son más creativas y aptas para una buena disciplina que aquellas que no practican esta sabiduría.

Habiendo analizado mi estado natural de la mente cuando surgieron los desafíos hoy superados, me propuse dejar evidencia de la facilidad que tiene la mente para ser moldeada.

En el mundo de masas con mente robótica es importante un despertar de la consciencia con ejemplos personificados, en la superación de la raza humana en todas las épocas y así recuperar la fe, entender que todos nacemos con un potencial ilimitado para reinventarnos y darle credibilidad a lo que en realidad somos.

El poder de la mente a través de la fe: batalla contra el síndrome de Guillain-Barré

Tuluá es un centro equidistante entre las ciudades de Pereira y Armenia y Cali, la capital del Valle del Cauca, que lleva el nombre del río Cauca que atraviesa este hermoso departamento en mi país de origen, Colombia. Tuluá era todavía un pequeño pueblo en la época en que yo viví.

Un día cualquiera caminaba sola por las largas callejuelas del pueblo tranquilo bajo un atardecer con temperatura agradable, sin frío ni calor. Me dirigía a mi casa después de una larga visita a Carmenza Tamayo, en la casa de su padre; como era costumbre, allí nos reuníamos un gran grupo de amigos para pasar las tardes de algunos fines de semana. Las distancias eran cortas entre las casas y esta era la ventaja que facilitaba las reuniones entre amigos y familiares, sumando también al ambiente pueblerino una serenidad y seguridad absoluta para desplazarnos sin peligro. Cuando llegué a mi casa empujé la puerta que encontré entreabierta. Mi madre estaba sola recostada sobre los cojines del sofá de madera estilo Luis XV, ubicado a la izquierda de la sala que se veía de inmediato al entrar en ese corredor largo de mosaico. Mi madre me miró de frente y me dijo: "Hija, ¿estás bien? ¡Te noto muy pálida!". Sin decir nada me acerqué a ella que me abrazó y me dijo: "Estás muy fría, hijita, te voy a preparar un agua de panela con limón y se me acuesta a dormir".

Acaté su orden, pero no podía dormir; de pronto se apoderó de mi cuerpo un frío intenso que nunca antes había sentido. "¡Madre, madre!", exclamé en voz alta. Ella se sentó a mi lado y empezó a acariciarme el pelo. Pasaron dos horas con fiebre altísima, confundida me dio dos pastillas de acetaminofén, preocupada porque la fiebre no bajaba, fue a buscar a su amiga y vecina Soledad Rebolledo, enfermera de profesión quien recetó algunos antibióticos, que de inmediato fue a buscar a la farmacia del hospital a unas cuadras de nuestra casa.

Se creía que era una gripe debido a las madrugadas en el desfile de la aurora, una costumbre religiosa en la que todo el mes de mayo salen las familias tradicionales a las cinco de la mañana con el monumento de la Virgen rodeada de flores, la cargaban los muchachos del pueblo y a su paso marchaban los feligreses elevando oraciones y cantos de alabanza a la patrona de las almas fieles; alrededor de las principales calles de la pequeña ciudad íbamos dejando el olor a flores que se mezclaba con la brisa.

Empecé a tomar los antibióticos y la fiebre bajó un poco. Pasado el mediodía recuerdo que mi madre notó que mis fuerzas no se recobraban en lo más mínimo; ella esperó a que viniera su esposo José que pudo llegar en las horas de la tarde. Cuando él me vio tendida en la cama casi sin aliento, dijo: "Llévela de inmediato a urgencias, ¡veo a la niña muy mal!". Una vez en cuidados intensivos, buscaron al doctor Saulo Sánchez, médico de la familia. Cuando llegó sentí tranquilidad, como todos los pacientes que se relajan al escuchar la voz de su médico depositario de su confianza. Mi visión estaba un poco borrosa, mis fuerzas eran pocas y no podía hacer gestos, no podía articular palabra, pero escuchaba claramente la conversación del médico. Se dirigía a mí con palabras de aliento y solicitó un examen de líquido cefalorraquídeo. Al día siguiente recibimos los resultados que dieron como diagnóstico el síndrome de Guillain-Barré. Esta enfermedad ataca el sistema inmunitario y el sistema nervioso y sus causas no están del todo claras; resultaba extraño que esta enfermedad la padeciera a mi edad, según lo que nos explicó el médico es más probable en personas adultas.

Después del diagnóstico empezaron los sacrificios y la lucha de mi madre contra esta dura enfermedad. Por un largo periodo se me paralizaron las piernas, no pude volver a caminar. La vista se normalizó y poco a poco recobré la fuerza en los brazos. Pasaron cinco meses de tratamiento entre el hospital y la casa, mientras mi madre cuidaba de mí rogaba incansable a Dios por mi salud siguiendo día a día las instrucciones del médico.

Un domingo, al mediodía después de almorzar, ella me dijo: "Hijita, voy a dejarla un momento sola y usted descanse". "Ok, madre, ¡no hay problema!", repliqué. Sabía que ella no me dejaba sola más de una hora.

Cuando entró de nuevo en la alcoba mi cuerpo ardía en fiebre como el calor de una hoguera; me colocó de inmediato paños de agua fría y me dio la medicina acostumbrada. Creíamos que me restablecería horas más tarde, pero esa noche no tuvimos éxito; era una crisis de fiebre, como ella le llamaba. Ya no acudía a nadie con desespero, pues hacía más de cinco meses que yo padecía este mal con fiebres de cuarenta grados. La mañana siguiente seguí muy enferma, por lo que mi madre me llevó de nuevo al hospital. El médico era la esperanza cada vez que me atacaban estas fiebres incontrolables. Pasadas las ocho de la mañana llegó a mi cuarto para conversar con mi madre: "Margoth, no le tengo muy buenas noticias, no podemos continuar con esta medicina que controla la fiebre de la Cónsul", dijo el médico, usando el apodo que cariñosamente me tenían. Explicó que continuar el tratamiento podría dejarme ciega, porque la medicina contenía un químico que reaccionaba de manera peligrosa para la vista. "¡No, no, doctor, eso no!", respondió mi madre. Su reacción fue de asombro, pero seguía llena de fe en Dios y dispuesta a luchar por su hija. "Doctor, si desde la ciencia usted no puede hacer nada por mi hija, me la voy a llevar para asistirla en la casa con medicina alternativa, Dios todavía no se me va a llevar a mi Consulsita".

La respuesta de mi madre no sorprendió al médico, pues ya había hablado con él de la posibilidad de medios alternativos para controlar la fiebre. "En resumidas cuentas, Margoth, no hay nada más que hacer para la recuperación. Como médico y como amigo de la familia voy a estar en contacto con usted todas las veces que me necesite. Ahora mismo doy la orden de salida para ella y tenga fe, pidámosle a Dios que su enfermedad no ascienda al diafragma porque sería muy grave".

Se le notaba su estado de conmoción controlada cuando se despidió con la mano desde la puerta.

"Mañana mismo me la llevo para la finca, hija, y no se preocupe que Joselito y yo con la ayuda de Dios, la vamos a levantar de esa cama", dijo ella en cuanto quedamos solas en la habitación.

No fue al día siguiente sino una semana después, mientras ella hacía contactos con un especialista en medicina alternativa muy conocido en el pueblo, a quien le llaman Sangre Yuca. Lo había recomendado José hacía ya varios meses; él fue en busca del médico temprano en la mañana mientras mi madre se encargaba de los pormenores para el viaje. Era un jueves de mucha lluvia y ella pasó la mañana en casa con mucha ansiedad porque José no llegaba con el famoso médico.

Pasado el mediodía escuché la voz de mi madre que saludaba al doctor: "Siga, doctor, voy por una toalla para que se seque un poco". "Gracias, doña Margoth", replicó el médico. En pocos minutos, entraron los tres en el cuarto casi vacío, solo estaba mi cama, una silla y un armario desnudo, porque ya se había mandado parte de las cosas para la finca. El médico era un hombre alto, delgado, blanco y pálido, de cabello negro muy carismático, que inspiraba confianza y gran respeto.

En el momento en que se me acercó, su reacción fue de asombro y sin decir nada, entró en un profundo estado de observación. Rompió el silencio y dijo: "Margoth y José, tenemos que actuar de inmediato para bajarle la fiebre antes del viaje". "Como usted diga, doctor", replicó mi madre. El médico dijo: "Voy a mi consultorio para traer algunos emplastos de pantano y empezar el tratamiento". "Yo lo acompaño", dijo José. Salieron de inmediato por el remedio que todos desconocíamos en ese momento.

La lluvia cesó, sin embargo, el médico se tardó cerca de dos horas en regresar. Poco después de las cinco empezó su misión de ganar la batalla contra la fiebre que ya para la ciencia no tenía cura. Sus diagnósticos surgían luego de mirar detenidamente los ojos del paciente.

Dos cosas traía el médico: un plástico grande de color negro para cubrir la cama y dos baldes blancos llenos de lodo rojo que se consigue en el alto de las montañas en tierra fría. Ese fue un día de bendición, porque el médico sabía cómo conseguir el pantano en alguna emergencia, tal como era mi caso.

"Bueno, dijo el médico, empecemos, tendremos que cubrir la cama con el plástico, para extender el lodo de uno de los baldes". Siguiendo paso a paso las instrucciones, mi madre y Joselito me movieron de la cama a la silla mientras hacían lo propuesto. Ya cubierta la cama con una sábana de lodo, me acostaron sobre él. El contacto de mi cuerpo ardiendo en fiebre con el frío me pareció como una plancha caliente sobre una sábana mojada.

¡Estaba iniciando el proceso! "Margoth, ahora tomemos el otro balde de lodo para cubrirle el cuerpo lentamente de los pies hasta el cuello, como si estuviera envuelta en una cobija", dijo el médico y así fue. ¡Oh, Dios! Esto fue una tortura para mí, quedé atrapada como una momia de lodo. Mi cuerpo ardía como una hoguera debajo de esa gran cantidad de lodo mientras el médico decía:

"Hija, con fe en Dios, por los cuidados de tus padres y las maravillas de la naturaleza, Dios nos va hacer el milagro de sanación como un gran testimonio de su grandeza; para la medianoche espero que no haya más fiebre. Ahora, Margoth, consiga mañana a primera hora unas plantas de cañahuate y cocínelas en agua para que le dé a tomar el agua de esa planta ocho vasos por día".

Mi madre replicó con voz alta: "Eso no es problema doctor, mañana mismo mandaré plantar esa mata en la finca para darle a tomar sin descanso". Recuerdo que el médico se olvidó del protocolo y rompió en carcajadas. "Ya veo que está en buenas manos", replicó.

Se quedó hasta la madrugada conversando con José y mamá. Margoth en el comedor mientras yo descansaba un poco. Cuando volvieron a la alcoba, encontraron el lodo completamente seco y quebradizo sobre mi cuerpo ya sin fiebre.

"¡Sabía que se restablecería pronto, gracias te doy Dios!", exclamó el médico. La fiebre había cesado por completo y me sentía con tanto ánimo que pedí comida de inmediato. ¡El médico sonrió! Mi madre dijo: "Doctor, nunca hubiéramos creído que por su poco apetito por tantos meses la Cónsul pidiera comida". "En nuestra fe está el poder de Dios, Margoth", replicó el médico.

Mi madre tenía lista una bañera llena de agua con yerbas aromáticas y medicinales para meterme en ella, después de sacar de mi cuerpo el lodo ya seco. Mientras me sumergían en la bañera, el médico y mi madre empezaron a hablar de los últimos detalles para el viaje a La Iberia; ella sabía que en la finca estaba mi recuperación.

El doctor se despidió de nosotros con muy buenos augurios la madrugada de un viernes fresco por las lluvias. Por último, dijo mi madre: "Doctor, yo estaré yendo a su consultorio para continuar el tratamiento". "Tengo ahora un motivo para ir a visitarlos a la finca, me gusta mucho el campo", replicó el médico. "¡Usted siempre será bienvenido! Estoy muy contenta, allá lo esperamos, nosotros partiremos en pocas horas", dijo mi madre, con un gesto de aprobación y con una sonrisa salió el doctor.

A las cinco de la mañana mi madre fue a buscar a Albeiro, el chofer de la casa, porque no aguantaba el deseo de llevarme a La Iberia. En el equipaje que ella había preparado para el viaje, iban más yerbas y plantas que ropa. La fe y la esperanza se reflejaban en los rostros de mi madre, Joselito y Albeiro. Mi corazón rebozaba de felicidad, porque la fiebre no me atormentaba más y parecía que el hospital quedaba atrás para siempre.

Una nueva esperanza de vida me esperaba en La Iberia, vereda donde está finalmente la gran finca a la que llamamos Los Mangos, por sus enormes árboles, cuyos frutos abundaban en época de cosecha y que dan sombra a paisajes espectaculares.

Los Mangos está al pie de la cordillera Central a una altura de 1240 metros sobre el nivel del mar, en el valle interandino que le da el nombre al departamento del Valle del Cauca. La casa era grande con techos y pisos de madera, rodeada de corredores de arquitectura colonial y a lo largo de ellos había cuatro cuartos enormes idénticos entre sí. Desde allí se respiraba la brisa de las exuberantes montañas que acogían todo un ambiente natural, con su típico aroma a café que se mezclaba en las noches y en la apertura de la aurora entre el olor a plantas de jazmín. A mi llegada a este paraíso terrenal, salió mi primo Héctor Fabio a recogerme en sus brazos para empezar a cuidarme, junto con mis viejos y amistades de la vereda. Él, un hombre fuerte, alto de ojos negros, piel trigueña, cabello muy lacio y brillante. Gran chalán montador de caballos y ganadero, gustos que heredó de su padre Samuel. Ese mismo día empezaron las órdenes de mi madre para sembrar el cañahuate y el matarratón alrededor de la casa; era lo que el médico había recetado para tomar de lunes a domingo, ocho vasos diarios.

Dos semanas después de instaladas en la finca, las visitas de amigos y familiares no tardaron en llegar como manifestación de aprecio a mi madre. Recuerdo, entre ellas, al veterinario Óscar Londoño, hijo de una de las familias más prestigiosas en la región. Él se conmovió por la inmovilidad de mis piernas y la gran caída del cabello y formuló de inmediato un remedio para el problema del cabello usado en caninos. Nunca podré olvidar ese nombre del medicamento, Mirra-Coat, con este recuperé todo mi cabello y me nació de nuevo con un brillo y suavidad indescriptibles.

Óscar añadió a su rutina diaria como médico veterinario visitar nuestra casa todos los días temprano en la mañana. Mi madre, siempre complaciente, lo esperaba con una taza de café caliente para que me acompañara a tomar el delicioso batido de zanahoria y leche con el remedio que él mismo había recetado. Otra visita esperada era la de una niña que subía por las tardes a la finca para hacerme compañía y darme ánimo jugando con el poco cabello que milagrosamente convertía en pequeñas trenzas. En todo caso, aquella niña, hoy día, forma parte de nuestra familia. Así crecía el amor que me traían las visitas, bajo un ambiente lleno de armonía. Continuaba el tratamiento con los emplastos de lodo, que acabó con la fiebre en tres semanas. Era un triunfo para la batalla contra mi enfermedad en parte y una gran admiración para la medicina alternativa. La movilización de mis piernas no se recobraba todavía. Según la ciencia, la invalidez en este caso no tenía cura y era el pronóstico declarado para el resto de mi vida.

La posibilidad de valerme por mí misma era usando una silla de ruedas, pero desde el principio mi madre y yo rechazamos esta idea por completo. Ella era muy inteligente y sabía aplicar bien su fe; al parecer no era saludable poner una silla de ruedas en mi mente. En esa época, no pasaba por mi mente leer un libro de autoayuda como es hoy *The Secret* (*El secreto*), de Rhonda Byrne, y aún menos ver la película. Después de mucho tiempo cuando entré en mi mundo interior y empecé a buscar información sobre los poderes y beneficios de adentrarse en el potencial humano, este libro a pesar de la controversia que ha despertado lo adopté en forma única y enfoqué la idea de la autora para mi beneficio; a la idea de atraer los deseos y hacerlos reales, es decir, la ley de la atracción, les agregué: acción, determinación y perseverancia, usando el mecanismo subconsciente; tengo que decir que fue uno de los pioneros en el desenlace de la formación de mi propia filosofía. Leerlo me sumergió en el recuerdo de un capítulo que viví para agregar a la historia de los secretos de la mente. Episodio apropiado para la nueva era en la que no hay duda de los poderes naturales que desarrolla el potencial humano; ni los incrédulos, ni los creyentes, ni la misma ciencia podrán pasar por alto esta capacidad que hoy más que nunca pasó de ser ciencia ficción para convertirnos en ejemplos asombrosos de sanación y de poder en la realización personal de nuestras vidas. La ley de la atracción es, sin duda, la misma fuerza de la mente, que ha existido por toda la vida y que nosotros hemos prolongado con actitudes para efectuar hechos.

Como colofón a este episodio de mi vida, lo percibimos con mi madre como un reto de fe, se sentía en la casa un aire fresco lleno de esperanza, como mi madre lo tenía planeado.

Una de sus terapias de rutina fue el salmo 34, 4-6:

Ensalzad conmigo a Yahvé.

Consulté a Yahvé y me respondió: me libró de todos mis temores.

Literalmente, podemos entender la claridad de pensamientos con que se programó la mente para recibir la sanación, muchos lo interpretan como milagro por fe, otros como el poder de la energía espiritual, también hay quien concluye que la sanación fue una reacción a la ley de la atracción.

Además de la parte científica del cuerpo humano, cabe destacar los misterios del cerebro; en este caso, la mecánica del consciente y el subconsciente. Entendemos por consciencia todo lo que nos ofrece los cinco sentidos: vista, oído, olfato, gusto y tacto, con los cuales podemos manifestar que somos conscientes de nuestro entorno. Sin embargo, la psicología y la psiquiatría moderna destacan que el mecanismo del consciente no es suficiente para lograr lo que deseamos y queremos cambiar, como en este caso la salud. El mecanismo del subconsciente es el complemento para crear y realizar los deseos humanos. Creo que en mi recuperación el sistema subconsciente utilizó el mecanismo apropiado para la respuesta positiva en este proceso de sanación. Existía en mí una retroalimentación constante de un sentimiento que percibía la sanación en el amor de todos; no era solo la plegaria verbal en la que se pedía la sanación, sino también la forma en que se sentía el deseo subconsciente.

No se hablaba en el rancho o en la finca de lamentaciones o recuerdos de lo que vivimos en el pueblo de Tuluá. Mi madre aprovechaba los amaneceres para caminar sobre la hierba verde alrededor de la casa, recibiendo la brisa fresca en cada amanecer justo a las cinco de la mañana. Elevaba sus alabanzas y oraciones al Creador, rogando por mi sanación, mientras yo descansaba en mi alcoba confiada en los rezos de ella cada día y sentía que la sanación estaba por hacerse realidad.

Muchas semanas después de llegar a Los Mangos, una mañana mientras dormía en uno de los cuartos principales de paredes altas pintadas de color blanco, con grandes puertas de madera, una al frente del corredor hacia la entrada, otra en la parte de atrás donde se encontraba la cocina, se convirtió en el refugio apropiado para mi salud y testigo mudo de la escena que allí viví para ver la mano de Dios y después contarla.

Había salido mi madre para el pueblo como siempre lo hacía una vez por semana, a entrevistarse con el doctor Sangre Yuca y contarle los pormenores de mi recuperación y aprovechar para hacer algunas compras en el mercado. Era lunes antes del mediodía, me encontraba sola en el cuarto, José y Héctor Fabio se dedicaban a sus oficios de rutina afuera de la casa, un familiar que permanecía en la finca se presentó en mi dormitorio, entró por la puerta grande del frente de la casa, que se acostumbraba a abrir temprano para dar paso al aire fresco con olor a pino tan agradable en las mañanas y que se mezclaba con el aroma de café que se preparaba en la cocina. Era un hombre de confianza que vestía pantalón vaquero, camisa roja y botas pantaneras. Se detuvo frente a mi cama por un segundo, de inmediato caminó en el cuarto y buscó entre el ropero de José un revólver que permanecía allí, lo agarró con sus manos y apuntó hacia la cama donde yo estaba. No recuerdo si cargaría el revólver para apretar el gatillo, pero sí tengo claro el recuerdo en la memoria de que, mirándome a los ojos, con aspecto alucinante, me dijo: "Consulsita, párese de allí, ya ha causado muchos problemas con el cuento de no moverse". Por un momento mi corazón pareció dejar de latir. Trabajosamente me senté en la cama con ayuda de mis manos y mi cuerpo muy débil, mis piernas no las podía mover, no daban respuesta a mi esfuerzo; angustiada y en completo pánico a la espera de que disparara el arma, no recuerdo lo que pasaba por mi mente aquel día, pero pienso hoy que pudo ser una sensación de abandono.

Sorpresivamente vi al frente de la puerta principal a un chico de aproximadamente doce años, lo reconocí y lo vi como un enviado del Altísimo. El niño, sin decir palabra, corrió despavorido en busca de ayuda alejándose de la escena mientras el hombre continuaba apuntando el arma con palabras amenazantes. Apareció José con el chico por la puerta interior, estando yo sorprendida por la rapidez en que el niño llegó con ayuda al lugar de la escena, a pesar de que por el pánico pudo haberse hecho eterno. ¡Yo vi la mano de Dios!

José, un hombre de estatura mediana, muy calmado sudando y muy pálido, con su paso tranquilo, se dirigió lentamente al hombre con palabras de afecto: "Hijo, suelta esa arma que usted y la Cónsul son como hermanos". Entre otras reflexiones. Al cabo de una pequeña conversación, en un instante José se lanzó a las manos del muchacho y consiguió bajarle el arma. No sé cómo sucedió algo tan rápido, pero allí concluyó el episodio. En silencio, miramos al hombre con su mirada perdida saliendo de la habitación por la puerta del frente. José se dirigió a mí y sentándose a un lado de mi cama me contempló en silencio como a una criatura indefensa. Pasado un rato, José interrumpió el silencio: "La mano de Dios se ha manifestado a través del niño que corrió a buscarme y a ti, hija, no podemos dejarte sola ni un segundo". "¡Es verdad!", contestaron en la habitación las mujeres de la cocina que habían entrado a presenciar el inolvidable episodio. Surgían preguntas de qué pudo causar en ese joven su desequilibrio mental, entonces abruptamente concluyó una de las mujeres, que el joven actuó bajo la influencia de las drogas. Yo permanecía sin intervenir en la conversación, mientras ellas continuaron haciendo los comentarios obligados del asunto y repitiendo una vez más los hechos del incidente, entró Héctor Fabio y las cortó por lo sano. El resto de la tarde, mientras llegaba mi madre del pueblo, la pasamos en la habitación recordando historias de la infancia y entre oraciones de agradecimiento al Creador por evitar lo que pudo ser una tragedia.

Este es un capítulo inolvidable de mi pasado y por la forma en que recuerdo la vivencia en aquella inmensa habitación, sé que fue una reflexión de crecimiento en gratitud de la supervivencia entre mi larga enfermedad y mis instantes angustiosos entre la vida y la muerte. No era suficiente la lucha contra la fiebre, ni tampoco la incapacidad de mis piernas para apoyar la teoría de que los retos en la vida son peldaños que fortalecen y claro está, la afirmación de que la vida pende de un hilo. Esta historia es un testimonio perfecto, no solo era sanación física, sino también espiritual para el camino exponencial que se abría. Considerando que semanas antes de entrar en esa crisis, fue un año inolvidable para mi vida: recibí mi diploma de graduación en el colegio como bachiller y al mismo tiempo recibía mi otro título de Secretariado Ejecutivo en la Academia Sam, donde estudiaba desde 1977 en horas alternativas a las del colegio y lo complementaba con un curso intensivo de español en el Servicio Nacional de Aprendizaje (SENA) de Tuluá, hasta que en 1981 ganaba la batalla contra el síndrome de Guillain-Barré.

De regreso a mis actividades: novación política

Después de los cuidados y sacrificios de la familia, el amor de Dios que se manifestó a través de todos en el ambiente natural que nos abrigaba, me devolvieron poco a poco el movimiento de mis piernas, mi cabello y una vida llena de agradecimiento con alegría. Aunque prefería continuar disfrutando de la paz, comprensión y empatía entre amigos, regresé a mi ciudad natal, Armenia, con mis hermanos y mi padre para empezar una nueva oportunidad de vida.

Armenia

En la ciudad se sentía una energía de cambio en la política, algo que a mi regreso sonaba a fantasía, mi adaptación se convirtió en una de las historias más memorables de mi adolescencia. Uno de mis tíos que de cariño le llamamos Tano, se encontraba activamente involucrado en un movimiento político, el más interesante de la época, que era una excelente alternativa dentro del Partido Liberal, el Nuevo Liberalismo fundado en diciembre de 1979 meses antes de la crisis del síndrome de Guillain-Barré en la que yo estaba entrando.

Luis Carlos Galán: una reseña del nacimiento del Nuevo Liberalismo en mi ciudad natal se impregna en mi mente robótica

No cabe duda de que no hay casualidades y todo lo que se aprende es oportuno en su momento: esa pequeña preparación en la Academia Sam y el SENA de Tuluá despertó el interés de mi tío para invitarme a participar, como ayudante, en la campaña política para el crecimiento del Nuevo Liberalismo en el Eje Cafetero en Armenia.

Empecé a trabajar para el contralor municipal-departamental de la época, Javier Ocampo y la queridísima Diana Patricia Muñoz, a quien yo admiraba como ejemplo a seguir, por su dinamismo y que siempre traía con ella su sonrisa que la hacía brillar con luz propia. Con el pasar del tiempo, mi curiosidad me llevó a buscarlos para saber dónde estaban estos dos personajes que me inspiraron con su empatía en plena juventud.

Pasó el tiempo y en octubre del 2019, en busca de recuerdos importantes de mi época de adolescente con mente robótica, para continuar escribiendo remembranzas, me estremeció una señal inesperada de cómo sacar a la superficie algunas experiencias ya por los años enredadas. Así que se me ocurrió la idea de compartir con los protagonistas reales de esta historia e inquieta me puse a la tarea de preguntar si después de treinta y tres años había la posibilidad de encontrarlos; organicé mi viaje de exploración a Colombia a fin de enfrentar la verdad de acontecimientos ya vividos.

El punto clave para mí era comprobar adónde había llegado el potencial de cada persona que fueron guías en la construcción de mi fortaleza y también darle profundidad real a lo que era nada más que un baúl de recuerdos.

Los resultados de mi aventura fueron más allá de mis expectativas, los grandes vacíos que había en esta historia han sido complementados con los momentos más sustanciosos de esa época, sin ninguna imagen retocada. Todos los personajes encontrados tienen la originalidad que los destaca con la característica de mentes abiertas sin limitaciones, como es el ejemplo de una buena semilla sembrada en tierra firme. A Diana Patricia la visité en la Alcaldía como la esposa del alcalde de la ciudad o primera dama, como así le dicen, sencilla, atenta y jovial; a Javier Ocampo Cano, un hombre empoderado de mente abierta a todas las posibilidades en el crecimiento humano, siempre con su sonrisa que después de treinta y tres años conserva intacta.

Parecía que, a pesar del tiempo, su esencia no cambió, recordé mi oficio con ellos que era convocar gente a las reuniones y recibir las visitas del contralor. Me encontré con lo divertido y fue con la misma gente que me enseñó un nuevo partido político de donde nació mi amor por la patria y el derecho como ciudadana a hacer política con mente abierta dispuesta a programarla. Sus líderes dejaban en sus palabras gran motivación por un cambio necesario para la nación como una renovación en la política, era como tener hambre y sed en el desierto; pero en este caso se perseguía la paz en el territorio colombiano, esa misma paz que hasta hoy no se ha podido establecer en un país cada vez más polarizado. No cabe duda de que la mente humana es la revelación constante de hechos apasionantes que en el diario vivir vamos expandiendo.

En la fascinante misión que me propuse este año, me entrevisté también con el que todavía considero uno de los fundadores del Nuevo Liberalismo en Armenia, Henry González Meza. Nos sumergimos entre la gente y sentados en Lucerna, un salón de té, no sentimos pasar el tiempo porque estaba lloviendo como si estuviéramos viviendo la misma época del pasado. Henry, con la misma pasión y admiración por la magia del caudillo, Luis Carlos Galán, sigue siendo un gran líder y maestro del movimiento Nuevo Liberalismo. Allí recordé mi historia de adolescente seducida por las tesis galanistas.

Con esta iniciativa de un nuevo partido, afloraba la esperanza de una nueva Colombia; pero tal vez la parte más importante a considerar hoy es saber cuáles fueron las consecuencias de los actos en cada ciudadano después de interrumpir el camino a la verdadera democracia que propuso Galán.

Javier Ocampo Cano es contundente en afirmar la verdad de las consecuencias y del porqué Colombia es un país que hoy sobrevive entre la corrupción y la desigualdad de derechos humanos. ¿Cómo llegamos adonde estamos?

Mi deseo al plantear el testimonio de Javier es atendiendo a los hechos y la lógica en la historia que puede no ser objetivo, pero por la ignorancia en que vivimos cuanta más claridad en los hechos estaremos mejor apercibidos. Mucha gente igual que yo como borrego en la época de Galán, no percibía las raíces que infectan hoy todos los sistemas políticos a través del mundo globalizado tecnológicamente. Javier:

> Cuando se documentó el narcotráfico en Colombia, la sociedad colombiana contemporizó con el narcotráfico, los medios de comunicación y la sociedad reconocieron a los narcotraficantes como grandes señores y les abrieron todas las puertas a todos los clubes, a todos los ámbitos sociales, inclusive al poder político, tanto así que Pablo Escobar alcanzó a llegar al Congreso de la República; y fue Luis Carlos Galán con su movimiento político y su ministro de Justicia de entonces, Rodrigo Lara Bonilla, los únicos y los primeros que tuvieron el valor de denunciar el narcotráfico y de sacudir a la sociedad colombiana y decirles: "Vamos a contemporizar con el dinero mal habido, con la sangre de los colombianos, para que unos señores con las manos sucias dejen de manejar el poder. Y eso les causó a Galán y a Lara Bonilla su muerte. Yo pienso que el país tiene una deuda histórica con Galán y con Lara Bonilla, porque ellos fueron mártires de esa denuncia. Tuvieron el valor y la gallardía de hacerlo, además de todo lo que hizo Galán para Colombia; hoy, si revisitamos sus ideas y su ideario, son completamente actuales. El mismo tema de la lucha contra la corrupción; primer político de este país que se atrevió a organizar un comité de ética dentro del mismo partido que se aplicaba al pie de la letra; no se podía transgredir; esas líneas rojas eran sagradas". Si no hay democracia interna dentro de los partidos, no puede el partido promover la democracia real; la democracia de nosotros es irreal porque los candidatos dentro de los partidos surgen amañadamente, surgen en los clubes, surgen en las componendas

de los dueños del poder. Galán le enseñó a Colombia que sin educación política no había democracia; eso está vigente hoy. Si hubiera educación política, no nos gobernarían las minorías, no tendríamos el estado de corrupción que tenemos hoy; pero tenemos un problema de educación política que está hundiendo al país, nos embarcamos en una dirección popular, sin tener el presupuesto de la educación política. El diagnóstico social y político de 1979 a 1980 que empezó el galanismo es el mismo de hoy, quizá hoy más grave porque la corrupción es más campante, más rampante; porque en ese entonces no se hablaba de asociación en la justicia, la justicia seguía insoluta, hoy la corrupción ya permeó hasta la justicia; esto es gravísimo para una sociedad y para un Estado social de derecho.

Los seguidores del Nuevo Liberalismo están en su derecho de defender este partido y acentuar las palabras de Luis Carlos Galán, pues es una realidad que por falta de educación política la democracia está llegando a su fin; pero es igualmente razonable pensar que en ninguna demagogia política se puede confiar. Mi tío como miembro en la junta coordinadora del Nuevo Liberalismo, me convirtió en seguidora de quien era el candidato a la Presidencia, Luis Carlos Galán. Uno de los momentos privilegiados, fascinantes y motivadores para mí fue cuando mi tío me llevó al Hotel Zuldemayda con toda la discreción que exigía el protocolo de seguridad para visitar al senador Galán, en 1982. Con mi ingenuidad en la política, no vislumbraba el honor que se me daba. Pero sí con mi carácter que hasta hoy me encarna conocí personalmente a un gran hombre de estatura mediana y cabellos rizados, ojos azules, transmitía ilusión, la pasión de luchar por la patria despertó en mí el deseo de ser líder. En ese encuentro, me regaló un pequeño libro de bolsillo con sus tesis y sus ideas frescas para la transformación política del país. Sus argumentos eran tan convincentes que me gustaba releer el libro cada vez que podía y lo conservé por muchos años, al igual que guardaba el devocional de mi primera comunión.

De aquel tiempo, los recuerdos que tengo son las palabras de vibra positiva en ese presente y el futuro de cambio que despertaba la iniciativa relevante de atender con urgencia temas como la erradicación del narcotráfico, uno de los mayores obstáculos en el desarrollo de la democracia hasta el presente; restablecer la patria y mejorar las relaciones de política exterior para el desarrollo y beneficio del país, pero siempre la soberanía de Colombia era su gran prioridad. Desconociendo los intereses personales de Galán, pero trayendo a mi análisis a colación sus palabras, no es un alarmismo considerar que mientras exista el narcotráfico hoy aplicado como narco-Estado, la democracia no tendrá voz ni libertad de expresión; como también veo en peligro la situación que enfrentamos con el planteamiento de descuidar la soberanía de cada nación por buscar la unificación de un mundo sin fronteras.

Sus argumentos en todo caso, son asuntos por los que atravesamos hoy; por ejemplo, la situación que vive el Gobierno norteamericano, enfrentando con fuerte crítica la decisión de poner un alto al gigante asiático, que no favorece a los intereses de la soberanía estadounidense; una actitud que para mí es de gran importancia, ya que desde que tengo uso de razón los gobiernos entregan las riquezas del país al mejor postor y ese es el modelo que se percibe en la gran potencia americana frente al Partido Comunista de China (PCC$_H$). La similitud de estos conceptos galanistas en desarrollo son ampliamente debatidos en la segunda parte de esta obra.

Es seguramente aquí, donde recuerdo otra razón para mi admiración por Luis Carlos Galán, todos sabemos que los Estados Unidos han sido el blanco de odio de la mayoría de los países subdesarrollados; sin embargo, en los discursos de Galán, no se percibía la expresión de rechazo hacia este país, ni se vislumbraba otra nación como objetivo para atacar, combatir o destruirla. Había asuntos que algunos jóvenes oíamos sin entender, pero que en aquella época hacían diferencia en la demagogia política.

Muchas de las propuestas políticas de Galán se pueden perder con el paso de los tiempos, pero nunca su inteligencia que brilló y marcó la historia de una posible Colombia renovada. Sus reflexiones eran tan sencillas como imborrables:

A nuestra patria llegó, como llegó a más de sesenta países del mundo, el poder oscuro y criminal del narcotráfico, y ha sido, ha sido, el Nuevo Liberalismo la única fuerza política que en Colombia se enfrentó a ese adversario terrible de la sociedad, de la organización institucional. Porque nosotros no buscamos unas curules y buscamos apenas la Presidencia de la República, nuestra ambición es mayor, mucho mayor, nosotros buscamos una nueva sociedad; estamos cambiando la consciencia del pueblo colombiano como lo necesita y lo requiere para progresar en verdad, para adquirir dignidad, para adquirir plena consciencia de sus derechos, para no ser una nación marginal secundaria, para que no le vuelva a dar vergüenza a ningún colombiano presentar el pasaporte de su patria.

"Se puede matar a los hombres, pero no a las ideas"
(Luis Carlos Galán).

Lo cierto es que cuando me alejé de Colombia en este campo, era cuna de narcos y solo se hablaba de derramamiento de sangre que destruyó la moral de familias enteras que mantienen el recuerdo y el dolor de la violencia que se organizó entre los carteles de Medellín y Cali. Aún vive en la mente de las familias el caos doloroso por el robo de sus hijos reclutados a la fuerza y algunos vislumbrados por la extravagancia y el derroche de dinero con la corrupción, hoy muchos convertidos en "máquinas de matar" o robots de carne y hueso manipulados por la mente deplorable de los capos. Aunque tengo entendido que son nuevas generaciones las encargadas del negocio, pues son pocos los que hoy existen de aquella época.

Esta es una profunda verdad que aún no termina y con pocas posibilidades de exterminar este flagelo camuflado, convertido en la mafia *gourmet* que con la alta tecnología se expande con facilidad y más fuerza hoy día.

Con profundo análisis de la delicada situación desperté la consciencia que me mantuvo somnolienta entre los observadores más desprevenidos. Como colofón de estas conclusiones, irónicamente, en esta guerra del narcotráfico en la que se vio Galán, a pesar de su brillante inteligencia, no se percató de que, en la exuberante vegetación de las cordilleras colombianas, rodeadas de mares, ríos y cascadas que bañan la patria que tanto amó, se escondían las madrigueras de quienes negociaban cómo acallar su enérgica y sentida voz.

El ámbito de obvia tensión en su contra se agudizó porque se percibía a Galán como el próximo presidente de la República. La verdad, la transparencia y la determinación en sus discursos fueron la amenaza que él mismo elaboró contra su vida.

Para esta reseña, así es como muchos recuerdan a Luis Carlos Galán: no conoció el temor, se lanzaba a desmantelar la corrupción en simples y humildes métodos que atrapaba la simpatía arrasadora en todo lugar. Por ejemplo, el medio de transporte que usó, los buses de servicio público y el tradicional jeep Willys cafetero en el que se desplazaba a las veredas o zonas rurales, aclamado por la multitud reunida en las asambleas, no solo lo confirman periódicos que lo reseñaron para la historia de Colombia, sino también los testigos que seguíamos sus huellas y fuimos cómplices con su pasión que reflejaba en la forma sencilla y natural de repartir sus boletines en lugares recónditos del territorio. Y para mi sorpresa en este viaje a Colombia, encontré testimonios de personas que cuentan cómo también a caballo se transportaba sin prejuicios. Así fue como este hombre repartió el mensaje contra los corruptos; tal vez por amor a su patria, como lo asimilé en mi época de adolescente, o por la razón que sea. Lo cierto es que dejó claro en la consciencia de sus compatriotas que la corrupción hay que erradicarla y es tan evidente que cualquiera puede ver lo que ha empobrecido los sistemas "democráticos" en los gobiernos y ha opacado el desarrollo creativo de los ciudadanos de naciones enteras. Para nosotros, los observadores, solo se necesita mirar de lejos los ejemplos de guerras entre poderes, donde los ciudadanos somos simples robots de carne y hueso manejados por un sistema inhumano, sin derecho a usar la imaginación para crear y sentir la libertad que se merecen los hijos de cualquier tierra secuestrada.

Esa es la cruda realidad que estamos viviendo hoy día, vive entre nosotros las predicciones de Galán antes de su partida obligada: corrupción deliberada en la administración pública que convirtió a Colombia en una narcodemocracia en comunión con grupos subversivos y bandas delictivas. En este sentido, despedimos a Galán con una "crónica de una muerte anunciada", título que como un presagio deja Gabriel García Márquez no solo para sus novelas históricas, sino también para este asunto.

Añoranza de la empatía en medio del aislamiento social

Pertenecer a este movimiento político fue, para mi corta edad, la época dorada que con pasión me envolvía y sin saber sumaba páginas imborrables de mis momentos en política junto a Galán que nunca imaginé contar: una tarde de esas grises en Armenia, con una temperatura fresca, que se sentía cálida al sumergirse entre la gente que se disponían a buscar un espacio para recibir con júbilo el discurso de Galán, para mí era la primera aventura política real y tan significativa que fue la evidencia pura de mi pasión por este asunto. La expectativa de los partidarios, mientras esperaba al candidato saludar, hacía que se sintiera optimismo y júbilo en toda la Plaza de Bolívar. Rápido se coló una energía sobrenatural que se percibía en medio de la algarabía del momento histórico cuando se ve subir a la tarima a Galán, emocionado y siempre alegre con su atractiva sonrisa. Sorpresivamente, casi después de unos minutos de dirigirse con un saludo a la multitud agitada, extendió su mano derecha invitándome a subir a la tarima, me tomó de la mano y me acercó a él para presentarme como ejemplo de la juventud que trabaja y anhela una renovación de política nacional. No recuerdo cuánto duró ese emocionante momento, pero sí guardo en mi memoria la felicidad que sentía caminar y cooperar con mi patria al lado de quien sembraba en la consciencia la semilla de que el país venía en picada y teníamos que luchar por él. Pero también me embarga la nostalgia recordarlo presagiando la cruel historia de Colombia desangrada que hoy se replica en otras naciones. Disfruté tanto esa época fugaz de aprendizaje y sentimiento político por una nación que pienso hoy, tal vez si no me hubiera alejado por treinta y tres años de mi tierra, me hubiera convertido en una de esas mujeres que donde hay injusticia no le importase morir por su patria.

Mi retorno a Tuluá

Mi madre me pidió regresar a Tuluá después de pasar poco tiempo en Armenia gozando de mis primeros pasos en eventos políticos y no tuvo que decírmelo dos veces. Solo existían recuerdos agradables con mi gente, era mi pueblo donde me conocía todo el mundo; así decimos en Colombia, aunque seamos conocidos solo entre amigos del barrio. En ningún momento imaginé que era de inmediato mi regreso. El día siguiente en la tarde apareció en la oficina del contralor de Armenia un joven de tez morena, elegante, con *blazer* púrpura impecable, como para atraer la atención de cualquier jovencita. Con una sonrisa pícara mirándome a los ojos, me saludó y me dijo: "¿Te acuerdas de mí?". Algo vi en sus ojos y lo reconocí de inmediato, pero antes de que yo pronunciara alguna palabra me abrazó y me dijo: "Yo soy David, tu amigo de la infancia. Vengo de parte de su mamá Margoth que me pidió venir hasta aquí para acompañarla a que regrese a Tuluá". Al atardecer de un día lluvioso y nublado, salimos de la oficina rumbo a la casa para recoger algo de ropa y atender las órdenes de mi madre. Me percaté de que David no conocía el clima fresco y lluvioso que en esa época dominaba la ciudad: apareció sin paraguas; pero, antes de dejar la puerta de salida de la oficina, su *blazer* morado se convirtió en sombrilla, caminamos entre la lluvia y en pocos segundos lo abandonamos y empezamos a correr bajo el agua natural que nos mojó completamente y sacó de los dos una gran risa como si estuviéramos grabando escenas para una novela de amor. Finalmente, tomamos taxi que deambulaba por las calles en busca del sustento para completar el día de su vida cotidiana. El hombre del taxi se encontraba complacido porque David en el trayecto a la casa le hizo la propuesta de llevarnos de Armenia a Tuluá, por lo que regresaría a recogernos en la casa después de una hora. Pasaron solo minutos para encontrarnos en la puerta de mi casa, a la entrada ya en la sala, como era obvio el auxilio con toallas inmediatamente no se hizo esperar; David, en tanto, se iba secando desde la cabeza hasta las pantorrillas, saludaba a la familia que también estaba sorprendida por su visita tantos años después de nuestra infancia. Mientras yo terminaba de hacer el equipaje, David continuaba conversando amenamente con mis hermanos que le hicieron corrillo atentamente escuchando sus romances. Una hora después nos despedimos de mi familia y salimos a emprender el camino hacia Tuluá a las seis de la tarde. Mientras mi madre calculaba el tiempo, estoy segura de que en su mente nos sentía tocando la puerta de la casa entre las nueve o diez de la noche.

Tal como ella tenía previsto, nos recibió con una deliciosa cena y ese positivismo que la hacía única y especial. David tenía una sorpresiva noticia esa misma noche para nosotros: invitarme a pasar una temporada con sus padres a los Estados Unidos. Aquella invitación no sorprendió a mi mamá Margoth; la madre de David era su amiga desde que él era un niño. "Así que te me vas Consulsita", replicó mi madre, afirmando la invitación. Al cabo de una larga conversación acordamos empezar los trámites para el viaje. Una semana después, David se despide para regresar con sus padres a los Estados Unidos, dejando la firme promesa de regresar para llevarme al viaje que estaba escrito en mi destino. Ni mi madre ni yo hubiéramos imaginado que este joven con una visita desde el extranjero viniera a cambiar el rumbo de nuestras vidas y en especial determinante para la mía.

A la espera de David

Esta es una prueba contundente que decretar los deseos es un hecho que se procesa en la mente. En mi larga espera nunca dudé de la promesa de regresar por mí; mientras esperaba fiel a ese regreso, me convertí en testigo de una Colombia en vías de desarrollo a pasos agigantados, pero sin saber por qué. En sus callejuelas se veían carros blindados de marca, camionetas de lujo, fines de semanas de cabalgatas con caballos de pura sangre y paso fino, empezaban a nacer nuevas clínicas y se sentía un ambiente de progreso financiero inexplicable. De un día para otro se ventilan los nuevos ricos por las calles del pueblo, fanfarroneando con sus lujosos carros de marcas extranjeras. Pero si eso fuera poco, los noticieros y algunos políticos empiezan a desmantelar la noticia de que los grupos armados ilegales, paramilitares y guerrillas estaban siendo financiados con dinero del narcotráfico. Se mezcla la vida política, social y económica con la mafia del país; empiezan las alianzas nacionales para ganar poder político y económico. Aquí no cabe duda ni para mí ni para nadie, de dónde nacen los nuevos ricos. Debido a la acelerada demanda de coca por los extranjeros, sobresalen los carteles clandestinos que venían ya bien armados: cartel de Medellín, cartel de Cali y Norte del Valle.

Sin estar todavía consciente de las tensiones políticas y de la realidad evidente de destrucción a nuestra sociedad denunciada por Galán, sí se percibía ya la época oscura de esta plaga masiva de carteles de la droga que desangró las venas de Colombia.

Mientras mi país se enfrentaba a esta desgarradora realidad, en 1985, a mí me tocaba alejarme de una hermosa cuna de ríos y montañas, donde todavía quedaba la sonrisa de mis amigos y registrado en mi memoria tardes enteras de conversaciones interesantes, porque aún no existía el teléfono inteligente o el *smartphone*. En mi hermoso grupo, todavía se reflejaba la lucidez de cerebros pensantes. Los cerebros drogados todavía no se veían deambulando por la calle; rara vez uno, porque el polvo blanco estaba aún guardado en los primeros laboratorios clandestinos de mi pueblo o tal vez volando o navegando para llegar al extranjero, mientras nuestros padres con discreción y mucha cautela no nos dejaron arrimar a la caldera del diablo que era el camino a la cárcel o a la muerte. Ellos, quizá, desde mucho antes sí sabían a qué se debía tanta belleza material y prosperidad financiera, mientras nosotros, los hijos, sumidos en la inconsciencia, no nos percatábamos de que nuestro país estaba a punto de naufragar sumido en profunda corrupción.

Justificables fueron las razones de mi madre y familiares para aventurarme a un viaje desconocido, optimista para ellos y desafiante para mí. El punto clave era la seguridad de toda la familia y un futuro mejor para todos, como buen pronóstico para la pionera en este país de servir de puente para que mis hermanos escaparan también de la corrupción, la violencia del narcotráfico, el peligro entre los rebeldes, las guerrillas y los paramilitares.

Me alejé con una gran incógnita: ¿qué será de mi país en las manos de grupos subversivos y el narcotráfico o será que regresaré a una nueva Colombia donde Galán triunfe y debilite el imperio de las guerrillas que se imponía en algunos países con el dinero de los narcos?

Houston: en la tierra del sueño americano

Provinciana de mente y cuerpo entero, época fugaz en la que
    la inocencia todavía no despierta, me despido de mi pueblo a la
    suerte en un país extranjero donde yo no sabía qué era una
nación que se destaca por la famosa frase: "el sueño americano".

El sueño americano o *american dream*, también sueño estadounidense, es en general la definición de que los ciudadanos de la nación tengan libertad e igualdad de oportunidades para que todos logren realizar sus sueños y alcanzar sus metas aplicando la determinación y el esfuerzo necesario. En 1931, el historiador James Truslow Adams, refiriéndose al sueño americano, expresa por primera vez que la prosperidad depende de las habilidades de uno y su trabajo, no de un destino rígido dictaminado por la jerarquía social.

Igual que todas las ideas de gran importancia tienen sus seguidores y cambios a lo largo de los tiempos, la frase *american dream* sigue prevaleciendo y adquiriendo diferentes significados, debido a las fibras raciales y mezclas culturales que hoy han transformado esta nación. Por ejemplo, para algunos inmigrantes, es la oportunidad de alcanzar más riquezas de la que ellos podrían adquirir en sus países de origen; para otros, es la oportunidad de una mejor educación y oportunidades de mejores empleos y la razón que fue de las más importantes para esta nación: la libre expresión para el individuo sin restricciones impuestas por motivos de raza, clase o religión.

Irónicamente, la palabra *raza* es cuestionable y el racismo contribuye a que el país no refleje un sueño completo para algunos inmigrantes. Sin embargo, basada en mi experiencia de nueva vida, mi gratitud por este país es cada día más grande. La oportunidad que me ofreció al abrir mi mente a una nueva cultura, sin olvidar la propia. El enriquecimiento espiritual y material en un ambiente multicultural donde he ido creciendo entre lágrimas y risas; hasta entonces aquí le encontré un potencial necesario a mi existencia y me hice testigo de un país diseñado para realizar los sueños.

A pesar de que los Estados Unidos son todavía una esperanza para muchos y una oportunidad de millones de inmigrantes, todo cambió desde el 11 de septiembre de 2001; pasarán siglos y no será olvidada esta fecha que transformó la nación y atemorizó al mundo entero. En mi experiencia como inmigrante y ciudadana hace treinta y tres años, puedo ver que la libertad de expresión para el individuo ya no cabe dentro del codiciado sueño americano desde hace veinte años. El derribamiento del World Trade Center destruyó también la seguridad y la confianza de los habitantes en esta tierra de oportunidades.

La vida de los norteamericanos pasó por años tranquila, construyendo oportunidades para que sus ciudadanos e inmigrantes lograran la realidad de un sueño americano. Pero ese día, la vida cotidiana de la población, en especial para los inmigrantes, sintió el triste impacto de la persecución que hasta hoy día se percibe.

Sin embargo, el origen de esta frase "el sueño americano" sigue siendo la base de las diferentes interpretaciones, para que las masas de inmigrantes vivan aquí. Obviamente, en ella está el enfoque en la prosperidad. Detrás del mito americano hay medio mundo tratando de inmigrar aquí para explorar esta tierra de oportunidades. No hay duda de que existe una razón.

Tanto en el siglo XVI como en el siglo XVII, pioneros ingleses intentaron persuadir a los ciudadanos de su país para moverse a las colonias británicas en América del Norte. Su lenguaje y promesas sobre estas colonias terminaron creando tres persistentes mitos que describían el sueño americano que aún prevalece vivo:

- Los Estados Unidos como una tierra de abundancia
- Los Estados Unidos como tierra de oportunidades
- Los Estados Unidos como tierra del destino

Tierra del destino

Este último mito lo convertí en mi favorito cuando descubrí que había llegado a la tierra de "todos". Traía un propósito que desconocía y eso me hizo pensar por muchos años que nuestro desti-

no ya está programado. La pregunta más inquietante de aquel tiempo era para qué llegue aquí. Tenía muchas dudas, pero entre mis argumentos firmes decidí dejar mi vida en manos del destino, pues se veía más fuerte que yo misma.

Me convertí en una inmigrante más de un país desarrollado, no lista para explorar los tres mitos ingleses: abundancia, oportunidades y destino, en otras palabras, "no ready for discovering the American Dream", pero sí lista para dar un paso firme hacia delante.

Poco después me culturicé y empecé el rol de inmigrante trabajadora para aportar como un robot y contribuir con el sistema americano, por prioridad siguiendo la ley que exige el Tío Sam.

Fue otro paso gigante en mi vida empezar a soñar y a crear ilusiones para una vida llena de prosperidad material, que es la consciencia más obvia o común que despierta el imperio americano en la mayoría de los que llegamos aquí. Pasó mucho tiempo en mi nueva clase de vida antes de entender la frase "en busca del sueño americano". Fue un proceso sorpresivo, complejo y, sobre todo, largo. No había pasado por mi mente despertar dentro de mí, la pasión por compartir lo que viví desde el primer día que pisé Norteamérica.

Había llegado al gran país, los Estados Unidos de América, en 1985, como estaba programado. La primera impresión a mi llegada la marcó la estación del año más significativa para mí, en el estado de Texas. Como poeta en potencia, describiré mi experiencia.

¡El otoño! Las hojas de los árboles cubrían las desoladas calles de Houston, árboles secos y de colores amarillos, anaranjados, grises y marrones. Eran colores esplendorosos muy marcados, todo era novedad comparado con mi país, de donde solo traía en la memoria los colores verdes que se destacan en las selvas, las llanuras, las montañas y las hojas de los campos tropicales en cualquier estación del año.

Los vientos fuertes del otoño aquí en el norte, igual que ayudan a que caigan las hojas de los árboles, también ayudaron a llevarse entre sus hojas los pensamientos tiernos y dulces que yo traía en mi mente como buena provinciana.

En esta temporada, vi el sufrimiento de las plantas con los cambios de temperaturas y la humedad intensa que se vive en la ciudad; son condiciones que afectan los jardines y los bellos campos. La madre naturaleza se impuso con sus madrugadas y atardeceres en esa estación del año para motivar e inspirar mi sentido de escritora romántica y poeta, hasta hacerme sentir que igual que las plantas mi vida también sufría cambios radicales que cambiarían la historia para después contarla.

Así como el otoño es un cambio brusco para la naturaleza, yo comparaba mi corazón desgarrándose como un otoño despiadado. En esta época del año, el proceso natural de la energía de los árboles que antes se concentraba en las hojas, se recogía hacia las raíces para mantenerse durante los meses fríos; de igual manera la energía que yo irradiaba la guardaba en la fuerza de mi espíritu para emprender una aventura que era completamente desconocida.

El otoño en su naturaleza obliga al organismo a una serie de adaptaciones: hay que prepararse frente al descenso de temperaturas, yo no lo estaba, aprendí que esta es la temporada propicia para aumentar las depresiones y empeorar algunas manifestaciones psicosomáticas típicas como gastritis y úlceras estomacales; sin embargo, el bendito destino no permitió que nada de eso me tocara. Al final de cuentas, era mi plena juventud para aprovechar mis fuerzas hasta convertirme en robot de carne y hueso durante el proceso de adaptación. Un robot que por su apariencia o sus movimientos de carne y hueso ofrece la sensación de tener un propósito propio. Eso percibí al llegar a esta tierra de inmigrantes; la sensación robótica del momento en los ojos de todos los que se me acercaban.

Hay historias sobre los primeros ayudantes y acompañantes artificiales, máquinas autónomas que aparecieron en el siglo xx; fui programada como una de estas máquinas para hacer la voluntad de otros por un corto plazo, mientras entendía el concepto de *voluntad propia*. Aprendí la diferencia entre un robot con cinco sentidos y el automatizado robot temporal de carne y hueso en que se convirtió la provinciana.

Más que una sorpresa era un compromiso empezar a trabajar de inmediato en mi nueva etapa de vida. Cuatro días después, apenas empezaba a vislumbrar el perfil de Houston y a conocer un poco el carácter de cada miembro de una familia totalmente desconocida; me dijo mi esposo:

"Ok, nena, mañana temprano a las ocho de la mañana empiezas a trabajar en la casa de Mr. & Mrs. Smith. Ellos son unos tejanos petroleros y te estarán esperando, Mrs. Smith y yo te vamos a entrenar. Lo acordado es que entrarás a limpiar la mansión de diez cuartos y vivir dentro para también encargarnos de cuidar a la señora".

Yo escuchaba y atenta recibía instrucciones para condicionar mi pensamiento como robot y minimizar el sentimiento de soledad que ya se apoderaba de mi mente.

La casa de mi primer empleo

Era una mansión en los suburbios de la ciudad, mi regalo de bienvenida fue una camioneta Mazda color gris último modelo, la cual no disfruté por la inmensa nostalgia que me embargaba la despedida de mi familia y la barrera del idioma que complicaba mi soledad. Era un día de domingo y David me llevó a mi nueva morada, un condominio separado de la mansión ubicado a su derecha, pero unido a la casa por medio de un pasillo pequeño; era un segundo piso que desde que se abría la puerta blanca completamente nueva, se observa la carpeta de color verde pastel combinada con un toque blanco muy delicado que le da un estampado de flores expandidas a todo el condominio. Desde mi cuarto diseñado con ventanales de vidrio se observaba un panorama de lujo y al lago que rodeaba la casa lo acompañaba una piscina campestre que resaltaba en la parte de atrás de la casa construida en medio de una completa jungla moderna; toda la casa de dos pisos estaba rodeada de ventanales de vidrio, incluso los dormitorios donde se imponía un estilo Luis XV cuando se cerraban las cortinas al caer el crepúsculo.

De acuerdo con lo programado, ese lunes a las ocho de la mañana pasamos a la casa grande donde nos esperaba Mr. & Mrs. Smith. Ella era alta y rubia y su cabello corto recaía en sus hombros, muy delgada y de ojos azules, se notaba de un carácter fuerte e imponente, pero a la vez dulce. Mr. Smith, un hombre robusto con muy buena imagen para representar un texano o completo *cowboy*, con su bigote bien marcado, su correa de hebilla texana y unas botas puntudas de cuero de piel de culebra, con un detallado plateado alrededor de las suelas, me recordaban las espuelas de los aperos o la vestidura que se pone a los caballos para salir a cabalgar; por instantes, su imagen me despistaba y me transportaba a la finca con la sensación de encontrarme en el cuarto de los aparejos, donde colgaban estas sillas o aperos de montar. Los dos se encontraban sentados en una pequeña mesa de mármol grisáceo y cuatro sillas de lujo tapizadas en terciopelo color rosa y verde claro que ajustaban perfecto con el color de la carpeta rosado pálido; mientras caminamos hacia el centro profundo de la sala bien iluminada, a través de los cristales nos atrapaba un paisaje natural donde la piscina parecía construida en medio del lago y la espesura de los árboles nos acompañó hasta que llegamos a ocupar las dos sillas vacías que esperaban para recibirnos y empezar la conversación de bienvenida.

Esta conversación era como un juego de preguntas en el que no entendía ni una palabra de inglés. Trataba de concentrarme y poner especial cuidado a la traducción de David; mi único pensamiento inquietante era la barrera del idioma, no podía imaginar qué pasaría cuando mi esposo se fuera a trabajar. Mrs. Smith concluyó la conversación de casi dos horas con esta frase: "Pero no te preocupes, ya encontraré una buena manera para entendernos". Así indicó un buen punto de partida para afirmar mi impresión de que sí había una energía positiva entre ella y yo. Allí firmé a ojos cerrados mi complicidad para internarme en una mansión extranjera alejada de mis costumbres y familiares; no había nadie que yo conociera en toda Norteamérica para compartir una llamada o alguna idea o pensamiento en mi nuevo rumbo. La tecnología no estaba tan avanzada para llamar a mi madre a Colombia y compartirle lo que estaba pasando y sintiendo, cada vez que yo quisiera.

Mis sueños e ilusiones de mi pueblo los cambié temporalmente por la automatización de empezar a adaptar cosas nuevas y elementales en la vida cotidiana de una nación desarrollada.

Por ejemplo, los aparatos electrodomésticos que de un día para otro se convierten en mi rutina diaria: el microondas; la lavadora de platos, no volví a lavar un plato con la mano hasta el día de hoy; la cafetera, que automáticamente programaba para servirme una taza de café diaria, muchas veces me asustó con su voz robótica: "coffee ready" (café listo); y muchos otros aparatos que a mi llegada eran la sensación. De todas las nuevas impresiones de esa época, hay una que es la más destacada en mis memorias: la alimentación; había cuatro alacenas llenas de enlatados de todas las clases, jugos enlatados en los refrigeradores, dos congeladores de comidas en cajas, tres congeladores, con carnes de venado y todo tipo de carnes marcadas con letra muy grande, que contenían el nombre del animal cazado, la fecha de la cacería y de expiración, para de vez en cuando preparar una cena. Muy rara vez se hacía uso de la cocina; esta parte era fascinante: se abrían unas latas y solo se miraba la fecha de vencimiento, ¡y a comer! Solo en el desayuno se veía un poco de movimiento en la cocina: era un cereal con leche, jugo de naranja en lata, café y pan tostado; cabe destacar que el pan también era congelado. Esperaba los fines de semana con ansiedad porque era el tiempo de comer en restaurante, ¿comida fresca? No lo sé, quizá sí, eran restaurantes de buena reputación. Atrás habían quedado las sopas caseras y los sancochos de gallina fresca con arroz, las lentejas, los fríjoles y las frutas naturales de toda clase. Se acabó la dicha de comida sana y yo sucumbida en la ignorancia era lo único que me hacía bailar los ojos de contenta: no cocinar.

Nunca imaginé que algunas semanas después de recibir cuidadosamente el entrenamiento para los cuidados de la casa, el acuerdo de trabajo entre los Smith y yo diera un cambio total a punto del final.

Otra sorpresa inesperada en este proceso de adaptación. Mrs. Smith compraba ropa muy fina, y una mañana antes de salir de casa a sus acostumbradas compras, me dio instrucciones para que le lavara uno de sus sacos. Nos comunicábamos por señales y gestos, como ella bien lo dijo. Se despidió y dejó su ropa en mis manos sin advertir que había prendas de secado al vapor o tal vez lo dijo y yo por señas no lo entendí. Lo cierto es que cuidadosamente la puse en la lavadora y después en la secadora y cuando regresé a sacarla para acomodarla apropiadamente en su clóset, me percato de que el saco que me había recomendado para tratarlo con especial cuidado se encogió de manera que no le servía ni a una de las muñecas de porcelana que tenía en su inmensa colección en las lujosas vitrinas que adornaban la casa, es decir, el saco se convirtió en miniatura. Hubiera preferido desaparecer ese día antes del regreso de la señora a casa. En todo caso, ese incidente me puso en el pensamiento que sería la excusa apropiada que me devolvería a Colombia y eso me calmaba el susto un poco.

El drama fue completo, cuando entró Mrs. Smith y vio el saco miniatura ante sus ojos: "Oh my God!". ¡Dios mío!, exclamó. Aunque no fue una improvisación para mí, me dio mucho susto verla casi morir de rabia. Ella explicaba que el costo de su saco fue de USD 1000. Entre sus argumentos, estaba mi condición de empleada espantada ante la actitud de la señora esbelta y rubia que no paraba de gritar sin yo entender su idioma. No me fue posible escuchar más su furia, hui a mi condominio y rompí en llanto compulsivo e hice una llamada inmediata a mi esposo contándole lo sucedido. Una hora después aparece mi esposo con Mrs. Smith en el condominio. Ella tenía una actitud diferente y mi esposo traducía otro argumento que ella decidió añadir al drama para calmar mis sentimientos heridos. Nunca imaginé que su nueva actitud la convirtiera en víctima desconsolada ante mi decisión de abandonar el lugar.

No eran necesarias las palabras para demostrar con hechos que ella estaba arrepentida de su fuerte reacción ante una situación accidental e inocente de mi parte. A pesar de mi escaso interés en seguir trabajando en la mansión con ella, lo raro fue que le hice caso en contra de mi forma de ser y me quedé a sus servicios.

Fue un cambio radical e inmediato de la relación con ella, prescindió de la arrogancia e imponencia que reinaba en ella, reemplazada por una mujer quebrantada y necesitada de mi afecto. Sin darme tiempo para pensar me entregó las llaves de su casa, me nombró su dama de compañía y la única que manejaba las llaves de la lujosa mansión; en tanto David se encargó de buscar empleados para hacer mi trabajo anterior. Lo primero que se me ocurrió fue qué iba a pensar uno de sus hijos cuando supiera que yo era la encargada de todo lo que pasaba en la casa. Finalmente, de sus tres hijos, dos entendieron la decisión de sus padres y el otro se resignó acatando sus órdenes. Desde aquel día solo faltó que la familia Smith declarara oficialmente una hija adoptiva y que yo llamara a Mrs. Smith mamá. Sin embargo, la historia finalizó en un episodio para desarrollar una escena de película, ¡inolvidable! Cuando Mr. Smith entró en decadencia con su enfermedad de cirrosis, una tarde de verano lo internaron de emergencia en una clínica de la ciudad; su gravedad fue tal que Mrs. Smith decidió actualizar el testamento él con sus abogados.

Días después, me encontraba desprevenida en la casa de los Smith cuando de repente vi a través del cristal que el asistente de la familia estacionó el auto, era un hombre blanco, alto de ojos azules que se caracterizaba por su tranquilidad en todo lo que hacía; llegó para informarme que los Smith me querían ver urgente en el hospital. Con paso muy ligero, crucé la casa y me dirigí al condominio para cambiarme de ropa y sentirme fresca esa tarde de calor intenso, donde al salir y abrir la puerta para subir al auto en segundos se siente el calor sofocante a 38 grados en pleno verano en Texas. Poco después de las dos de la tarde entramos en el cuarto del hospital donde estaba Mr. Smith con aspecto lastimoso y junto a él su esposa que le manifestaba a cada instante el gran amor que le tenía. No pasó mucho tiempo antes de que Mr. & Mrs. Smith me dieran la noticia de que yo había sido incluida en el testamento, quedando como heredera del condominio en su totalidad, porque ellos consideraban que era la única persona que los cuidaba con un amor incondicional que ellos nunca antes recibieron de nadie en su familia. Entre emoción y agradecimiento regresé a la casa; aunque nunca antes de la noticia me había sentido tan integrada a la familia Smith, había algo de perturbación en mi mente, porque sentía un compromiso de estadía permanente, algo que no era lo que esperaba para mi porvenir.

Luego, entré en el condominio y sin contener la dicha, conté lo ocurrido a mi esposo que ya se encontraba allí; creo que por su reacción cruzó por su pensamiento la misma inquietud que yo tenía de firmar un compromiso eterno. Pero no tuvimos tiempo de asimilar la fantasía como herederos de los Smith. El día estaba lleno de sorpresas. A las seis de la tarde, mientras la naturaleza estaba en calma todo se percibía tranquilo, Mrs. Smith ya descansaba en casa, de repente se involucró en la calma un ruido estremecedor golpeando la puerta del condominio. Sobresaltados escuchamos la voz de uno de los hijos que a gritos lanzaba amenazas como "¡Ladrones, salgan! ¡Se robaron parte de nuestra herencia!". Y al abrir la puerta sin ninguna cautela el hombre se lanzó sobre David a puñetazos dejando su nariz completamente fragmentada. Mrs.

Smith presenciaba el alboroto en el estacionamiento, ella llamó a la policía que apareció en segundos, el agente se dirigió al agresor, mientras la señora le dijo que detuviera a su hijo y llamó a la ambulancia para enviar a David a la clínica. Cuando David con su nariz operada regresó, de inmediato me llevó a vivir al Hotel Sofitel donde él trabajaba, así fue como concluyó la historia en la casa de los Smith.

Fueron mis primeros años de mucha soledad, de adaptación y gran aprendizaje en este maravilloso país. Los más valiosos de mi vida que descontando la desventura en los que continué creciendo en el seno de una familia, que, con orgullo, digo fui portadora de amor incondicional y de ellos recogí la semilla de su cultura, transparencia, honestidad, el valor por la vida y también su idioma.

¡Qué ironía! A pesar de su inconsciencia con la alimentación, encontré en ellos respeto por la vida. Pero debo confesar que también había mucha frialdad entre ellos, me refiero a sus hijos y las demás familias norteamericanas de su entorno social, igual que todo interés material que engaña el alma.

Fui siempre consciente de que era temporal mi estadía allí, mi vida tenía que ser diferente, no nací para vivir al lado de las limitaciones de otros solo por el dinero, la estabilidad económica y el apego a una familia ajena. El interés mío en este planeta desde que tengo uso de razón es usar mi imaginación, crear y volar como el vuelo de las águilas, a pesar de mi receso o estancamiento como robot de carne y hueso. Lo desconocido me apasionó desde que era niña y ahora pienso que ello es la esencia de mi naturaleza.

Explorando Norteamérica

La Florida

Años después, otro capítulo para mi historia. Mi esposo y yo nos mudamos a Florida, días después de la estadía en el Hotel Sofitel debido al incidente en la casa grande, culturizada o mejor acondicionada como toda una texana, vestida con toque de vaquera, con faldas largas prensadas estilo texano y botas, lo único que me faltaba era el sombrero.

Recuerdo una anécdota de texana orgullosa de su nueva culturización que se impone en otro ambiente: no había tenido tiempo de *asimilar* el otro cambio de estilo caribeño que se vive en Florida. Una de mis hermanas que andaba de visita en mi nueva residencia, bonita, delgada, de estatura muy apropiada a su edad y rasgos físicos bien finos, cabello abundante y su piel canela siempre acompasada con su sonrisa; en resumen: sus atributos eran los de una latina colombiana siempre atractiva; sin exagerar la descripción.

Un amigo enamorado de sus atributos la invitó a caminar bajo la luna de una noche primaveral, donde la brisa del mar envuelve. Ella y yo ignoramos el ambiente y la moda del Caribe; aunque el tiempo era un poco fresco por la estación del año, no percibí que la naturaleza incita a un estilo despreocupado y cómodo para la playa. Confiada e ilusionada, mi hermana se puso en manos de la texana para esa gran noche; afloró en mí la tradición de las faldas y buzos recatados del ambiente *cowboy*, donde no faltaba el maquillaje típico de las muchachas texanas. El joven muy atractivo, también encantador, llegó en su convertible del momento y ella salió a disfrutar del encuentro con su disfraz texano. De regreso a la casa, el muchacho pasó por alto el disfraz, tal vez porque era de noche, y seguido le programó un día en su yate para navegar bajo el sol y acariciar el inmenso mar; ella de nuevo se dejó guiar por mis ideas y la vestí como un maniquí texano, con su falda larga azul, un suéter de lana azul oscuro, maquillaje perfecto y para colmo, su cabello bien detallado. Todavía pasado el tiempo me toca aguantar las críticas de mi hermana a carcajadas porque le espanté el novio con mi estilo texano en el Caribe. En el proceso de mi metamorfosis espiritual, esta clase de anécdotas afloran hoy desde las más profundas vivencias para analizar más de cerca el control de la mente robotizada. Cuando escribía *Las maravillas del pensamiento*, me quedó claro lo que es la naturaleza de la mente: es, sin ninguna duda, todo lo que percibimos y sentimos alrededor, un espacio de reciclaje de los cinco sentidos, lo que vemos, lo que sentimos, oímos y comemos en el condicionamiento ambiental.

Si la graciosa aventura de mi hermana se hubiera presentado en la persona que hoy es Connie, con más conocimiento interior, liberada de mis estilos modificados por la familia Smith, ahora con una personalidad definida de actuar y de sentir, seguramente que habría percibido la incitación de la naturaleza a salir con los pies descalzos y sacudirse el pelo ante la brisa con la cara limpia y una túnica fresca para recibir la energía natural que se conecta con el espíritu y así escuchar los sonidos de la naturaleza mezclados con los susurros suaves del muchacho al andar. La sabiduría que deja esta historia es enorme; en cualquier espacio y tiempo del universo, el mejor aliado es el espíritu conectado a la naturaleza; ella te guía sin ningún esfuerzo y te prepara para sentir la felicidad que ofrece su esencia.

A pesar de mis primeras metidas de pata como robot de carne y hueso, la salida de la casa grande me hacía sentir igual que un pájaro preso cuando se le abre la jaula a la libertad. Después de la experiencia con mi hermana continuaba el proceso, me adapté al estilo de Florida, las faldas largas se cambiaron por *shorts* y bikinis. El mar me envolvió con su canto amado y el embeleso de la arena me invitaba a un bronceado casi todos los días, adicionando la competencia con el bronceado entre los compañeros de trabajo, en otro ambiente donde la enorme presión por la apariencia física era inevitable y resaltaba en Florida. También tocó en mí las fibras del deporte; todas las tardes sagradamente adopté a mi rutina un partido de *basketball* con los deportistas en las playas de Fort Lauderdale. Era transportarme de un salto a Colombia donde me divertí mucho en mi esencia jugando *basketball* y todavía no era robot de carne y hueso.

De este dulce paraíso también llevo una gran experiencia, años de vida inolvidables y las memorias más fascinantes en mi aprendizaje. El robot de carne y hueso que vivió sometido empezó a pensar en el libre albedrío y a utilizar códigos secretos de conocimiento que despertaron mi consciencia. No era Florida tampoco el puerto para anclar en mi espíritu errante. Salí de

Florida dejando el corazón en el azul del mar. Me despedí de los emocionantes cruceros por las islas del Caribe, dejé amistades y llevaba en mi memoria las vivencias de mi primer sueño de amor o de vida compartida, lo que fue la tradición más compleja para una relación de cinco años de matrimonio e inocencia, que fue igual como dice una canción: "En sal y agua nuestro idilio se volvió".

¡Nueva York! ¡Nueva York!

El nombre que se le ha dado a esta gran ciudad lo amerita todo: "La capital del mundo", su inmensa variedad de culturas, sus avenidas, *subways* y construcciones europeas hacen de esta ciudad un campo para soñar y aprender, en su acelerado mundo no hay tiempo para pensar. Me recibió esta ciudad con el bullicio y la velocidad de una ciudad que no duerme, una experiencia corta que no estaba al alcance de mis expectativas, no era lo que ya conocía de un país de sueños y tranquilidad. Sin embargo, su mundo mágico deja huellas imborrables que con el pasar del tiempo se convierten en códigos secretos para soportar la idea del potencial que tenemos los humanos para materializar cualquier deseo. En medio de aquel pelotón que se mezcla aceleradamente en los famosos *subways* de Nueva York, donde entre los mil hay alguno que te saluda, las anécdotas de la rutina robótica neoyorquina se sumaron en mi mente hasta rebosar de ideas que rondaban todos los días en mi cabeza. Con el tiempo me di cuenta de que el ambiente me absorbía en la *boutique* del Hotel Waldorf Astoria, varias veces vestida de princesa con prendas elegantes paseando en el entorno para atraer la atención de los famosos que se hospedaban en el hotel. La dueña de la *boutique*, mujer norteamericana encantadora, fascinada con mi forma espontánea de ser reflejada en la energía positiva y la belleza de latina, terminaba por resaltar mi imponencia con la joyería que ella me ponía para lucir o exponer y así acaparábamos famosos que a puerta cerrada compraban el ajuar para su noche o regalos a la prometida.

Las increíbles vivencias que tuve junto a famosos en este ambiente de luz superficial no fueron suficientes para atraparme en la rutina de momentos inesperados y emotivos que solo en la Gran Manzana suelen presentarse con tal frecuencia. Cuando me detengo en la observación de aquel tiempo, le doy todo el crédito a las palabras del doctor Erik Erikson, quien dice que en cada uno de nosotros hay "algo que sabe". Tuve la bendición de que ese algo que sabe y habita en mi interior inconscientemente afloró como guía para sacarme de allí a experimentar la vida en un mundo diverso, que, a pesar de la complejidad del pensamiento, al final me puso frente a frente con mi propio yo.

San Francisco

Cuesta trabajo creer que para devolverme a mi esencia y descubrir el potencial poderoso que llevamos dentro tuviera que pisar tantos senderos. Al pasar mi renuncia en el Waldorf Astoria, me puse en contacto con una excelente guía que me envió a San Francisco. ¡Wow! Me enamoré de este bello paraíso terrenal, el clima de la época era perfecto, el condominio era cobijado por la naturaleza arborizado por todas partes. Fue simplemente un complemento a mis mejores años asimilando la vida en Norteamérica. Sirvió de escala o puente para conectarme de nuevo con el Westin Hotels donde trabajé en mis años de casada en Fort Lauderdale, quienes en consideración a mi excelente trabajo retomaron mi labor y me ofrecieron una posición en Houston que de inmediato acepté.

Houston

En 1994, mi regreso a Houston era una especie de transferencia, continuar en el Westin Galleria Houston y en el Westin Oaks Houston at the Galleria. Época en la que ya no era la provinciana que llegó en 1985 a Texas, sino una mujer con deseos de viajar en el espacio y convertir todas mis experiencias en un estilo de vida a mi manera, alejada de la fe que tantas veces fortalecía la esperanza cuando era una provinciana. Arriesgada, espontánea, aventurera, bien arrogante y compañera de un ego mal criado, pero con actitudes de esas que la sociedad dice perfectas:

disciplinada, con rutina militar, muy convencida de ser la mejor en todo lo que hacía. La iniciativa con mi creatividad siempre ha despertado expectativas en cualquier ambiente laboral, pero no alcanzaba a conocer mi potencial humano por mi convicción del poco conocimiento académico que me cohibía en algunos casos; me mantuve desempeñando mis características ejemplares con un rendimiento efectivo por largo tiempo.

Empecé a incursionar en estudios académicos desde la segunda semana de regreso a Houston. Mientras continuaba perfeccionando el idioma inglés, entré a estudiar turismo internacional.

Con el transcurso del tiempo, fui sintiéndome más admirada por mi efectividad en todos los trabajos laborales realizados. Siempre los reconocimientos, la mejor empleada del mes.

El tiempo pasó y ya involucrada con la educación, en el campo laboral como maestra era modelo para muchos; por ejemplo, casi cada semana llegaba a mi salón de clase una maestra de otra escuela asignada por el Distrito Escolar Independiente de Houston para que observara mis estrategias de disciplina y rendimiento académico de los alumnos.

En 1995, el gran psicólogo especialista en periodismo científico, cofundador del Collaborative for Academic, Social and Emotional Learning (Casel), Daniel Goleman, estaba revolucionando el mundo con su nuevo libro *Inteligencia emocional*. Goleman explica claramente en su obra la falta de interés por el coeficiente intelectual que se destaca hoy día en el ámbito laboral, asegura que la inteligencia emocional sobrepasa el éxito académico o técnico; las habilidades de la inteligencia emocional suelen ser hoy día el factor decisivo en empresas competitivas. Yo lo comprobé cuando manejaba casi a la perfección mis responsabilidades con habilidades que sobrepasaban cualquier título académico; la diferencia es que en la actualidad el mérito se lo lleva el título.

No considerando la controversia del libro de Goleman, los resultados positivos de la inteligencia emocional también se reflejan en la sociedad actual con los empresarios exitosos sin gran conocimiento académico. Sin embargo, no se está descartando la importancia del conocimiento académico para desempeñar trabajos. El énfasis es en cómo aprender a manejar los sentimientos de manera apropiada y en los momentos oportunos, lo cual asegura que se desarrolla la capacidad de empatizar con compañeros. Goleman en su libro dice lo siguiente:

> El liderazgo no tiene que ver con el control de los demás sino con el arte de persuadir para colaborar en la construcción de un objetivo común. Y, en lo que respecta a nuestro mundo interior, nada hay más esencial que poder reconocer nuestros sentimientos más profundos y saber lo que tenemos que hacer para estar más satisfechos con nuestro trabajo.

De acuerdo con mi experiencia, entiendo que el potencial humano es el encargado de darle fuerza a todo conocimiento académico o técnico, pero aprendiendo a manejar las emociones en forma apropiada siempre por encima de las técnicas de un robot; en otras palabras, combinando la razón que no tiene un robot con las emociones o los sentimientos y la creatividad que también carecen estas máquinas.

Pero ¿qué ha pasado con la inteligencia emocional después de 1995? ¿Qué pasa con las personas que se destacaron por años balanceando la inteligencia emocional con el coeficiente intelectual y alcanzaron el éxito? Aun así, muchas terminaron decepcionadas de la vida con deseos de evaporarse en ella para no saber de su existencia. Otras han tomado la decisión de decirnos adiós sin dejar razón. Yo fui en parte una de ellas.

¿Será que hay algo más allá de la inteligencia emocional? ¿O será que el éxito no es asunto de felicidad plena?

Poco a poco me he dado cuenta de que, pese a que la mente y el universo naturalmente se entrelazan para canalizar nuestros poderes, Goleman deja claro en sus exitosos libros que la inteligencia emocional en su gran parte es aprendida. Por tanto, tenemos la capacidad de manejar nuestros impulsos y emociones, como también nos podemos motivar para ampliar el campo de empatía juntos entre nuestras sociedades; así, quizá se evitaría el desequilibrio emocional que a veces nos consume.

Cada vez que recuerdo un episodio de mis vivencias, doy amplia credibilidad a los estudios de Goleman, percibo una mente todavía innata, ingenua, sin haber despertado intereses personales en el desarrollo del ego, en apariencia tranquila desarrollándose lentamente. La mente era un campo claro donde solo había la nube de memorias inconscientes; se puede percibir que los acontecimientos de la época fluían de acuerdo con la seguridad propia; era resultado de una fe sin límites sostenida por la esperanza o la capacidad de optimismo. Fue con el tiempo y el estudio donde las emociones han sido controladas y aprendidas como una responsabilidad que voluntariamente quise adquirir.

La presteza de la mente vacía de experiencias y receptora para adoptar toda clase de estereotipos queda como evidencia en este capítulo.

A pesar de todos los altibajos en el recorrido de mis senderos, con consciencia entiendo que la mente es semejante a una sala de cine donde podemos exponer la película deseada mientras el dueño del teatro no se oponga; en este caso, el único dueño del teatro para exponer la obra o la película idealizada es cada ser humano con su potencial ilimitado.

2

La tecnología

Hay una fuerza motriz más poderosa que el vapor,
la electricidad y la energía atómica: la voluntad.
Albert Einstein

Toda persona es un mundo de ideas diferentes, realizamos tareas, tomamos decisiones, resolvemos problemas, usamos nuestro sentido común y adquirimos experiencia de vida. Sin embargo, los retos son los mismos para todos: enfermedades, dramas, desastres, desilusiones, pérdidas y no hay todavía una máquina de inteligencia artificial que pueda librarnos de estos inconvenientes. Por sobre todo, los seres humanos somos imaginación, creatividad e inspiración, un potencial capaz de superarlo todo. Programamos las máquinas con infinidad de información para repetir tareas, pero la magia de la vida sigue siendo la sabiduría de manejar las relaciones interpersonales en todo campo con la forma de manejar el pensamiento. La destreza innata del hombre en la evolución del cerebro nos sigue superando en todo, a pesar de que la manipulación nos quiere como robots de carne y hueso.

¿Por qué entrar en pánico con los avances tecnológicos?

Para participar en la influencia del progreso y equilibrio del comportamiento humano, es necesario despertar la consciencia individual a través de la influencia y motivación; escuchar es uno de los medios eficaces en toda transformación. Sin embargo, los seres humanos andamos tan dispersos que nos limitamos a oír, pero no a escuchar con atención lo que conviene o no conviene en nuestro desarrollo personal. Desde que en un instante mi vida se vio amenazada por causa del suicidio, no he dejado de pensar en la alta posibilidad que tiene un ser humano de atentar contra su vida en el instante desprevenido en que el ego nos traiciona, en especial, en estos momentos de importantes cambios tecnológicos y acelerada inteligencia artificial que nos mantiene distraídos. A pesar de que el tema no es nuevo, impresiona la velocidad en que se ha filtrado el fenómeno en todos los campos sin importar la edad.

La consciencia me comprometió a incursionar en la búsqueda de ideas sin parar, para motivar a la gente a desarrollar sus habilidades desconocidas y así entrar a manejar el potencial humano con el que se pueden superar traumas y condicionamientos inconscientes que enceguecen la realidad de lo que somos. Los medios de comunicación nos ofrecen todos los días evidencias de cómo los seres humanos están optando por la autodestrucción, quienes sin consciencia logran desatar contra otros sus frustraciones; por ejemplo, se volvieron comunes las masacres en escuelas y campos donde se encuentran grupos de humanos inocentes.

¿Será que todo este crecimiento de destrucción humana tiene que ver con los avances tecnológicos? Esta pregunta me hace pensar en las tenciones por las amenazas de la tecnología contra la raza humana en el futuro, entre ellas, la globalización, que nos ofrece también un campo amplio para echar leña al fuego en temas que levantan frustración en cualquier sentimiento y producen desequilibrio emocional entre mucha gente. Por ejemplo, la expansión global de la discriminación racial, las manifestaciones populares alrededor del mundo, en especial en el ambiente de tensión en que se encuentra Suramérica (Venezuela, Bolivia, Chile, Colombia, entre otros), donde constantemente se presentan disturbios, acontecimientos que muestran claramente el inconformismo provocado por personajes ocultos. Podríamos pensar que, detrás del caos que mueve todas las marionetas o robots de carne y hueso, están los grupos subversivos que se infiltran con las inmensas fortunas del narcotráfico, quizá una estrategia para presionar a los Estados a adoptar un régimen de una dictadura lenta que se percibe su avance. Otra respuesta a este conflicto puede ser la conveniencia de las minorías que domina el sector mundial financiero, en busca de una utilidad de orden económico para sus intereses.

De cualquier manera, no es nada seguro el futuro que nos espera; sin embargo, para los optimistas aún queda la posibilidad de atender temas clave para aprovechar la vida que nos queda entre los interesantes cambios a nivel global.

Desde mi perspectiva, escuchar y despertar consciencia de trabajar juntos con fenómenos como la autodestrucción y predicción para prepararnos en la era automatizada es ya una forma de tomar acción. No obstante, para incursionar en este asunto es necesario entender por qué, después de siglos de evolución de la raza humana y de tantos logros científicos y tecnológicos, el hombre contemporáneo parece entrar en pánico con los nuevos desafíos que provocan los avances de la inteligencia humana. En atención al galopante ritmo en que se está desarrollando la inteligencia artificial y que podría ser la causa del temor y el pánico, es importante volver la vista atrás para recordar que toda metamorfosis en cualquier campo, edad y tiempo pasa por un proceso desafiante. Si hablamos de evolución y desarrollo tecnológico, podríamos tocar cualquier tema de importancia; por ejemplo, para hacernos testigos de la evolución y de los grandes cambios climáticos, escogí dos periodos de la historia a fin de desempolvar épocas que atraen por sus cambios novedosos, cuyas secuelas permanecen, a pesar de los miles de años transcurridos.

Por un lado, las eras geológicas. Una de las más conocidas, denominada Pleistoceno, en que toda la Tierra sufrió graves cambios climáticos con las "glaciaciones" o las llamadas edades de hielo, en que gran parte de los seres vivos desaparecieron del planeta.

De acuerdo con GeoEnciclopedia, sus causas son cambios de la órbita de la Tierra. Aunque no hay todavía suficientes evidencias de estas edades de hielo para comprenderlas bien, se piensa que están relacionadas con las variaciones regulares de la órbita de la Tierra alrededor del Sol. También influyen factores como los niveles de dióxido de carbono y metano en la atmósfera, el movimiento de las placas tectónicas, las variaciones en la radiación solar y el vulcanismo. Veamos más allá para entender un poco el movimiento de las placas que componen la superficie terrestre. Cuando estos grandes bloques cambian o modifican su posición, pueden afectar el flujo de los océanos y los patrones de circulación atmosférica, lo que modificaría la forma en que el agua caliente se distribuye. Si las placas reducen o bloquean el flujo de agua cálida hacia los polos, entonces el hielo comienza a extenderse más allá de sus límites.

Por otra parte, los ciclos de Milankovitch, que son variaciones regulares en la órbita de la Tierra alrededor del Sol, pueden modificar la cantidad de radiación solar que reciben las latitudes en las estaciones; si disminuye, la atmósfera se enfría, y esto favorece el aumento de la capa de hielo global.

Nos muestra la historia que este fue uno de los fenómenos más desafiantes para todos los organismos vivos. No solo en el norte del planeta, sino también en los bosques de Asia Oriental, las planicies y llanuras europeas, los valles americanos y las llanuras africanas.

Entre la inocencia, la aventura obligada y la sabiduría humana, la imaginación y la creatividad del potencial humano han dejado huella en cualquier desafío; de hecho, aprovecharon esta glaciación para abrir paso desde Asia hacia América por el estrecho de Bering. Durante este periodo glacial, el clima terrestre se volvió muy frío. Entonces, los glaciares avanzaron más allá de los casquetes polares, hasta cerca de los trópicos; en esa zona, los continentes se cubrieron de hielo, se congelaron los lagos, las lagunas y los ríos, los mares de poca profundidad desaparecieron, porque sus aguas se convirtieron en glaciares. Fue, justamente, este, el tiempo cuando los estrechos y archipiélagos continentales e insulares quedaron sin cobertura líquida; por tanto, temporalmente muchas zonas cercanas quedaron unidas. Se unió, Australia-Tasmania con Nueva Guinea, Filipinas en Indonesia. Lo mismo ocurrió entre Japón y Corea. Se unió el territorio continental de Suramérica con la Tierra del Fuego.

Adentrándonos en la fascinante evolución de la reducción del hielo que formó lo que hoy llamamos el Polo Norte y conociendo un poco la forma como ascendió la temperatura en el resto del planeta, podemos entender que la Tierra en toda su evolución ha sido condicionada por grandes desafíos como el cambio climático. Tenemos historiadores que han confirmado que, con el periodo glacial, la raza humana estuvo en peligro de extinción y no estoy mencionando otras épocas en que la vida ha estado seriamente amenazada; aun así, ha sobrevivido con el potencial humano único de su adaptación.

La historia nos lleva a entender fenómenos ignorados en nuestro desarrollo como especie y a comprender el mundo natural actual. En la actualidad, todavía podemos ver lugares como la Antártida, Groenlandia y el Ártico que están cubiertos de hielo, en medio de un clima cálido en la mayor parte del planeta. Aquí también cabe destacar la inestabilidad inusual de temperaturas en todo el hemisferio, un fenómeno natural.

Por su parte, el actual periodo de glaciación conocido como Holoceno, se ajusta a la expansión y el crecimiento de la humanidad, la inserción de la agricultura y todas las otras formas de recursos para la existencia, vistos hoy como el detonante en los importantes cambios en el medioambiente. Sin embargo, a pesar de ser esta una de las preocupaciones para la vida futura, puesto que se puede apreciar que estamos viviendo una subida de temperaturas a nivel global, el Grupo Intergubernamental de Expertos sobre el Cambio Climático (IPCC, por sus siglas en inglés), la National Aeronautics and Space Administration (NASA) y entidades privadas demuestran claramente que el planeta está sufriendo una transformación terrestre natural, como también sabemos que tiene ciclos repetitivos. Por ejemplo, el mínimo solar, fenómeno en que el Sol cada once años desaparece sus manchas y estas después del mismo tiempo vuelven a aparecer. En el máximo solar, el Sol está lleno de manchas solares y emite más calor, mientras que en el mínimo solar disminuyen las ondas magnéticas y se emite menos calor. Debido a este fenómeno, los científicos predicen una caída en la actividad solar, lo que puede llegar a ser una verdadera sorpresa para quienes predicen el catastrófico calentamiento global; los fenómenos naturales pueden, en este caso, dar un giro en sentido contrario y producir una era miniglacial que, según los expertos, amenazaría las corrientes oceánicas de Europa Occidental, Canadá y la Costa Este de los Estados Unidos. Otras investigaciones sobre el cambio climático, sostienen que el Sol empezó a disminuir sus ondas magnéticas hace un año, por lo que se entiende que estamos en el mínimo solar desde diciembre de 2019 hasta diciembre de 2020.

Sobre cada tema tratado en este libro, el lector, si lo desea, puede ampliar información en la Internet, pese a que, por ser un medio rápido, no contiene información siempre de fiar. En este sentido, lo narrado en libros con versiones documentadas y verídicas contradice el contenido catastrófico de muchas predicciones que se alejan de la realidad.

Los seres humanos hemos vivido intimidados entre magia, superstición, predicciones e hipótesis de todo tipo en lo relacionado con el universo, los cambios ambientales y la mente; hay que considerar que los investigadores aún están aprendiendo a predecir el flujo y reflujo de la actividad solar, según informes de la NASA. Sin entrar en debates científicos o místicos, lo único que intento es presentar ejemplos reales para despertar la consciencia de la mente manipulada, de la que podemos salir y entrar en conceptos más realistas. Quiero que pensemos por cuántos años hemos estado atrapados en la idea del fin del mundo. De niña cuando escuchaba hablar a mi madre sobre este concepto, cada vez que se desarrollaba una de sus ideas impuestas o predicciones sobre este, estaba alerta a todo acontecimiento catastrófico, pensando que se estaba acercando el fin del mundo. Más tarde, cuando me interesaba por la historia y la geografía estudiando la caída del Imperio romano y leyendo sobre epidemias en la época de la Conquista, sobre fenómenos naturales y sobre muchos acontecimientos de cambios en nuestro desarrollo, fue el momento en que empecé a cambiar esta idea. También cuando logré liberarme del efecto negativo de la vibración más baja de mi energía, entendí que el fin del mundo es ese día que dejas de soñar y vivir intensamente en unión con la creación. Debo señalar que la liberación del cuerpo físico y la mente, o la "muerte", es otro tema interpretado de muchas maneras en cada religión y cultura o de acuerdo con el crecimiento interior de cada uno.

Es importante saber por qué estamos donde estamos, tenemos que viajar a la realidad y gracias a algunas fuentes que nos presentan reveladoras estadísticas sobre el problema climático, podemos al menos hacernos una idea. Por ejemplo, la ecología verde anuncia que "en Colombia se calcula que unas 300 000 hectáreas de bosque se destruyen cada año por causa directa de la producción de droga y que para producir un gramo de cocaína se destruyen en promedio 4 m² de bosque". La realidad sobre el anuncio es escalofriante, ya que específicamente América Latina tiene el 70 % de la biodiversidad del planeta y lastimosamente está controlada por el narcotráfico, un flagelo dañino no solo para la naturaleza, sino también para la sociedad que lo consume. Y si entráramos a discutir los problemas ambientales, habría que agregar la explotación minera en Bolivia, el problema que afronta Perú con las partículas de metales liberadas por el complejo metalúrgico y el plomo y el arsénico en Chile y Ecuador, solo por mencionar algunos. Creo que el mundo entero conoce la situación; sin embargo, la mayoría de la gente no está consciente de la magnitud del problema, pero sí estamos de acuerdo en que ningún Gobierno ha respondido de manera adecuada. La pregunta es cómo cooperar con esto. Creo que la concientización de cada ciudadano como individuo responsable de su propia vida con énfasis en los miembros de una familia puede desarrollar un modelo educativo para tomar una acción.

Por ejemplo, aprovechar la globalización para mantenernos informados y unirnos en la construcción de ideas y aportes de diferentes perspectivas para promover valores básicos, como despertar la consciencia de la influencia individual del ser humano sobre la atmósfera, tener presente los efectos de calentamiento global y la liberación masiva de oxígeno a la atmósfera; desde este punto de vista, nace la idea de cómo minimizar el daño causado. En otras palabras, hacer lo que esté en nuestras manos para participar sin esperar que aparezca un gobierno capaz de implantar métodos estratégicos y mágicos, entender de modo realista los fenómenos naturales de la madre naturaleza y aceptar las transformaciones de su sabiduría, como ha sido el ejemplo de evolución con los glaciares, fenómeno que no está a nuestro alcance. Entonces, así podremos vivir según la realidad de la era de la tecnología; crear un modelo de respeto por la vida en cada cultura, es una forma de promover el deseo de protegernos todos en el medioambiente.

Si continuamos la búsqueda de cambios, como los ejemplos en nuestra evolución climática, humana y tecnológica, en todos se observan grandes desafíos, con resultados valiosos y grandes pérdidas, una verdadera complejidad en el camino de la evolución que hemos tenido que aprender en la construcción de un mundo funcional para todos. Sin contar la prehistoria, desde la Antigüedad hasta la caída del Imperio romano; la Edad Media desde el siglo v, hasta el descubrimiento de América; la Edad Moderna en el siglo xv, hasta la Revolución francesa en el siglo xviii; la Edad Contemporánea en el siglo xxi, hasta la actualidad, época de grandes e interesantes cambios.

Los historiadores coinciden en que la Edad Media puede catalogarse como la más interesante, tal vez por ser la más prolongada y porque en ella se destacan los niveles más importantes en el desarrollo humano, social y psicológico. También, una época de conflictos bélicos, de carácter político-religioso, en que la religión enraizada en la mente todavía prevalece con mucha fuerza y con grandes transformaciones.

Si queremos apreciar la majestuosidad del potencial humano en los últimos siglos, es indispensable hacer un paréntesis en la Edad Media. En esta época, también podemos notar la continuación de la mente manipulada.

Una de las primeras características en este modelo de manipulación es, sin duda, la función de la Iglesia católica en la sociedad, de modo que es una de las pocas con acceso a la educación y con un poder político capaz de aventajar al de la nobleza, convertida en parte central de poder en la Europa de la época. Sin embargo, con la interpretación de conceptos religiosos, fueron guía en la espiritualidad y la creencia en lo divino; por ejemplo, la mayoría de los estudios filosóficos se basaban en la interpretación de lo divino. Un tema que permeó toda la conducta y el pensamiento del misterio, el cual prevalece por siglos. Puede ser que más allá de cualquier argumento, podamos considerar algunas razones que sostienen la importancia de mantener una relación estrecha con la religión; se dice que el ser humano pobló el cielo con dioses y que ellos, a su vez, han servido de aliento para la supervivencia de grupos o clanes en conflicto, convertidos en civilizaciones que han terminado en acuerdos debido a las leyes religiosas. Algunas religiones también presentan grandes posibilidades de desarrollar el perdón entre los individuos para unir familias, como también podemos ver que sirve de placebo para el comportamiento humano.

Gracias a la gran información que tenemos sobre este tema y a la voluntad del sentir humano, cada uno puede sacar sus propias conclusiones y alejarse de estas presiones en busca de una mejor conexión espiritual perpetua y no temporal, como la considero en el caso religioso.

Cuando vemos conductas entre la gente aferrada a sus creencias inculcadas, aunque la religión parece lejos del potencial humano, vislumbramos las limitaciones en la libertad de pensamiento para sacar la mejor versión de sí. Aflora en la mente manipulada la magnitud del daño que han hecho los dogmas y el fanatismo en todo tiempo, los cuales han sembrado la semilla del miedo. De hecho, durante la Edad Media era más obvio encontrar el miedo entre la población, en especial entre la clase analfabeta, en los menos informados sobre los diferentes fenómenos materiales y el desarrollo del universo. Fue una época en que la influencia del pecado era un acto de desobediencia a Dios y teníamos que prepararnos para el castigo fuerte de ese Dios, que, según la historia, desataba su furia contra sus hijos con sufrimiento y hasta se consideraba que las enfermedades eran castigos. Todo lo contrario de lo que es su imagen actual al pasar del tiempo: un Dios de amor incapaz de castigar a sus hijos, un Dios de no a la ira y grande en misericordia.

A continuación, añado la otra característica que va de la mano de lo religioso: la Inquisición y la persecución del libre pensamiento, la brujería, otra forma en que se nota la manipulación y el control de la mente. Se le atribuía a la magia y a la hechicería toda interpretación de sucesos negativos en la época; las enfermedades eran posesiones diabólicas y como se ve en todos los abusos en el control de la mente en la población, los menos afortunados eran el blanco preferido en estas acusaciones. Según mis conclusiones, a partir de los avances de la neurociencia y psiquiatría moderna, las enfermedades mentales en aquella época podríamos considerar que se confundían con la hechicería y la brujería. Por ejemplo, la esquizofrenia y la epilepsia son enfermedades que presentan cuadros drásticos de ataques y afecciones emocionales; los pacientes afectados por esta dolencia escuchan voces y se guían por espíritus que ellos idealizan y sienten como máxima autoridad que influyen en su comportamiento; sin duda, personalmente imagino los pobres enfermos señalados como poseídos, quemados en las hogueras, mezclados con las brujas, los videntes y las personas que tenían conocimientos sobre los poderes de la energía universal. Este tema de la energía, lejos de ser magia o brujería, pasó a ser de suma importancia en el campo científico y en el estudio del potencial humano, que hasta el presente tiene una fuerte influencia.

Algunas veces me he preguntado si la ignorancia masiva de la Edad Media podría repetirse en diferentes ámbitos en la era de la tecnología y cibernética actual que se presenta como amenaza.

¿Será que la ignorancia puede convertir a los humanos en seres tan insensibles, capaces de hacernos un daño que cause un perjuicio más grave entre las sociedades?

La última característica de esta época que quiero marcar son las grandes diferencias sociales que no dejan de existir a lo largo de la historia. Nobleza, clero y campesinado, clases en que sus derechos eran muy marcados como el papel que desempeñaban.

Los campesinos tenían pocos derechos o casi ninguno, ellos eran los

productores en las tierras de sus patrones, bastante abusados por las otras clases sociales. Los nobles eran la clase más alta, privilegiada, tenían acceso a la educación y con beneficios especiales, como el poder, era común verlos en altos mandos del ejército, su rol era dirigir tierras y negocios. Por último, el clero, también una clase privilegiada, que no pagaba tributo (impuestos), gozaba del nivel más elevado en la educación.

En resumen, la posición social que ocupaba cada uno, estaba determinada por su procedencia y familia de nacimiento, con la única excepción del clero. Alguien nacido de nobles era noble y un hijo de campesinos sería campesino toda su vida, por lo que no existía, en principio, la posibilidad de cambiar la posición social.

La excepción era el clero, de modo que es posible que aquellos que entraran en él asumieran una posición social más elevada y cambiara su clase social. De hecho, entre las clases bajas solía ser uno de los únicos modos de acceder a la educación. En este último punto, cabe destacar una época de mi niñez que recuerdo con frecuencia, quizá por la forma como mi intuición lo percibía en ese tiempo, el ambiente que se desarrollaba coincide con la influencia de los sacerdotes sobre los muchachos y las familias de mi pueblo. Personalmente, conocí muchos hogares donde los padres de familia depositaban la confianza en los sacerdotes consejeros de sus hijos, la Iglesia era una oportunidad para la educación y el futuro de los jóvenes; el anhelo de enviarlos a Roma era como una moda en esa sociedad, era una forma de prestigio. Todavía, al escribir sobre esto, me impresiona la historia de un chico joven, que era muy alegre, jovial y de muy buena apariencia, quien me contó que él, junto con unos amigos, haría cualquier cosa por cambiar su mediocre estatus social. El chico logró entrar en el seminario y con el tiempo, al regresar de Roma, nos vimos y como era obvia le dije: "¿Cómo te fue con la experiencia?". Él contestó con una mirada cabizbaja: "Mi vida cambió por completo, adquirí el prestigio que buscaba, pero vivo en un mundo sumergido en la culpabilidad, soy el orgullo de la familia y nunca conocí la felicidad". Estos detalles los conocí, no solo por este chico, sino también por muchos testimonios de los muchachos de aquella época. Aquí lo único que despierta y pasa por mi mente es un sentido enorme de compasión, por la vida de jóvenes que interrumpen sus sueños por las atracciones materiales y muchas veces por la falta de orientación hacia el respeto y el amor propio; en la actualidad, muchos de ellos cuando despiertan su consciencia se refugian en el suicidio. Cuando vuelvo la vista atrás, me atrapó en este camino una vivencia insólita que sin querer coincide con los escándalos actuales de la Iglesia católica y otras instituciones sobre la mente depravada de los ministros abusadores de menores. Era una tarde de verano de esas de agosto en que el sol se impone para coincidir con los soñadores veraneros y abrir paso a la aventura. Yo estaba de visita en el rancho, cuando el cura vestido de sotana y sus anteojos atrevidos entra por la puerta grande con un grupo de estudiantes, todos adolescentes con su juventud a flor de piel y entre ellos desfilaba uno muy conocido en la familia, lleno de ilusiones y con una gracia admirable; todos sus conocidos coinciden en que era físicamente muy hermoso. El hecho es que los muchachos del pueblo, con su guía se hospedaron en la finca por una noche mientras esperaban ilusionados el amanecer del otro día para salir a continuar la aventura que les tenía preparado el sacerdote. Salieron de madrugada haciendo un ruido entre risas de felicidad, para subir hasta la cima de las montañas exuberantes y espesas entre la cordillera Central en el Valle del Cauca, donde expondrían su inocencia al aire fresco y a la niebla que se disponía en el ambiente, para luego ser los únicos testigos mudos de lo que en esos cinco días allí pudo pasar. Una tarde cualquiera, mi madre y yo vimos entrar los muchachos de regreso por la misma puerta por donde se habían marchado, como fantasmas silenciosos, se percibía un ambiente completamente incomprensible entre ellos; en medio de la ignorancia, las dos pensamos que su pasiva reacción era parte de la preparación espiritual recibida de la parsimonia que transmitía aquel "curita". La versión más lógica después, para mí describir el cambio emocional de baja energía entre los jóvenes luego de la convivencia de verano, es que estaban contaminados por un remordimiento que les pudo haber causado mucho daño.

Años después, me sorprendieron las familias divididas entre el debate por sacar a ventilar la experiencia de algunos de sus hijos en esos cinco días de verano, quienes manifestaron con dolor el abuso de su guía espiritual. El desenlace del acontecimiento es que nadie se atrevió a ser testigo en un juicio para delatar al agresor, en que el miedo y el temor triunfaron en una sociedad llena de escrúpulos que es causa de un sentimiento de vergüenza que empobrece la dignidad del ser humano. Con este testimonio, no estoy culpando de este comportamiento malsano a la Iglesia católica en que se enraizaron mis principios tradicionales, tampoco estoy juzgando otras instituciones; aquí, lo que está en juego, es la consciencia individual de los perversos que se filtran en todo ambiente por sano que se perciba. La mayoría de estas características que se practicaban en la Edad Media, entre ellas las tres que aquí menciono, son actualmente la continuidad de una historia en desarrollo y progreso, pero lastimosamente siempre sometidos a la manipulación.

La tecnología y la inteligencia artificial llegaron para quedarse

A muchos, el miedo los sumerge en un mar de dudas por las predicciones futuras. La alerta de innovación tecnológica acelerada pareciera una competencia entre la misma mente y la automatización robótica donde en la carrera va perdiendo la mente.

No se puede entrar en el mundo del pánico porque la tecnología te va a robar el trabajo o porque la robótica va a reemplazar a los humanos; los drones, la robótica, las máquinas robots que pelean en la guerra o la automatización en general, las impresoras 3D, los escáneres, los sensores en nuestros últimos relojes y los teléfonos inteligentes ya no son una fantasía o ciencia ficción. Por tanto, la única salida es despertar iniciativas para anticiparnos a las implicaciones que traen las innovaciones tecnológicas, escuchar y participar en debates, hacer preguntas para adentrarse en el tema y sacar conclusiones lógicas, no solo usarlas sin medir consecuencias y buscar métodos para manejarlas, sino también aprovechar los logros y tomar acción para no permitir perder las bases fundamentales en el desarrollo humano. Por ejemplo, por encima de la automatización acelerada, no podemos permitir que se escape de nuestras manos por completo la ética, la moral y la empatía, esta es una amenaza a la raza humana; si ello se pierde, pasaríamos a ser los robots de carne y hueso de la tecnología y la robótica, sin escrúpulos ni sentimientos; quizá, manejados por algunas pocas mentes de carne y hueso superdotadas.

La buena noticia que conocemos todos es que la capacidad creativa del potencial humano es la que se encargó de llevarnos al ritmo del desarrollo en el crecimiento tecnológico y los avances maravillosos de poderes mentales en que nos movemos hoy. Por tanto, si algunos selectos grupos encargados del diseño y de la fabricación de tantas máquinas, que amenazan el futuro en varios campos del desempeño humano, han logrado tanto, esto nos indica que necesitamos más creatividad y desarrollo mental; también podemos caer en la cuenta de la importancia de caminar al lado de extraordinarios seres con coeficiente superior o exponenciales y con empatía desarrollar nuestras habilidades para darles la bienvenida a estos robots positivamente.

Sin duda, se está abriendo otro camino a la zona de confort y, por qué no decir, que no queda otra salida a los transeúntes que van por el mundo como robots de carne y hueso, pero quizá dotados de capacidad moral y ética, que la tecnología les atraiga y se conviertan en instrumentos necesarios en el desarrollo o manejo de la nueva era.

A pesar de que Mark Zuckerberg, el creador de Facebook, y el fundador de Microsoft, Bill Gates, aceptaron que el desempleo tecnológico puede ser la pugna mundial del siglo XXI, es importante darnos cuenta de que es tiempo de reinventarnos. La multitud de personas que en su larga trayectoria han sido condicionadas a trabajos u oficios asiduos para intereses de otros van a tener tiempo de descubrir su potencial y pensar en ellos ya que se quedan sin trabajo.

Los humanos que se identifican con la etiqueta social pueden aplicar la experiencia de su larga vida para salir del pensamiento limitado que los mantenía como esclavos y expandir el conocimiento en otros campos avanzados. Por otro lado, las nuevas generaciones se preparan de acuerdo con la demanda de las necesidades que se van desarrollando.

De mis investigaciones, con observaciones, documentales, libros y estadísticas personales que vengo haciendo desde 2013 para el desenlace de este libro, me sorprende el aumento de personas que se suman al pánico porque la tecnología los va a sustituir de los trabajos. No podemos ignorar que es una realidad los trabajos reemplazados por la automatización y la inteligencia artificial, pero hay que ir más allá según las expectativas que generan reveladores avances en la ciencia y la tecnología para un futuro cercano.

La educación

Una de las opciones para entrar en este nuevo sistema de vida, creo que sería el cambio de un sistema educativo. Si los futurólogos predicen con tanta insistencia que las personas deben adelantarse a los acontecimientos caóticos por la falta de empleo, contando con la alarmante confirmación de Mark Zuckerberg y Bill Gates en cuanto a lo que se puede esperar en el campo laboral, más los intereses personales que obviamente ellos no ventilan por proteger los monopolios. Su alerta no es del todo pesimista, sino que también está acompañada de información valiosa de muchos analíticos, quienes ponen de manifiesto que la formación académica necesaria de la época milénica requiere un enfoque en la inteligencia emocional, que, a mi parecer, después de muchos años siguiendo las enseñanzas de Daniel Goleman, son predicciones perfectas que encajan con los futurólogos de la actualidad. Goleman lleva muchos años explicando la importancia de crear organizaciones emocionalmente inteligentes, donde se desarrollen destrezas, como la capacidad de adaptación a los cambios, la creatividad, la iniciativa, la empatía, las habilidades sociales; algo que atrapó mi atención y la confianza plena para seguir su filosofía: es la importancia en el desarrollo de autoconocimiento; es esta la herramienta poderosa que nos lleva a la aceptación de sí mismos, creer en nuestra imagen es la llave para entrar en el campo del éxito en todos los ámbitos, ya que es ella la guía para todo lo que el ser humano pueda proyectar. Los resultados son la evidencia con el beneficio de la globalización: el desarrollo de la mente es lo que sustenta las economías mundiales fuertes en el mundo moderno y no se saca un proyecto exitoso si no se está seguro de ello; es lo mismo cuando proyectamos nuestra imagen. La imagen creativa y valiosa de nosotros mismos es la proyección de los alcances novedosos del presente.

La filosofía de Goleman coincide con las alertas que sugieren todos los días los *best sellers* y expertos en la materia: manejar habilidades en el razonamiento crítico, motivación, estudiar principios de robótica o aprendizaje en el manejo de estas máquinas, especializaciones, terapias, inteligencia emocional y social. Entrar en el campo de la nueva tecnología es escuchar todas estas alarmas para empezar a trabajar en el desarrollo del potencial humano y avanzar sin miedo.

Lo que vemos como preautomatización de trabajos actuales también ayuda a despertar la concientización en la necesidad de un sistema completamente diferente en el cambio educativo y de preparación técnica. Por ejemplo, los trabajos de secretarias, ascensoristas, en aseo, recepcionistas, personas en las ventanillas de información, máquinas telefónicas, cajeros, empacadores en el área manufacturera y muchos otros oficios de rutina que ya se han ido eliminando poco a poco.

Las finanzas

Así como en la educación, vemos con urgencia la necesidad de nuevas reformas en las finanzas, es evidente que debemos estar alerta a nuevas estrategias para recibir la evolución de la inteligencia artificial. De hecho, los ojos del mundo mantienen la expectativa en los cambios de industrias manufactureras, con alerta de cuánta mano de obra podrá ser reemplazada por la automatización, mientras la minoría de líderes corporativos tienen la mira en la forma como las empresas están generando sus riquezas por medio de la inteligencia artificial coordinada con la Internet de las cosas y la robótica, inquietud que debería desarrollarse no solo en líderes sino también en todos los ciudadanos en cualquier lugar del mundo.

Muchos analistas en el campo financiero sostienen que el mercado empresarial va "de la automatización a la autonomía de la industria". En una de mis observaciones lógicas y al alcance de todos sobre la independencia absoluta de las grandes empresas, llenando una aplicación o encuesta de esas en que regalan bonos y ofertas gratuitas, me puse a considerar la estrategia del *big data* en la manipulación al consumidor: nuestra base de datos es requerimiento indispensable para adquirir el artículo gratis que se ofrece y a partir de ello los líderes de las grandes empresas conocen nuestras preferencias en gustos y necesidades individuales; el *big data* agrupa al consumidor en precisos y estratégicos sectores de consumo, la variedad de artículos para cada preferencia hace difícil resistirse a nuestros gustos y así nace el comprador compulsivo y sin medida. Sin embargo, manipulados o no, los expertos consideran que este mecanismo es una oferta inteligente para abrir oportunidad a empresarios con diversidad de ideas que se pueden aprovechar en la era digital. El doctor Alfredo Hualde Alfaro, experto en análisis de economía, tecnología e industria, escribe que la era digital facilita el manejo de la economía moderna:

Se basa en ciertos cambios que se han dado en las relaciones económicas, no solo en el uso de la tecnología, sino en las formas de organización de las empresas, cada vez se hace más importante la organización en red. Estas tecnologías posibilitan el acceso de muchas empresas a los mercados en la medida en que los costos de acceso son menores; pero, paradójicamente, al mismo tiempo las ganancias se concentran en los grandes monopolios como los conocemos: Google, Facebook y Amazon. Aparecen otras figuras muy interesantes como el llamado productor-consumidor, nosotros cada vez que entramos en una red digital en un sitio web estamos creando valor; estamos dando nuestros datos y esos datos son utilizados por las empresas, porque somos potenciales clientes.

Cuando escuché al doctor Hualde, me interesaron las nuevas oportunidades para abrir empresas, pero al mismo tiempo me sorprendí con la conclusión de la nueva transformación digital: "Toda esta transformación lleva a una nueva configuración económica, el costo de reproducir el conocimiento es menor que el de reproducir artefactos materiales".

Después de toda estrategia en el campo económico hay buenas noticias para los pesimistas en el ámbito laboral. La industria de la tecnología ha sorprendido al mundo con la expansión manufacturera y la cantidad de empleos que produce. De acuerdo con información del 13 de diciembre de 2019 del canal de noticias CNBC,

> … el empleo creció aproximadamente un tres por ciento el año pasado [2018] a siete millones de trabajadores, la mayoría de las ganancias provienen de las industrias de *software*, seguridad cibernética y computación en la nube, en el sector de tecnología de pago, más del doble que el promedio nacional a casi 109 000 al año.

El informe muestra claramente la evolución de la alta tecnología en fábricas; se destaca que no solo California y Nueva York están experimentando altas tasas de empleados en el sector tecnológico, sino que también Míchigan y Pennsylvania están entre los diez primeros.

El aumento de empleo se visualiza con la presencia de empresas que están no solo capacitando a sus empleados en la nueva tecnología, sino también reclutando personal para entrenar en esta nueva modalidad.

Morgan Brennan transmitió en vivo un análisis para la cadena CNBC: "La tecnología en la adopción de automatización de la digitalización de la impresión 3D está transformando fundamentalmente las fábricas" y con ella la descripción de nuevos trabajos. "General Electric ha estado a la vanguardia de esta tendencia a medida que comienza a desplegar su brillante formato de fábrica, aprovechando sensores de *software* de *big data* en la robótica". Asimismo, describió un ejemplo en el ámbito automotor referente a la utilización de datos que apuntan a partes específicas para evaluar máquinas y locomotoras sin la necesidad de extraer los motores completamente, como era usual. Con la nueva tecnología, los empleados escanean códigos de barras para crear un hilo digital de una máquina y familiarizarse con los algoritmos y utilizar los divisores para completar las tareas hechas a mano. Entiendo que con la automatización de algunas tareas rutinarias se hace más grande y rápida la productividad en un entorno enorme, lo que crea una demanda de habilidades de trabajo que permita una interacción asociada con las actualizaciones de esta tecnología, aunque no se puede ignorar la opinión de los estudiosos que sostienen lo contrario.

La nueva configuración económica desarrollada por estas transformaciones tecnológicas en muchos campos, por más que se haya reemplazado la mano de obra, también ha dejado evidencias positivas con las oportunidades que se han abierto en el desplazamiento de personal; como es, en el ámbito campesino, la industria ganadera y agrícola, se necesita usar el sentido común y darnos cuenta que la calidad de vida del campesino subió a un nivel favorable. Cuando era niña y pasábamos vacaciones en la finca, me impresionaba ver a un señor que llegaba de las plantaciones con un tanque de metal para fumigar, el tamaño del tanque era un poco más pequeño que el de su cuerpo, cargándolo a la espalda todo el día y su aspecto físico era jorobado debido a ese ejercicio que no sabemos por cuántos años realizó. Además, soportando cualquier condición del clima. Ahora este trabajo es reemplazado por un dron o helicóptero y el campesino puede ocuparse de un oficio menos rudimentario y más favorable a su condición física.

No cabe duda de que esta época va mostrando cambios en todos los ámbitos sociales, culturales, económicos y políticos, por eso predecir con certeza cuáles serán los próximos nuevos empleos del futuro o asegurar cómo serán reemplazados los antiguos es una compleja situación para los futurólogos. Sin embargo, parece contradictorio que a pesar de la independencia que se percibe entre los seres humanos, los expertos sugieren que carreras con interacción o contacto directo con la gente como enfermería y medicina podrían tener asegurada su posición en el porvenir. Exponen también un punto de partida para tener idea de cómo proyectarnos al futuro; el autor y futurólogo Gerd Leonhard despierta un especial interés con su análisis en las dos divisiones en que señala los trabajos del futuro: primero, la ciencia, la tecnología, la ingeniería y las matemáticas; segundo, las humanidades, la educación y la creatividad; esta última, acorde con las observaciones de Goleman y los futurólogos que aquí exponen.

Existen escritores y analistas como Richard Donkin que se acercan a la realidad, aunque algunos técnicos que están trabajando día por día con expertos en análisis de datos para la continuidad de este proceso de interesante cambio también se contradigan con sus aportes, algunos optimistas, otros pesimistas: "Buscar trabajo en el futuro significa sentarse a pensar qué se nos da bien hacer, qué nos gusta hacer y cómo nos podemos ganar la vida haciéndolo". El razonamiento de Donkin es algo que todos los seres humanos debieron considerar en el comienzo de sus metas o propósitos ya que la estrategia va de la mano del desarrollo en el autoconocimiento cuando descubrimos nuestro real talento.

A diferencia de todas estas advertencias, gran parte de la humanidad sigue perteneciendo a las masas populares, desentendidos de la urgencia de tomar acción en la preparación individual para hacer frente a la posible alza de desempleo.

En particular, a mucha gente más que esperar ver el automóvil sin conductor, las calles sin polución o la máquina que reemplace su labor, hay algo más allá de cada novedad que sirve para proyectarnos en el futuro y preguntarnos hasta dónde podemos llegar con nuestra capacidad.

Creo que la tecnología abrió el campo a la era del "cerebro nuevo", el espectacular órgano tan pequeño de solo 2 % de peso de nuestro sistema corporal, nuestro procesador de todos los sentidos, hoy deja perpleja a la ciencia con la capacidad de ser conectado al exterior, para detener las de emociones y el recorrido de los pensamientos a través de la resonancia magnética; este es uno de los avances más valiosos que ha generado la sofisticada tecnología de los escáneres, para el estudio de enfermedades como el párkinson, el alzhéimer y afecciones mentales. Además, los adelantos de la física, las estimulaciones profundas del cerebro (DBS, por sus siglas en inglés), por medio del electromagnetismo, son la esperanza de pacientes deprimidos que no responden a la psicoterapia o a las medicinas recetadas.

Vivimos tan manipulados por la influencia de los medios informativos que pasamos inadvertidos los beneficios de la tecnología nunca antes vistos. Según los científicos, el método DBS ha demostrado eficacia en el tratamiento del párkinson. La optogenética, otra esperanza para las enfermedades mentales, es ahora mismo la varita mágica de los neurólogos en el estudio del comportamiento humano.

No es exagerado decir que los seres humanos se están encasillando en un mundo de lamentaciones innecesarias con los avances tecnológicos e ignoran las ventajas. No obstante, todos conocemos nuevas historias de personas tetrapléjicas, en que su mente lúcida queda atrapada en un cuerpo donde se ha perdido control de sus extremidades. En 2012, no fue ajeno para nadie el caso de Cathy Hutchinson; podríamos hablar de otros casos más avanzados, pero este es sencillo de entender y el mundo entero fijó los ojos en él; es un ejemplo de avances tecnológicos extraordinarios para el mundo de la era moderna. Salía en todos los periódicos del momento, la televisión y los medios de comunicación y hoy es historia. Ella, atrapada en su cuerpo sin funciones corporales, pero con su mente activa. Su cerebro fue conectado al famoso BrainGate, un chip que se conectó por cables a un ordenador y le permitió a su cerebro dar señales y a un brazo robótico que le hizo posible desarrollar el movimiento de este solo con el pensamiento: ella puede agarrar sus bebidas y tomarlas. No solo eso, a través de un dispositivo siguen la mirada de Cathy y traducen los movimientos de sus ojos a mensajes escritos, en que según los intérpretes ella ha dejado un mensaje en el que desea que sus extremidades sean miembros robóticos. Este avance de leer los mensajes en personas que no se pueden comunicar, es uno de los aportes maravillosos que la ciencia ha logrado y también una mínima parte para las predicciones futuras de las que el hombre y la mujer serán capaces de lograr.

En la conferencia The BRAIN Initiative, el doctor John Donoghue describe el cerebro como "la parte más sofisticada de todo el universo" y dice que el motivo por el cual las personas no se pueden mover es simplemente porque los cables encargados de transmitir la información de su cerebro al cuerpo han sido cortados. "El BrainGate es un físico puente que conecta el afuera con el interior del cerebro". Este es solo un mínimo ejemplo del potencial cerebral con que contamos los humanos, por lo que continuarán los asombrosos descubrimientos de la enorme capacidad entre el límite de la vida y la muerte; siguiendo con la manera de acceder a nuestro propio interior, entramos en un proceso en que podemos sobrevivir a todo cambio con sabiduría.

Es claro que los avances del cerebro son el comienzo de un futuro lleno de esperanzas para la calidad de vida. Así que, por otra parte, parece que debemos estar preparados para nuevos acontecimientos. No sería extraño ver a los científicos transfiriendo la consciencia de una persona atrapada en su cuerpo físico a un cuerpo robótico.

Demos la bienvenida a las máquinas en la medicina

Ahora que tenemos el autoconocimiento como la mejor llave para abrir la puerta a nuestras virtudes, potencialidades y necesidades, el empoderamiento ha logrado en la escala de posiciones encajar en la automatización e inteligencia artificial; por tanto, ningún trabajo actual se excluye de sufrir cambios. A pesar de que la carrera de Medicina figura como buena opción en los trabajos del futuro, también se empieza a sentir amenazada en algunas áreas.

Cuando leo o escucho documentales en los que se afirma que la tecnología y la inteligencia artificial ya están eliminando oficios médicos y que en los diagnósticos es una maravillosa herramienta con una sorpresiva bienvenida positiva de la gente, debido a que en las pruebas con la automatización de estas máquinas no han sido inexactos los resultados o diagnósticos y que no tienen problema de ética profesional. Recuerdo un médico especialista en fertilidad que visité cuando tenía 20 años porque no me venía la menstruación. Me sonó por mucho tiempo su voz en mi memoria: "Connie, lo siento, pero usted no puede tener hijos, o mejor, sí puede, pero necesita un tratamiento extremadamente costoso, por lo que le aconsejo no invertir para tener familia, no conozco un seguro que cubra casos como el suyo. Váyase a casa y olvide esa posibilidad, le garantizo que si visita a otro médico le dirá lo mismo". A este doctor no le pasó por su mente lo interesante en la investigación de mi caso, una paciente que nunca tuvo la menstruación debe ser un muy buen tema para estudiar en ese campo.

La grave falta de ética profesional y humana en este doctor deja al descubierto la poca vocación que tiene por lo que hace y son muchos médicos y profesionales de diferentes oficios que solo los mueve un negocio rentable. Son pocos a los que les concierne la necesidad real del ser humano en la actualidad. Hace algunos años me sorprendió un doctor con el cinismo que lo caracterizaba, entró para atenderme y antes de empezar su consulta de rutina, me advirtió: "Su seguro requiere solo quince minutos de atención, OK".

Si la inteligencia artificial sirve de ayuda para minimizar la negligencia médica, entonces es conveniente que se reinventen pronto los médicos que carecen de sensibilidad, su experiencia en diagnósticos controlada por el costo del seguro lo bajará a otro nivel. La automatización no necesita experiencia para dar diagnósticos precisos y rápidos con el sistema digital personalizado que estamos empezando a ver fundado con bases de datos.

Claramente, el poder del *big data*, la nueva era de inteligencia artificial y robótica, son los nuevos humanoides encargados del desplazamiento de personal en cualquier campo que se les permita actuar. Pero, positivamente, aunque la ciencia y la medicina se impongan con estos argumentos, no cabe duda de que impera la moral y la ética, porque los médicos que hacen la diferencia con su calidez humana serán los supervisores de estos nuevos humanoides y la misma naturaleza los pondrá en posiciones mucho más elevadas. De cualquier manera, urge la necesidad de avanzar explorando el potencial del poder mental para nuevos experimentos en la búsqueda de cura para diferentes enfermedades y de expertos con mejores opciones en la concientización nutricional, mental y física; humanos con ética en salud para que nos saquen del comercio de medicinas y placebos aprobados. Por el momento, entre debates y debates, podemos aplicar la frase célebre: "Los modelos son útiles hasta que se sustituyen por otros más precisos".

Por otro lado, reconociendo el potencial del ser humano en el desarrollo de la tecnología en toda disciplina, no podemos olvidar que el estudio del cerebro y todo lo que él contiene: mente, subconsciente y consciente, lleva siglos en desarrollo y aún sigue siendo el más complejo; por tanto, estamos lejos de que la raza humana colapse para ser reemplazada por otra inteligencia regenerada con los avances tecnológicos.

Una de las conclusiones de lo que venimos entendiendo en el desenlace de cada capítulo es que, cuanto más atentos estemos a los descubrimientos de la creatividad, más firmemente nos damos cuenta de que cada época se va beneficiando de otra en el pasado. Marvin Minsky, el padre de la inteligencia artificial, antes de la llegada de los microprocesadores y superordenadores, sentó las bases de la inteligencia artificial en 1956. Este es un buen momento para recordar los aportes de Minsky, puesto que los científicos aseguran que sin él no existirían los ordenadores o, por lo menos, hubiera tardado más tiempo la investigación en este campo. En el *New York Times*, deja para la historia su última entrevista:

> El tono con el que aborda la inteligencia artificial en el momento presente, a sus 88 años [2016], no está exento de melancolía al recordar los primeros momentos de la cibernética, en los primeros días de esta, se daba por hecho que todo era mecanizable, no se pensaba si algo era posible, sino cuándo y cómo se podría hacer, incluso la inteligencia artificial. Habla de la década de 1950 y de 1960 como maravillosos y fructíferos, pero a partir de ahí se tomaron decisiones equivocadas que han conducido a vías muertas sin margen para avanzar.

A pesar de esto, siempre estuvo convencido de que llegará un punto donde las máquinas superarán al hombre y terminarán por destruirlo de la faz de la Tierra, ya que sus teorías siempre plantearon la posibilidad de crear supermáquinas con la capacidad de "tener sentimientos", aunque afirmó que se trata de un proceso bastante complejo, pero no imposible.

Minsky manifestó: "Hasta la fecha, no se ha diseñado un ordenador que sea consciente de lo que está haciendo; pero la mayor parte del tiempo nosotros tampoco lo somos".

Podemos también considerar que con la inteligencia humana se es capaz de tomar el control en este proceso de cambios aparentemente desbalanceado. Es un hecho de que todas las investigaciones pasadas y presentes sobre los avances tecnológicos nos dejan el mismo razonamiento, un campo abierto a las posibilidades de cualquier cosa que pueda suceder con la creación; sin embargo, no hay científico que descarte la destreza del potencial humano, que, por el contrario, cada vez se maximiza.

De la fantasía a la ciencia ficción y de la ciencia ficción a la realidad

Los cuerpos están listos, pero sin alma.

Por más que los optimistas nos sentimos perfectamente contentos en un ambiente de logros maravillosos disfrutando del bombillo y usando las velas por capricho, en que saltamos del taparrabo a la textilería, del caballo y las mulas pasamos a la rueda, la aeronáutica, los drones, las naves espaciales, de la carta y el telegrama pasamos a la mensajería instantánea en dispositivos móviles inteligentes y si continuamos la lista no tendríamos ningún reproche a la tecnología. Pero, a pesar de todo esto, nos vemos obligados a mencionar las desventajas, cuando nos sorprende el pensamiento escuchando hablar de autodestrucción de la raza humana, no solo por las guerras y la mala alimentación o porque cuando pensamos en la Edad de Piedra nos asombra el salto del bronce al hierro, de la lanza al arco, del arco al fusil, del cañón al proyectil, hasta que llegamos a las bombas nucleares. ¡No! ¡No! Ya no se trata de esto, sino del sustituto que desesperadamente la tecnología le anda buscando sin descanso a la especie humana, según lo afirmado por expertos.

Hay muchas personas que en la actualidad aún se encuentran levitando entre lo irreal y la realidad, el desequilibrio con el propio ser interior se ha incrementado con la impresionante era de aceleradas y diferentes invenciones que distraen, sin percatarse de que la atención individual va en dirección opuesta al equilibrio universal, como si la vida fuese un juego de azar, es decir, no están los pies sobre la tierra; de hecho, mucha gente se está convirtiendo en víctimas de su propio invento.

Además, los mismos especialistas en análisis, futurólogos y dueños de los monopolios mundiales anuncian sin rodeos que el futuro de la humanidad espera un colapso del que nadie podría escapar; sin dramatizar, la desventaja que veo es que en el planeta hay más gente desinformada que informada, que son las masas de robots de carne y hueso seguidores de algunos modelos de la robótica sin antes medir las consecuencias; la mayoría inclina la atención y cree más en la inteligencia artificial, y deja a un lado la inteligencia divina que llevamos dentro. Nadie hace absolutamente nada por detenerse en temas de importancia, como recuperar la confianza, la ética y la moral; no hay interés por buscarle soluciones a la democracia ventajosa y mal usada. Las personas no contamos con una sociedad respaldada por el Gobierno, para entender el acelerado cambio que expone el mundo global. No se escucha por parte de nuestros mandatarios, en forma considerable, ninguna orientación educacional e informativa acerca de posibilidades y limitaciones en los diferentes campos de evolución tecnológica. Más bien parecemos aturdidos todos con los nuevos acontecimientos.

Hace muy poco pronuncié una conferencia sobre las muñecas de intimidad y mi sorpresa fue total cuando vi que el 70 % de la audiencia no tenían idea de qué estaba hablando. Se ignora en gran parte de la sociedad que los burdeles de muñecas sexuales y la incursión del sector privado en adquirirlas desempeña un papel muy importante en la automatización que escogió el hombre. A continuación, podemos ver un buen ejemplo de cobardía.

Las muñecas y los muñecos robots sexuales

No cabe la menor duda de que la presencia de muñecas sexuales o robots sexuales disminuye la necesidad de ser valorados y amados; por tanto, amenaza la capacidad afectiva en una persona. Creo que desarrollar el sentimiento de participación afectiva en la realidad que conmueve a otra persona es de suma importancia en el mundo actual; sin embargo, cada vez encontramos más opciones al desligamiento de nuestras emociones que al manejo adecuado de ellas.

Desde tiempos remotos se refleja en la mente del hombre el deseo por las muñecas sintéticas o estatuas perfectas que destacan la belleza física de los seres humanos. Indagando el asunto, me contacté con un joven, un enamorado de su muñeca termoplástica; su forma de referirse a ella me conmovió. Este chico siente un gran afecto por ella. Cuando le hice la pregunta que haríamos todos: ¿Qué pasaría si te enamoras de una mujer real? De inmediato, contestó que nunca dejaría a su muñeca, dijo que ella es ya una parte de él, se entretiene comprándole ropa a su antojo sin esperar ningún reproche, la lleva a la mesa para cenar frente a ella y siempre lo acompaña en la sala para ver la televisión sin interrumpirlo. Dice que a veces se siente decepcionado y frustrado porque ella no le habla, que la observa fijamente pensando qué le responderá. Me asusté y pasó por mi mente que era una obsesión, pero, cuando conocí a la muñeca tan parecida a un ser humano, me quedé sorprendida. Me remontó de inmediato a la época de la mitología griega, en que el rey de Chipre, Pigmalión, buscó durante largos años una compañera para convertirla en su esposa. La quería tan perfecta que fue inútil encontrarla y frustrado desistió de la idea de seguir la búsqueda y de casarse, decidió entonces esculpir una estatua de marfil. La escultura quedó perfecta y preciosa: Galatea resaltaba la belleza deseada, fue tal la obsesión que Pigmalión se enamoró de su obra maestra.

En una celebración en honor a Afrodita, que en la mitología griega conocemos como la diosa del amor, el rey Pigmalión le suplicó que le concediera vida a su amada Galatea. Pero esta le respondió con una señal que el rey no entendió y regresó a casa muy decepcionado. Después de contemplar a su creación durante largas horas, como era su costumbre, se acercó a ella y la besó, entonces el rey se dio cuenta de que eran fríos sus labios de marfil; decepcionado, volvió a besarla y le pareció que estaba caliente, empezó a tocarla, a sentir degradada su dureza y a ceder a los dedos con suavidad, lentamente se hacía dócil y blanda su textura. Al sentirla, el rey Pigmalión se llena de un temor incontrolable, pero a la vez de un gozo inexplicable y creía que era un sueño. Tocaba repetidas veces la estatua y se cercioró de que era transformada en cuerpo humano porque sentía el pulso de la sangre en las venas cuando la palpaba con los dedos. Afrodita, emocionada por el rey, se le apareció y le dice con su dulce y complacida voz: "Mereces la felicidad, una felicidad que tú mismo has plasmado. Aquí tienes a la reina que has buscado, ámala y defiéndela del mal". Así fue como Galatea se convirtió en humana y cobró vida enamorándose perdidamente de su creador. La diosa Afrodita terminó por complacer al rey y le concedió a su amada el don de la fertilidad.

El hombre en la actualidad se encuentra en un sorpresivo mundo, donde los acontecimientos científicos nos transportan de la ciencia ficción a la realidad, por lo que parece que revivir relatos mitológicos nos transporta de la ilusión al placer. Sin embargo, el mito de la escultura de marfil que el rey Pigmalión dejó para la historia podría convertirse en realidad con el enfoque desmesurado que tiene el hombre por sustituirse a sí mismo: la creación de una muñeca Galatea de inteligencia artificial puede estar cerca de nosotros, como el robot Sofía y toda la familia robot que se expone en la actualidad en lugares públicos de Japón y otras partes del mundo; pero seamos conscientes de que están hechas sin la sensibilidad del alma y sin la capacidad afectiva que produce la belleza interna, fuente de la felicidad.

Me cuesta trabajo creer que los robots sexuales no dañarán las relaciones amorosas, como lo manifiestan los defensores de este negocio. Ellos argumentan que es un asunto ético, porque no hay ningún riesgo de transmitir enfermedades sexuales y no hay explotación a las mujeres, también consideran que se vende magia, porque es la copia real de un ser humano capaz de satisfacer las exigencias de los clientes. Con mucho orgullo y sin ningún tapujo, confiesan que la mayoría de las personas que tienen experiencias con una muñeca o muñeco sexual robot, no desean volver a tener relaciones íntimas con una mujer u hombre real. Para mí, en cambio, es un acto de cobardía no querer compartir con una pareja sexual, también ideas, creatividad y momentos tan importantes como es esta relación íntima, aun considerando que sea solo para satisfacción propia.

De acuerdo con algunos entrevistados, entre las personas en Europa y Asia que prefieren vivir con muñecas de silicona o termoplástico, las razones y las edades fue mi sorpresa. El mayor número de personas que acuden a estos negocios tienen entre 20 y 30 años, aunque en América Latina parece que son más los adultos quienes las usan. Las razones de las personas para comprar las muñecas robot fueron similares en las investigaciones, según varios documentales en canales de YouTube y televisión. También incluyo a las personas que les he preguntado qué razones les motivaría a reemplazar una mujer por una muñeca o muñeco robot: a) la persona real juzga mi apariencia mientras la muñeca me hace olvidar de mis desventajas físicas; b) con una muñeca solo me satisfago yo, no tengo que pensar en nadie más; c) me cansé de estar solo o sola. Estas son tres respuestas que coincidieron con mis entrevistas y las de profesionales. Con sentido común, cualquier persona puede percibir la inseguridad, la desconfianza y el poco amor propio que hay en estas personas. El punto b) es el reflejo del egoísmo que vivimos hoy en nuestra sociedad y de la falta de empatía entre los seres humanos; mientras que el punto c), de la soledad, es el tema más complejo que nos invade hoy. La demanda en esta industria es evidente. Los expertos establecen que la imitación del tacto y de las sensaciones que produce la piel y hasta los metales en la fabricación de los huesos alcanza para que la imaginación se haga un reflejo de un perfecto ser humano con el que quiere hacer vibrar sus emociones. Por tanto, el efecto de estos objetos ha alcanzado la admiración y el uso desmedido. En un sistema en que la soledad es abrumadora, los técnicos del Urban Institute presentan datos como estos:

> En Norteamérica, más de la mitad de los ciudadanos con edades comprendidas entre los 18 y los 34 años no tienen una pareja estable. Sostienen también que uno de cada cuatro estadounidenses de 18 a 30 años permaneció casto en 2018 en contra de su voluntad.

En el simposio de 2019 sobre salud mental de la Sociedad de Psicología Aplicada, se señaló que las estadísticas pueden empeorar por la intervención de los robots.

Un dato interesante que se discute en la actualidad es la alteración simultánea de la natalidad debido a esta nueva tecnología robótica. Por último, un asunto que no solo los expertos debaten al respecto, pero que el ciudadano del común también lo considera, son los nexos entre lo físico y lo mental, ya que esta controversia de hábitos sexuales causa también un fuerte cambio emocional.

Paco es un amigo que no superó el fallecimiento de su esposa. Cuando escuchó sobre el negocio de las muñecas robot, decidió comprar una y vivir con ella; aunque dice que es feliz, su rostro dice lo contrario, se nota que su soledad no ha sido solventada con la presencia de esta, también se presiente en su energía un vacío enorme. Es un caso similar al que muchos vimos hace pocos años, la historia de un hombre al que su mujer lo abandonó y los hijos hicieron su vida lejos de él; por tanto, entró en depresión y decidió comprar una acompañante de silicona y ello despertó en él la adición sexual por la belleza física que destaca a estas muñecas robot, hasta llenar su casa con variedad de ellas; construyó una familia de silicona sin alma ni sensibilidad; afirma que estas son la motivación que lo tiene vivo, que se alejó de su entorno social para disfrutar del tiempo libre con ellas en un ambiente que diseñó para amortiguar la soledad que dejó el recuerdo de sus seres queridos.

Me impresiona que a tan corta edad los seres humanos renuncien a la magia de la vida. La existencia de este tipo de hombre está encasillada en una especie de desilusión disfrazada que no le permite ver el universo en su entorno; sus emociones, sus risas a carcajadas, sus caminatas bajo un día soleado, la espontaneidad de un espíritu alegre, la lluvia, el sol y mar o quizá, la magia de un paisaje entre la gente, su naturaleza curiosa y exploratoria están muertos. Se está perdiendo el potencial enriquecedor que ofrece la empatía, por lo que no puede construir ninguna experiencia verdadera.

Respetando las preferencias de cada persona, entre mi desconcierto expreso, en un sistema de vida como este no hay prolongación de su existencia, su potencial exponencial está retenido, mientras viva en un mundo sin sentido de relaciones sociales inventado en su mente con muñecas, la habilidad de interactuar está inerte y, por tanto, no hay resultados de su ser como tal.

Otro joven de solo 18 años nos contó la mala experiencia que tuvo con su prometida y no quiere volver a repetir la vivencia, por tanto, compró su muñeca robótica. Paco y este joven confesaron que han perdido la empatía, son menos divertidos y se han perdido entre la confusión del deseo y la soledad del alma.

Cuando mi esposo me sugirió que usara el GPS, me pareció un gran adelanto tecnológico; pero desde que empecé a hablar con Cortana en la Internet para hacerle preguntas y la voz de Siri me acompaña en el carro cuando necesito alguna respuesta a preguntas que necesito aclarar cuando voy manejando con el altavoz, mi sentido de observación me llevó a entrar en esto de los robots. Si no hubiera experimentado esta tecnología antes de ver una muñeca robot, habría pensado que este hombre perdió la razón.

A buena hora, la era del sexo robot llega para aclarar la diferencia entre el sexo y el amor. Los ejemplos mencionados son prueba contundente de la importancia de despertar el sentimiento de amor propio, que abarca un sinnúmero de emociones positivas dentro de la belleza interna que hace brillar al ser humano con luz propia. El sexo es, sin duda, un acto físico que satisface las exigencias biológicas en la naturaleza animal y humana. No obstante, hay un gran porcentaje entre los entrevistados que afirman que el sexo es complemento en el amor de pareja, necesario para engendrar y conservar la especie.

El mundo de hoy no se ha dado cuenta de que a una gran cantidad de personas la tecnología nos tomó por sorpresa: la era de robots sexuales es un tema más serio de lo que pensamos. Bajo la lupa de mis observaciones lo desconocía por completo y cuando entré en el análisis, aún no salgo del asombro en este nuevo mundo que ignoraba.

Estos debates que tienen implicaciones para el futuro en el desarrollo humano tampoco descartan a los que les gusta el análisis profético-religioso, quienes argumentan que el futuro es la inteligencia artificial y el hombre será Dios, con figura física desconocida.

Ahora que estamos cara a cara con las diferentes ideas modernas y antiguas en la conexión global, uno de los objetivos de este libro es exponer a mis lectores la diversidad de opiniones, para que saque sus propias conclusiones y así amplíe sus conocimientos y tener una sociedad educada e informada en este mundo de desarrollos inadvertidos. Muchas veces me veo atrapada con ideas que por meses me sumergen en un profundo nivel de observación para poder darles un buen derrotero. Por ejemplo, desde hace algún tiempo he encontrado en varios argumentos científicos la posibilidad de que en el cerebro del ser humano hay un gen de Dios que nos obliga a mantener la relación con la religiosidad. Este estudio de la neurociencia podría de cualquier manera confundir a los individuos con el concepto de espíritu, Dios y religión, ya que desde tiempos inmemoriales podemos observar el sentido religioso desarrollado en los seres humanos hacia alguna deidad, el sol, la luna, la lluvia y cualquier elemento natural que pudieran endiosar. La cultura griega fue un gran ejemplo de ese modelo: Zeus, dios de los fenómenos de la naturaleza; Hermes, dios de los viajeros; Deméter, diosa del campo, y así estaba colmado de divinidades todo el universo para ellos. Toda esta inexplicable debilidad la atribuía de voluntades superiores a las propias; sin duda, sentían fuerzas sobrenaturales que despertaron ese sentimiento dentro como el espíritu que nos mueve. Así, ellos también al pasar el tiempo iban moldeando sus imágenes con objetos más reales que en su inspiración les producía temor y miedo.

En general, en la humanidad este sentir sigue igual, solo que los grandes cambios en la evolución de las culturas, los estudios espirituales y las selecciones específicas de diferentes culturas le han dado nombre a la sensación o percepción de lo divino. De hecho, las evidencias están en todas partes: en el cristianismo, Dios; en el judaísmo, Hashem; en el hinduismo, Brahma, y otras. Obviamente, con la gran ventaja de estudios más profundos sobre la divinidad, que han diferenciado entre idolatría y espiritualidad.

Este asunto a la tecnología tampoco se le escapa, para los menos apercibidos no existe nada más que la evolución de la nada, prefieren estancarse en la teoría del concepto de *selección natural* de Darwin, en que sus aportes sobre la evolución de las diversas especies es la continuidad de la vida, sin ningún conocimiento espiritual o alguna deidad. Con esto no quiero decir que podamos ignorar los valiosos estudios que actualmente continúan sobre la transformación de los seres vivos a lo largo del tiempo. La verdad sí es que la transformación espiritual va más lejos que la investigación sobre la transformación de la materia orgánica, hasta hoy la existencia de Dios prevalece y no pasa de moda; a nadie se le escapa el misterio. Ni para los ateos el tema es ajeno. A mi filosofía agrego una observación: la negación de algo es ya creer en algo que existe y se está negando porque está atrapado en el misterio.

Las especulaciones seguirán apareciendo por el resto de la existencia y seguiremos viendo multitudes de personas sumergidas en su ceguera espiritual que se alejan de la inteligencia y belleza interior del ser humano, que es la máxima respuesta a la creación y a lo que vendrá; en nuestro tiempo es más común el acercamiento a las cosas vanas del exterior, como lo podemos observar con las muñecas de silicona.

3.

La mente

Mientras los científicos siguen sorprendiendo a la humanidad con los asombrosos avances de la neurociencia, no cabe duda de que los ilustrados en la espiritualidad están más conscientes de que la tecnología perfecciona la inteligencia; por tanto, la mente es hoy uno de los mundos más atractivos para explorar. Durante el proceso de este libro, he tenido momentos en que he podido probar con plena certeza que los seres humanos somos lo que pensamos y después de escuchar en varias ocasiones foros y clases del maestro John Donoghue sobre el cerebro, eso es lo que con sus experimentos ha confirmado.

Según Donoghue, "el cerebro es la parte más sofisticada de todo el universo", lo que me hace seguir explorando el potencial poderoso en mi propio y complejo campo mental.

La fascinación por estudiarlo alimenta mi curiosidad. Hace algún tiempo me sumergía en un laboratorio de anatomía en Houston, donde extendía el horario de las clases requeridas para entender de qué forma es que el cerebro controla las emociones, cómo es que nos permite razonar y manejar la memoria. Pero no era posible para mí en unas clases "esporádicas" entender un sistema tan complejo. Filósofos y científicos han tratado de entender este misterioso órgano, quienes gracias a la avanzada tecnología del siglo xxi se han podido adentrar en explorarlo para llevarnos apenas a un acercamiento.

En los años siguientes, gracias a la variedad de razonamientos patentizados, tan pronto como empecé a entender que somos energía y que los niveles de concentración dependen de la intensidad de la frecuencia vibratoria del pensamiento, no me pude resistir a experimentar en forma privada la conexión del espíritu para sentir la mente y el universo vibrando dentro de mí. Hace años, cuando mi madre cumplió su ciclo en el plano físico, mi angustia era fuerte, sentía que con ella se había ido parte de mi vida; un día de esos de angustia me dispuse a buscar en una librería algo para leer y calmarme, entonces me llamó la atención un libro de las psíquicas Char Margolis y Victoria St. George, *Questions from Earth, Answers from Heaven*. Así, emprendí mi ardua tarea de investigar dónde podría estar mi madre y encontré algunos ejercicios con preguntas: ¿Cómo conoceré a mis seres queridos en el otro lado? ¿Qué pasa con la reencarnación y las almas gemelas? Mi madre era gemela y las dos se habían ido. ¿Cómo puedo estar más conectada conmigo misma y con mis seres queridos?

Las autoras expresan que su deseo es ayudar a desarrollar y usar las habilidades intuitivas que Dios nos ha dado, explicando que la intuición es también un conducto de energía a través del cual podemos conectarnos con los seres queridos que han "muerto"; eso era exactamente lo que yo buscaba, una conexión psíquica que me diera respuesta a mis preguntas. Organicé mi rutina despertando a las tres de la mañana, cerrando los ojos me concentraba con todo mi empeño y me disponía por largas horas a escuchar las respuestas de la fuente, que en ese entonces no tenía claro si la respuesta venía de Dios, de ángeles guardianes o de guías espirituales del infinito. Lo hice por un tiempo, aproximadamente seis meses en que no tuve éxito, nunca recibí una respuesta del cielo a las mencionadas preguntas. Finalmente, entendí que lo psíquico no es un tema a desarrollar en mí o no supe cómo o quizá es una profesión que debía estudiarse con profundidad, como cualquier rama de la psicología y después entrar en la práctica.

Sin embargo, el ejercicio fue de gran valor. En el proceso de meditación que duraba una hora, me sumía en un gran espacio donde fluía una suave inspiración, sentía un alivio esperando las respuestas. No pude parar aquí.

La pasión por explorar la mente y la conexión con el universo me llevó a continuar con meditaciones guiadas, con ellas me percaté de que probablemente, en el ejercicio de pretensión psíquica, en el momento de enfoque esperando una respuesta pudo servir de mantra en el viaje de la consciencia que ayudaba a mi inspiración (el mantra es una vibración sutil que hace que podamos afinar la atención).

En los últimos años con la influencia de gurús orientales y la combinación de diferentes fuentes, aprendí que no es necesario buscar psíquicos o poderes del más allá para conectarse con los secretos de nuestra espiritualidad y manejar la mente y sumergirnos en la magia del universo, que son la fuente infinita de energía. "La mente es un mecanismo que funciona mejor solo cuando hay claridad en ella, la mente está para darnos claridad y penetración en la vida". "Por cada pensamiento y emoción la composición química del cuerpo está cambiando" (Sadhguru).

La maestría de la mente

La proeza de desarrollo con extraordinarios avances en el conocimiento, desde los primeros aportes de filósofos como los de Aristóteles y Descartes, hasta aquella época que dio paso a que los reformadores cristianos más expuestos y arriesgados a las investigaciones científicas consideraran "la materia como algo completamente inerte, la materia era algo mecánico, movido solo por la mano de Dios. Despertó en Descartes la apasionante y brillante idea de llevar ese mecanismo hasta el cuerpo humano".

Descartes concluyó que lo único indudable era que, mientras estuviese pensando, él era algo: existía. Así lo recogió su famosa fórmula *cogito ergo sum*, "pienso, luego existo". El "yo pensante" es descrito por Descartes como una sustancia que se distingue por la capacidad de pensar y por ser lo contrario de la materia, es decir: inextensa, indivisible e incuantificable (no ocupa espacio alguno ni depende de nada material para existir). Ese yo, alma inmaterial e inmortal, se presenta en términos radicalmente opuestos al cuerpo. (Psikipedia)

Creo que a partir de estos orígenes, los científicos modernos han mezclado las ideas y experiencias de buscadores espirituales, sabios y personas interesadas en el estudio de la mente, así es como se ha podido sostener que el buen manejo de la mente alivia las preocupaciones, mejora la calidad de vida y es responsabilidad nuestra, no de Dios. Incluso, las mismas religiones han traído diferentes discursos que empoderan a los seres humanos a manejar sus intenciones y deseos desde su consciencia, es decir, desde dentro. He tenido la oportunidad de escuchar guías espirituales que explican algo tan importante como es tener beneficios en el campo espiritual sin tener que pedir nada. Dios, en una revelación a Glenda Jackson, profeta espiritual, le dijo: "No tendréis que pedir nada, solo tener fe en todo lo que haces, porque yo ya hice la obra". Las palabras de la profeta son para estar conscientes de que somos una obra maestra que, con las maravillas del pensamiento: *memoria*, *pensamiento* y *voluntad*, modifica en gran parte nuestra propia vida; son mecanismos de la mente que podemos desarrollar aprendiendo cómo funciona nuestro sistema biológico y espiritual.

Manejar teclados biológicos

Desde mi niñez, estaba segura que traía muchas creencias infundadas, sin darme cuenta de qué parte de estas podían ser erróneas. Empecé a tener grandes dudas, por ejemplo, si los adultos han fundado sus principios con ideas de otros, mis padres podrían tener razonamientos equivocados. Los prejuicios sociales, religiosos y culturales del medio en que nos desenvolvemos como adultos tienen una gran importancia en la transformación de nuestros mecanismos biológicos o espirituales. Por tanto, es necesario un profundo análisis de la vida pasada y presente.

De los altibajos en mi vida, cuando me di cuenta de que no había atentado contra mi propio ser, sino también contra ideas ajenas enraizadas en mi subconsciente, desperté mi consciencia para empezar a identificar esas voces internas que interrumpen la seguridad y la credibilidad en nosotros mismos. Fue fundamental tomar cursos de psicología para conocer mi comportamiento; aunque ha sido un camino de más de veinte años en el proceso y también con turbulencias, ha valido la pena y he podido ayudar a otros.

Octavio Beliard acaparó toda mi atención en la autoexploración biológica de mi cuerpo. En *La república del cuerpo humano*, el autor deja claro que somos "un conglomerado de células, cuya propiedad consiste en desenvolverse por sí mismas y transformarse". "El régimen social de nuestras células es en todo y por todo comparable a las sociedades humanas, por lo menos en la medida en que una cosa pequeña puede ser la imagen de otra grande". La comparación que hace el autor es apropiada para asociarla con el desarrollo de nuestros condicionamientos. Somos ese ADN de nuestros padres, somos imagen de las características de otro ser humano mayor cuando nacemos, condicionados por su herencia y la sociedad. Pero, igual que las células se alimentan para garantizar su supervivencia, también "aseguran una existencia individual", asimismo, los seres humanos tomamos de otras fuentes lo que es necesario para crecer y reproducirnos; sin embargo, somos seres individuales con una mente capaz de transformarnos y moldear ciertas características y hábitos impuestos. La pregunta es sencilla para tomar el primer paso. ¿Qué es realmente lo que hay en nuestra cabeza? Un sistema complejo que sabemos todos es el cerebro, pero pocos nos detenemos a pensar cómo funciona. La idea no es profundizar en este complejo órgano, sino identificar en él qué determina la mente consciente y la mente subconsciente: es fácil y sencillo para tomar control de nuestra propia vida. Lo que sabemos todos es que la consciencia es sentir, pensar y actuar con conocimiento de lo que hacemos; subconsciente es el conjunto de procesos mentales percibidos sin darnos cuenta, pero que afloran en determinadas situaciones para influir en nuestra manera de actuar. La información más asombrosa de los dos mecanismos según los científicos es, sin duda, la diferencia en el potencial del proceso entre los dos sistemas.

En el subconsciente, se procesan millones de impulsos nerviosos por segundo, mientras que la mente consciente procesa 40 impulsos por segundo; según datos neurocientíficos, esta última maneja solo el 5 % de la actividad diaria, en tanto que el subconsciente procesa el 95 %, el cual es programado. De aquí, del subconsciente, tenemos la respuesta al porqué bloqueamos el potencial con que nacemos para lograr ser exitosos.

El programa que registramos de nuestros antepasados es esa voz interior que sale a decir: Tú no puedes o sí puedes. Las afirmaciones y negaciones de nuestros mayores cuando empezamos a desarrollar nuestro potencial, más los aciertos y desaciertos diarios, lo positivo y lo negativo del consciente que nos repetimos día a día, son la información que forma el teclado desconocido que no sabemos manejar a nuestro favor porque es el subconsciente.

De este análisis surgió la idea de escribir mi libro *Las maravillas del pensamiento*:

Con el pensamiento escuchaba la consciencia, con la memoria se hacía presente el subconsciente, identificando el mecanismo, qué es lo que proceso día a día, o sea, repeticiones: "Soy inteligente", "Soy capaz", "Nací para triunfar". Toda clase de percepciones afirmativas hacia mí y hacia los demás reemplazando las negativas, como ser estúpida o pensar que otra persona lo es. Por último, la voluntad, decisión natural que se hace dentro de la capacidad de actuar para empezar cualquier proceso.

En resumen, la mente consciente me preguntaba por qué no intentar un cambio de ideas sobre mí, pero las voces internas del subconsciente insistían interrumpiendo el intento. Vuelvo a repetir, todo está en la forma como manejamos el pensamiento. La mente tiene la capacidad de controlar en gran parte nuestra genética. Sin alejarnos del valor autoprogramado en el subconsciente para la supervivencia, como autorreflejos o mecanismos de defensa, entre otras funciones, es completamente claro que estamos configurados con mucha información innecesaria.

Tuve la experiencia de participar de una hipnoterapia para experimentar de qué forma es que la ciencia modifica el ADN: me encontré con el manejo de los estados de consciencia, tratamiento que promete muchos beneficios; sin embargo, mi interés era controlar el insomnio. La experiencia fue similar a una meditación plena. Más allá, la meditación sigue siendo para mí el método más apropiado y sencillo para entrar en el autoconocimiento y reprogramar nuestro subconsciente y hacer una vida no solo autónoma sino también positiva. El terapeuta explicaba que existen pausas entre los pensamientos y son esos espacios los que se deben aprovechar para adoptar la meditación y conectar con nuestro ser superior, pero yo me pregunto: ¿Cómo reconocer esos espacios? Creo personalmente que nosotros acomodamos esos espacios a nuestra rutina hasta lograr un gran lapso de tiempo.

He experimentado la sensación de paz que manifiestan los yoguis y expertos en la mente. Pero, cuando la mente entra en un nivel o sensación de libertad, fluye una corriente de energía que aumenta la vibración biológica al nivel espiritual, se abandona lo terrenal por momentos, permite la armonía y el equilibrio con el universo.

Mucha gente piensa que es imposible estar en armonía y mantener la paz en un mundo lleno de conflictos entre tanta turbulencia emocional en la que nos movemos todo el tiempo. Pero en las prácticas de contacto con mi ser superior identifiqué una energía que no está en el exterior y que nos baña de paz. Así es como puedo describir la experiencia y el éxito de la meditación, tema que más adelante expongo con más claridad.

Uno de los beneficios al convertir en hábito la meditación, es contagiar de armonía a otras personas y expandir la energía positiva mientras interactuamos con nuestro entorno. Otro poderoso beneficio, es mantener el equilibrio para aprender a dominar el exterior sin permitir que el ruidoso mundo nos aleje de la gente que necesita escuchar diferentes testimonios para entrar en el codiciado mundo del bienestar emocional.

Tenemos que agarrarnos de las manos para hacer llegar métodos hasta los más recónditos lugares donde hay mucha gente que necesite paz, en especial en este mundo donde se confunde la intolerancia con la discriminación.

Sincronización mental

El doctor Wayne Dyer, en sus libros y conferencias, habla del fenómeno según su experiencia y la de miles de sus pacientes:

> Alimenta tu sensación de conexión con todo el mundo y también con Dios. Esto te permite apartar a tu ego de los conflictos. No veas a nadie como un enemigo, ni mires a nadie como un obstáculo para la realización; este conocimiento, esta consciencia de que eres parte de todo el mundo, te permite eliminar la ira y la frustración con respecto a los demás y verlos como compañeros en la resolución de problemas.

Con tantos testimonios que a diario vemos, puedo concluir que, si todos los seres humanos somos energía, nuestras vibraciones pueden ser conectadas con las fuerzas espirituales de cada uno, a través de canales de frecuencia poderosa que emana de una sola fuente. Podemos deducir de esto que nuestros actos y manifestaciones negativas o positivas reverberan en todo el universo.

Hace poco tiempo, en un balance sobre logros asombrosos alcanzados en mi vida personal debidos a la fe, hice un análisis sobre el proceso de sanación de enfermedades físicas que padecí, con énfasis en el poder de la mente. Empecé por el síndrome de Guillain-Barré. Después de ser desahuciada por la ciencia, mi madre encontró la cura en la medicina alternativa y en la fe, tema del primer capítulo de este libro. El tiempo en el que fui diagnosticada con la ruptura del tímpano del oído derecho, resultó en un verdadero milagro de sanación a través de la inmensa cadena de oración mental en varias partes del mundo, incluso el Vaticano, donde un sacerdote amigo llevó el mensaje al papa Juan Pablo II, y se unieron a esta energía de vibración hasta alcanzar una frecuencia poderosa de sanación que se percibía: mi amigo sincronizó el tiempo desde Roma para coincidir todos en armonía; aunque las manecillas del reloj marcaran diferencia en muchas zonas de la Tierra, el espacio energético pareció conectarnos a la misma fuente. A los escépticos sobre el Vaticano y las religiones: la experiencia se trata de la mística que hubo en la concentración mental colectiva que se extendió a través de los canales receptores en cada uno, que se convirtió en una sola frecuencia. Maravillosamente, la elección y el deseo de toda la gente eran la manifestación de los efectos de la compasión, la bondad y la sabiduría del amor que hacía resplandecer el universo como fuente de sanación. No deja duda de que la unión hace la fuerza, como los eslabones de una cadena: cuanto más unidos, más resistencia.

Mientras la multitud oraba con fe para aliviar el sufrimiento y para que la cirugía fuera un éxito, en el quirófano de una clínica de la ciudad de Temple (Texas), el médico especialista asombrado manifestaba que no encontró razón para hacer el procedimiento, porque el daño había desaparecido, a pesar de que los resultados de varios exámenes y diferentes opiniones de laboratorios apuntaron a la urgencia de poner en acción el bisturí. El asombroso momento dejó perplejo a mi esposo, a la enfermera y a mí, mientras el médico continuaba con cara de pasmo y con los ojos bien abiertos preguntando varias veces: ¿Es usted Connie Selvaggi? Él no podía creer que en pleno quirófano y en acción, el oído a última hora estuviera completamente sano, contrariamente a los diagnósticos de un tímpano roto.

Otra enfermedad, que se suma a este inventario de diagnósticos, es la osteoporosis crónica con la que fui diagnosticada hace más de una década y "programada" para tomar foxomax de por vida. Con la curiosidad que me caracteriza, indagué la medicina y atemorizada por los efectos secundarios, después de poco tiempo la suspendí; por los resultados desalentadores de los médicos, mi cerebro registró de inmediato incapacidad para desarrollar mis actividades normales. La lista de ejercicios prohibidos en yoga y otras funciones me llevaron a contemplar el diagnóstico por largo tiempo con expresiones como esta: "Mi" osteoporosis no me permite hacer esto o lo otro: "Mi", esta sencilla palabra era la forma de respaldar el daño óseo que ayudaba a desarrollarse con la mente.

El estudio de psicología positiva en varios libros y las prácticas del pensamiento efectivo me inspiraron a cerrar un pacto conmigo misma, en el que empecé a ignorar la palabra "osteoporosis" y a reemplazarla por la palabra "potencial humano". Poniéndole sentido a estas dos palabras, empecé a darme cuenta de que yo era un proyecto humano que no había desarrollado el potencial.

Adentrándome en el misterioso campo de autoconocimiento, el potencial de energía positiva y curativa empezó a tomar fuerza y control hasta concientizarme de que estaba acariciando un sentimiento de energía negativa que se sentía complacida dentro de su víctima. Renunciar a esa expresión: "Mi osteoporosis" fue el primer reto, un desprendimiento emocional de gran impacto, que me llevó con claridad a entender que yo me había puesto en contra de mí misma. Toda la química de mi cerebro se movía libremente en mi interior como alimento tóxico de una mente manipulada y asfixiada por el sufrimiento. Después de mucho tiempo, con prácticas de terapias de pensamiento positivo, el último examen médico arrojó como resultado un diagnóstico sano, hecho posible con alimentación apropiada y desde ese momento mi sistema óseo se ha mantenido en buen estado. Este ejemplo, sin duda, refleja la vibración intensa del poder del espíritu que tenemos todos.

Ninguna de estas enfermedades fue curada con la medicina alópata, lo que deja claro el poder en el manejo de la mente y para muchos la manifestación de un milagro; en este último caso, no se puede ignorar que hay una energía superior y misteriosa dentro de cada ser, que se manifiesta con la fe en Dios. Con esto no quiero decir que no hay que tener cuidado con la salud. De hecho, mi médico Warrem Simi me hizo una aclaración que me parece oportuno mencionar: "Hay pacientes con actitud tan positiva que logran con su poder mental sentirse bien de enfermedades crónicas, ilusamente, se declaran curados y descuidan las advertencias médicas; muchos de estos pacientes resultan en un quirófano con la cirugía más delicada de sus vidas. De ninguna manera se puede ignorar los avances de la medicina, en especial en condiciones de salud crítica; si no se tiene la convicción de sanación por fe en Dios, no se debe jugar con la vida".

Desafío de la mente

Debemos admitir que la creciente credibilidad en los conceptos desarrollados sobre la meditación ha dado resultados asombrosos, para que la gente utilice los beneficios de prácticas en el nuevo sistema de control de emociones. Los adelantos en este campo han desafiado a la industria farmacéutica y la medicina con tratamientos de meditación que han podido calmar la ansiedad, los trastornos de estrés, el insomnio y otros problemas de control mental.

Estas prácticas que hoy día se han hecho virales, han ayudado a miles de personas a mantenerse fuera de los consultorios médicos. Encontrar el método apropiado que funcione a determinada persona es la clave del tratamiento con la simple aplicación de las tres P: paciencia, perseverancia y pasión, del libro *Un buen hijo de P*, escrito por un amigo y gran conferencista, Ismael Cala.

Pero, aunque los beneficios de la meditación son evidentes dada la creciente ola de técnicas en redes, los maestros, guías espirituales y psicólogos enfocados en este gran desarrollo de la mente humana, sugieren escepticismo al escoger la meditación, ya que existe distorsión del mensaje por intereses comerciales.

De mi experiencia, debo decir que las guías, maestros gurús, el doctor Deepak Chopra, yoguis tibetanos, entre otros, que ofrecen modalidades adecuadas a Occidente y meditaciones que han evolucionado a medida que surgen más avances en neurociencias, son métodos que se acomodan al mundo moderno con resultados fabulosos.

Caso de Blanca

El mundo está lleno de personas que perciben y aprovechan las presiones del ambiente político, social, económico y cultural que vuelve al ser humano incompatible con la realidad: el desequilibrio emocional los aleja del propio yo.

Blanca se describe como una persona que por las circunstancias de la vida prefirió renunciar al control de sus emociones y entregarse al mundo de las víctimas con su pensamiento inapreciable. Un día, su padre se marchó de casa antes de su nacimiento, mientras que la madre, como canal de dar a luz una nueva vida, esperó el tiempo de gestación para liberarse de la criatura y dejarla a su suerte en un orfanato el mismo día en que nació. Al cumplir los 18 años, Blanca salió del orfanato para enfrentarse a un mundo lleno de desafíos. La realidad de niña desamparada y la inquietud de saber quién era ese padre que nunca conoció, la sumergió en un espíritu de dolor y deseo de entenderlo todo. El pensamiento negativo, inundado de dudas, miedos y temores, le hizo buscar ayuda profesional para calmar sus sentimientos encontrados que alteraban sus emociones y que se salían de control. Los doctores de Blanca la medicaron por doce años para que controlara sus emociones: hasta el momento en que ella se dio cuenta de que era infeliz, entendió que era más dañina la medicina que la dopaba y la tenía fuera de la realidad como un autómata. Finalmente, conoció un psicoterapeuta que la condujo a prácticas de atención plena o *mind-fulness* y poco a poco dejó la medicina y perdió el interés de volver

a terapia con los médicos. Empezó a sentirse relajada y agradecida con la vida, porque tenía otra oportunidad de construir un mundo nuevo fuera del encierro. Hoy, ella considera que los años de "drogadicción medicada" le restaron importancia a la vida, dice que tener una familia con cuatro hijos maravillosos es el amor de su vida y su mejor medicina. Blanca apoya la idea de persuadir a otros en la necesidad del amor propio y de la importancia de encontrar en guías espirituales el balance emocional que reemplace las medicinas. Vive consciente de que necesita día a día métodos de salud mental para fortalecer la semilla de amor propio; dice que no extraña el amor que le fue negado de sus padres y nunca ha dejado las prácticas del *mindfulness* que son parte de su rutina.

Muchos episodios como este de la vida real son evidencia de la importancia de expandir el amor y buscar apoyo profesional.

Igual que Blanca, quiero compartir una vivencia que no es del campo de la medicina, pero que refleja la carencia de ética profesional y falta de moral que convierte a los guías espirituales en *marketing* a costa de su rebaño.

Hace algunos años participé en un programa de empoderamiento dirigido por Raúl Rivera, quien me llevó a conocer Toastmasters International, una organización mundial de comunicación y liderazgo. Toastmasters International ayuda al desarrollo del pensamiento crítico, rápido e improvisado; el proyecto de oradora competitiva ha sido un puente para la oportunidad de compartir mis programas de crecimiento personal en radio, televisión, TV digital, a través de conferencias y retiros espirituales. En uno de estos programas que cautivó a la audiencia, un empresario de Houston que escuchó el *show* me contactó para hacerme una propuesta. El proyecto consistía en asociarnos para abrir una iglesia, el empresario facilitaba mis estudios para la preparación académica y así proclamarme ministra; él se encargaba de convocar gente en medio de esta crisis de desequilibrio emocional y tenía los patrocinadores para un gran espacio en un área exclusiva de la ciudad.

La ayuda espiritual a la comunidad era casi un anhelo realizado dentro de mis sueños, pero la realidad era otra, con un poco de ingenuidad en la materia y profundizando con él en las negociaciones, se tocó el tema financiero, cuyas opciones eran extremadamente atractivas para el lucro de cualquier persona con apetito de entrar dinero fácil y a costa de mentes manipuladas. Estuve en desacuerdo con el 80 % de los postulados de su nuevo ministerio. Mi ética estuvo en desacuerdo con mi consciencia en la administración del dinero que sería recolectado según las tradiciones religiosas.

En el proyecto del empresario, se percibía más el interés por el dinero y el prestigio que en la acción desinteresada de sacar a las personas del caos y la depresión. En otras palabras, el plan a realizar era un modelo ejemplar de las miles de iglesias religiosas que aprovechan la soledad y la falta de amor en las personas para satisfacer los propios intereses materiales. Después de esta oferta, he recibido varias propuestas con iguales argumentos que me empoderan para continuar en el camino de despertar consciencias.

Una invitación al reto

Mi desafío con este libro, para despertar la consciencia de quienes lo necesitamos, se debe, en gran parte, a la élite de seres privilegiados en el control de las emociones que fueron los que me iniciaron en la meditación; son enamorados de la vida que contagia, muchos ya mencionados y otros como Wales Applied Risk Research Network (WARRN), Rhonda Byrne, Douglas Roshkoff, David Goleman. Su basto camino en el mundo de lucidez sin drogas y un sinnúmero de experiencias para aventurarse a la felicidad empieza con una pregunta: ¿Qué has hecho de tu vida y que estás haciendo de ella? Mi respuesta fue esta: desequilibrio físico y deficiencia de energía mental. Constantemente, experimentaba mareos espontáneos, dolores leves en distintas partes del cuerpo, en mi campo espiritual el pensamiento acusaba a los cambios climáticos de responsables de los malestares físicos: el calor en el verano me irritaba un poco, la primavera me atacaba con las llamadas "alergias" y el invierno, aunque desde pequeña la lluvia y los días nublados me inspiran, me interrumpía para disfrutar del aire libre; cada estación era un caos. Había creado en mi mente una absoluta enemistad con la naturaleza que mantenía baja la energía para vivir de miedos, fobias y estrés.

Ser consciente que la vida no es solo la raza humana, fue el salto a la conexión con la naturaleza, rendirme a su presencia ha sido, sin duda, el despertar de la consciencia para entender que faltaba unificación con la energía que parece que no vibra, tal como sabemos que la Tierra gira, pero ignoramos el contexto porque no sentimos esos movimientos. La práctica de quietud para escuchar los latidos de la vida en el viento, en la lluvia, en el cantar de las aves, en el sonido de los mares; en otro sentido, la reconciliación con la Tierra en general, me ubicó en un sentir transformador en el que se observa el flujo de la energía de la mente. Ese cuerpo material no compatible con la esencia natural dio un giro de consciencia plena hasta sentir la energía espiritual que se percibe en la mente como armonía o tranquilidad.

Así es como entendemos que, igual que las flores, los animales, toda la belleza que existe, existe porque sí, se reproduce y se impone sin ningún esfuerzo. Todo lo demás es resultado del pensamiento provocado, de posesiones y de creencias; sucede porque lo deseamos y a la medida que nos exigimos.

La práctica suelta los maestros

Ellos me dejaron en comunicación conmigo misma y con la plena seguridad de ser capaz, empecé a disfrutar de mi libertad mental; se trata de invertir la forma de pensar hacia nosotros mismos: los valores que constantemente resaltamos en los héroes que formamos en nuestra mente resulta que también están en cada persona; la magnificencia con la que vemos en aquellos seres de luz una esperanza es la misma que hay en cada ser espiritual.

Igual que la naturaleza, no necesita quién le diga que es bella, porque lo es; tampoco busca quién le diga qué hay para hacer hoy: ella naturalmente se alimenta y se alinea con el cosmos.

Connie era un ser que yo no conocía, vivía con él y dormía con él y no sabía que ese ser estaba lleno de luz propia, desconocía que la naturaleza era una guía espiritual complementaria para el desarrollo del ser en potencia única.

Humanos versus Naturaleza

Los seres humanos nunca podrán armonizar con toda la creación divina mientras el pacto no se respete:

> Las principales amenazas para la vida vegetal y animal del planeta están vinculadas con la actividad de los seres humanos. La tala indiscriminada que reduce drásticamente el número de árboles de gran tamaño en los bosques y selvas, así como la alteración química de suelos y aguas conducen a la extinción

de especies y al desbalance de los ciclos ecológicos, teniendo como resultado una disminución de la vida vegetal del planeta en los últimos siglos.

No me alejo de la cita anterior, pero considero que para la especie humana la vida parece que se está convirtiendo en estorbo, somos señalados culpables de la desaparición de las especies y de la sobrepoblación en las últimas décadas; la vida marina está amenazada por la sobrepesca, los expertos empiezan a debatir técnicas para fomentar la reproducción de especies acuáticas, se busca hacer acuicultura en mares y ríos. Se habla de tráfico de vehículos de transporte incontrolable en el mundo, de aumento en la construcción de infraestructura desmesurada y de contaminación por químicos; pero, a pesar de los esfuerzos que se hacen para mejorar la limpieza de la naturaleza, los pronósticos son catastróficos. Es un hecho que los gobiernos podrían tomar mejores medidas y no me aparto de ello; sin embargo, creo en la concientización individual de autoayuda. Si consideramos la palabra "biodiversidad", concepto acuñado en 1985 en el Foro Nacional sobre Diversidad Biológica de los Estados Unidos, del que escuché por primera vez cuando estaba recién llegada a este país; la diversidad de la vida es simplemente fuente de la que todos bebemos, sin la cual no tendríamos sustento diario.

Cuidar la biodiversidad de la vida sobre la Tierra es, sin duda, la opción más apropiada de todos los ciudadanos para conciliarnos con toda la creación. No se trata de rechazarnos entre los unos con los otros por la sobrepoblación o las acciones voluntarias o involuntarias. Tampoco podemos convertirnos en una destructiva manifestación al ecosistema, porque la postura del poder de los más fuertes así lo manifiesta en sus informes sin ningún tacto.

La influencia en el manejo del sistema mente-robótica al que nos acostumbramos cada vez más, se ha convertido en una abierta amenaza para nuestras sociedades en todos los ámbitos, no solo en el familiar. Una de esas posturas cínicas de la Organización de las Naciones Unidas (ONU) expresó que reducir la población drásticamente es la solución para la supervivencia del ser humano en la Tierra. A pesar de mi poco interés en esto, me alarmé porque no tenía duda de que la existencia de la vida es una bendición en nuestro planeta; creía que dentro de nuestra misión está la procreación y que la expansión del ser humano es rejuvenecimiento de la raza, como lo explico en el apartado de las muñecas de silicona. No estoy diciendo que rechazo el control de la natalidad; esto es un asunto personal. Pero sí rechazo la consciencia que está imponiendo este nuevo sistema en un ambiente tan vulnerable para la raza humana en todas las épocas.

En cierta ocasión, entré en desacuerdo con José, un joven que quería buscar un sitio de esos modernos donde hay grupos de apoyo al suicidio. Le decía que él era valioso, de inmediato interrumpió: "¡Sí! Y si me quito la vida dejo en mi historia un valiente que decidió ayudar a limpiar el mundo, porque la causa de contaminación somos los humanos y eso lo dicen todos". Pensamientos de esta naturaleza excavan su propia tumba, porque ciertas personas se creen un estorbo para la creación, cuando debía ser al contrario: enseñar aprecio por la vida. Creo que se está cometiendo un gran error con las declaraciones catastróficas que presentan a los humanos como un desastre para la continuación de la vida.

Lo que se logra con esta forma de repudio a la raza humana es la continuación de la desconfianza y el miedo interior en los que se ven atrapados hoy, esto es, acrecentar la lista de las víctimas manipuladas que buscan la solución en el suicidio.

Lo que falta es voluntad de todos para iluminar pensamientos y reemplazar la errónea idea de que la procreación es la causa de la mala administración de recursos y de la falta de iniciativas para preservar nuestras ilimitadas riquezas naturales. Se necesitan seres humanos con cerebro pensante y una consciencia profunda para una mejor comprensión de la raza sin tener que destruirla.

Con la amenaza de la ONU, recobré optimismo para continuar con la desconfiguración de la mente robótica. Hay muchos métodos estratégicos en programas virales para empezar a despertar consciencia de cómo limpiar el medioambiente. Pero considero, como primer paso, enamorarnos de la vida y para ello hay que darle una mirada a lo que nos rodea y estar de acuerdo con nuestra propia biología.

Seducción del espíritu

La seducción del espíritu es un despertar a la luz de la consciencia, el proceso es un desafío a toda creencia religiosa, política, social y cultural; por tanto, es un mundo lejos de la codicia y la prisa para sumirse en la sustancia de la vida. El espíritu moldea la filosofía propia que creamos hasta que se cae la careta que ha escondido la verdad de lo que somos.

Mi filosofía se basaba en el mundo moderno del materialismo que nos consume, compuesta por tres elementos determinantes en mi forma de pensar y de actuar: TENER + HACER + SER.

La convicción era que se tiene que TENER dinero para poder HACER las cosas deseadas, como adquirir bienes materiales para alcanzar poder de mando y así llegar a SER. La realidad de mi filosofía me puso en peligro por valorarme de acuerdo con lo que tenía: cuando se pierde el dinero, el resultado es que el poder era una ilusión y el ser no tiene más sentido.

Lo extraordinario en la seducción del espíritu es la reaparición de la luz de la consciencia, en la que se invierte por completo el concepto de TENER + HACER + SER por SER + HACER + TENER: el SER es la semilla del espíritu que lo alimenta con el don de la sabiduría para HACER realidad todo lo que desea, y el TENER es el resultado del fruto de esa semilla sembrada en tierra firme.

De los tres elementos invertidos, la luz de la consciencia deja al descubierto el primero, lo único que somos: SER, el potencial humano que es la esencia que sobrepasa cualquier barrera que se imponga a la sabiduría. La aprobación de este cambio de filosofía se refleja en los acontecimientos asombrosos que han marcado la historia de la humanidad, que son resultado de la inspiración, el pensamiento, la acción, el sentimiento, el esfuerzo y el sacrificio del SER humano; así, la abundancia material es una retribución añadida a las cosas esenciales de la vida que reconocemos como utilidades.

Acción consciente

Me convertí en un laboratorio humano que aplicó métodos en el control de las emociones y en el análisis del aquí y el ahora en mi proceso de metamorfosis, más allá del esfuerzo, el sacrificio y la perseverancia. El campo para adentrarse en este proceso ha sido la consciencia, puesto que es el único mecanismo que ubica al hombre en un espacio de apreciación por sí mismo, para hacernos presente en este gran conflicto de poder totalitario que se percibe en la mente de líderes de sistemas políticos, sociales, económicos y culturales. El mundo actual ha traspasado los límites del respeto a la raza humana con la violación de derechos humanos y la forma cínica de percibir la vida como un error que se debate entre la aceptación propia o el rechazo. Hemos llegado a una encrucijada de destrucción no solo material, sino también de principios y valores, que amenaza el potencial humano. Sin embargo, la integración de cada individuo en la búsqueda de mejores opciones para salir del atropello potencial es todavía nuestra opción. Pero sin involucrarnos en movimientos para usar estrategias de sentimientos heridos. Tal vez hace falta interpretar ideas y conceptos antes de hacer presencia con aportes en la evolución de nuestra era moderna. Aplicando la ley del más fuerte no se llega a ningún beneficio, solo se crea una sociedad de víctimas. El ejemplo que a continuación señalo es para apreciar una conducta sobre premisas en la continuación del resentimiento que divide a las sociedades.

Hace poco tiempo me dispuse a escuchar un programa colombiano en el canal de YouTube de la revista *Semana*, en el que se debatía con gran controversia el aborto a los siete meses de gestación. La pregunta de la presentadora era: ¿El aborto es un infanticidio, es un homicidio o es un derecho de la mujer, incluso, teniendo siete meses de gestación?

Esto es solo una de las ideas que atrapan a miles de personas y las convierten en víctimas sin entender por qué. En el programa, una de las invitadas, que era defensora de los derechos de la mujer, sostenía con un imponente argumento que la mujer tiene todo el derecho de abortar a la criatura de siete meses, porque ella es la dueña del vientre. Pero, cuando le preguntaron qué pensaba del padre del bebé, quien prácticamente está implorando para que pueda nacer haciéndose él responsable de este, la doctora feminista responde: "Lo siento por este padre, él más adelante podrá ser padre". Agregó a su argumento que ella estaba harta de que sean los hombres y los obispos quienes deciden por ellas. Que le da rabia de escuchar la historia de la mujer porque las han tratado mal por siglos enteros. Este argumento no es más que una prueba clara de que la orientación en el cambio y en los derechos que exigen muchos grupos que luchan por determinadas causas va en dirección equivocada. Con el respeto que se merece la doctora y sus etiquetas sociales, le expreso mi admiración por todo lo aprendido, dedicación y esfuerzo en su carrera profesional, pero creo que no ha entendido la posición de un padre: le está negando el derecho como padre de la criatura, que está defendiendo la vida y la prolongación de su ADN, que es la continuidad de la vida humana. Vale la pena destacar que el bebé estaba en perfecto estado para venir al mundo, es decir, no tenía anormalidad alguna para nacer. Es preocupante la forma desmedida e inapropiada como algunos líderes de grupos feministas presentan sus argumentos; hablando en términos generales, yo tenía la convicción de que las mujeres buscamos igualdad de derechos, pero nunca un argumento de resentimiento, porque en el pasado y presente, la mujer ha sido tratada mal o discriminada. Aquí es donde se puede ver el problema que enfrentamos las sociedades con el totalitarismo que se busca en los medios tanto políticos como en grupos activistas.

Tanto el hombre como la mujer tienen sentimientos afectivos por sus hijos. Como maestra conocí muchos casos en los que la mujer abandona a sus hijos y los deja a la suerte con su padre, para ella ir detrás de placeres o de intereses que le hacen desprenderse de la responsabilidad de traer una criatura al mundo. En estos casos, los padres cumplen la función de madre y padre para sacar a sus hijos adelante, de igual manera sabemos qué ocurre con los padres que abandonan a sus hijos, pero en nuestras sociedades estamos acostumbrados a juzgar solo al varón. Conozco muchos casos de madres abusadoras de sus hijos y los padres les han quitado la custodia por malas madres y no es extraño ver hogares donde el padre daría la vida por sus hijos. La verdad es que no deberían hacer énfasis en desigualdades por los traumas del pasado; con reacciones como estas, no estamos buscando soluciones, por el contrario, se está sembrando una semilla de desconfianza e inseguridad entre los hijos hacia sus padres. Además, la mujer líder o miembro de este movimiento está instigando inconformismo o rebeldía por el resentimiento con el varón, de acuerdo con las circunstancias particulares de su vida en que se siente discriminada.

Lo que buscamos es la igualdad de derechos para un desarrollo de una sociedad menos manipulada y menos resentida en la que podamos empoderarnos con el potencial humano y hacer la diferencia en el mundo polarizado en el que vivimos.

Somos ciudadanos de un planeta donde muchos hemos pasado años excluyéndonos como herederos por diferentes circunstancias, un mundo que no es solo exterior sino también interior y olvidado por nosotros mismos.

Analizando situaciones de retos del pasado en los que no había Internet, ni se asomaba la tecnología sofisticada en la que vivimos hoy, me asombra la élite de seres humanos exponenciales que lograron mover el mundo con el desarrollo de su potencial con el apoyo de su propio yo, que hoy llamamos autoconocimiento.

El psicoanalista de origen alemán, Erik Erikson, destaca en sus análisis ejemplos de potencial incomparable como Gandhi y Martín Lutero. A pesar de que muchos historiadores y también personas medianamente informadas asocian las crisis personales de este último con los cambios sociales de la época, hay también evidencia de que la consciencia propia de Lutero fue transformada.

Erikson estudió las crisis de identidad y se basó para ello en las que él mismo experimentó. Sufrió varios procesos en su adolescencia. Sentimentalmente atravesó una grave crisis de emociones, en la escuela sufrió la crueldad de ser intimidado o burlado por ser judío, lo que hoy llamamos *bullying*, así como en la sinagoga a la que asistía. A pesar de esto, el psicólogo desarrolló en él un potencial capaz de usar sus infortunios para la construcción de una verdadera guía en beneficio de los jóvenes y de personas con problemas de identidad con el análisis del ciclo vital, que hoy perdura en el tiempo como apoyo a los avances en la psicología.

Su pasión por el análisis del comportamiento humano lo llevó a profundizar en la vida de famosos, como la de Lutero. Erikson concluyó que el empoderamiento de Lutero no fue solo por la posición teológica o por los cambios sociales, sino también por el dominio de sus propios conflictos y la solución a sus crisis de identidad.

De acuerdo con la historia, Lutero se sentía culpable por sus pensamientos sexuales en el monasterio y manifestaba su sufrimiento con ataques de pánico en el coro de este, que lo marcó para siempre con el grito: "No existo". Erikson identificó la historia de Lutero como una crisis de identidad.

Del análisis que hace Erikson a la vida de Lutero, entiendo que la presión del sufrimiento interno de sus crisis por el sexo, por la contrariedad de lo que percibía su espíritu con las leyes de la Iglesia católica, por la repugnancia a la venta de indulgencias que la Iglesia impuso para persuadir a la gente de que ese era el medio para entrar en el Cielo, pero que la verdad era para suplir las necesidades materiales del papa León X, y por la frustración de la intolerancia de las ideas de su padre, desencadenaron el gran potencial de hombre consciente de estar atrapado en una vida infeliz disfrazada bajo la careta del buen monje. Dice Erikson que las almas torturadas son casi siempre las que buscan una segunda oportunidad para encontrar sentido y equilibrio a sus vidas. Es lo que se percibe en la vida de Lutero, un hombre transformado que terminó por conseguir la "reforma protestante" más importante en la historia de la religión, quien con su potencial revolucionó el mundo y produjo un pensamiento de cambio poderoso entre los cristianos. Así como el ejemplo de Lutero y Erikson, son muchos los genios que han desarrollado un potencial capaz de llevarse al mundo con ellos.

En la vida moderna, con los nuevos avances del autoconocimiento, la mente positiva, las técnicas de meditación y el empoderamiento, se amplía la puerta de seres en potencia capaces de desconfigurar la mente robótica para despertar el sentido de creatividad; puede ser que muchas personas necesiten hacer un pacto con ellos mismos para entrar en el proceso de la metamorfosis antes de dar un giro nuevo para sentirse hermosos, felices, importantes y en acuerdo con su propia identidad.

Somos seres exponenciales. De hecho, el 20 de julio de 2019 celebramos los 60 años, una gran hazaña: el primer viaje espacial en el que el astronauta Neil Armstrong decidió ser el primero en pisar la superficie lunar a bordo del Apolo 11, junto con los astronautas Edwin Aldrin y Michael Collins, quienes corroboraron la capacidad mental de lo que podemos explorar. Cómo es posible que después de cinco décadas de cambios evolutivos en el ser humano que demuestran su enorme potencial, entremos en pánico por los avances tecnológicos y que haya seres humanos induciendo a otros a pensar que somos el exterminio de la vida en general; en lugar de acusarnos, debemos destacar los grandes logros juntos para apreciar la vida y estar orgullosos de lo que somos.

4.

El temor

Estamos más centrados en el crecimiento de la tecnología del futuro que en la búsqueda de soluciones inmediatas al peligro del mal manejo de la mente en el presente. Ninguno de nosotros podemos cerrar los ojos ante la realidad de destrucción y de muerte que nos afecta en el campo espiritual, social, económico y político alrededor del mundo. Por ejemplo, hablando de potencias, mientras yo profundizaba en los robots que deambulan por las calles, se apoderó de la mente de un adolescente de solo 17 años la idea de concluir su proyecto mental y causar la masacre en la escuela secundaria Santa Fe al suroeste de Houston, Estados Unidos, que sumó la masacre número 22 en 2018 (18 de mayo de 2018).

Con investigaciones para descubrir las razones de esta mente desquiciada, se comprobó que el adolescente llevaba tiempo en la programación de su mente con estas palabras: "Nací para matar". Podríamos interpretar estas palabras como su propio mantra que registró en el subconsciente ya cargado de tensión. Si alguien se hubiera percatado de esta alerta, surge la pregunta de si se hubiera evitado tal tragedia. La respuesta se queda en el aire, pero estoy convencida de que juntos podemos evitar desastres similares. Tenía totalmente paralizada la consciencia para actuar como un autómata, sin sensibilidad; todos con quienes compartía su diario vivir pasaron desapercibidos de que era un robot listo para disparar.

El trabajo en la cooperación de la salud mental no es solo para unos pocos, como psiquiatras o fundadores de los centros de salud mental, no, esto es responsabilidad de todos y es universal. Si seguimos los experimentos de Daniel Goleman y otros científicos en diferentes áreas del desarrollo emocional, creo que en muchos hogares se lograría un despertar de consciencia sobre esto: "Los niños maltratados parecen aprender como si fueran versiones en miniatura de sus propios padres". Señala que los hábitos que haya aprendido el cerebro emocional serán, para bien o para mal, los que predominarán. "Si nos damos cuenta de que la forma en que la crueldad o el amor modela el funcionamiento mismo del cerebro, comprendemos que la infancia constituye una ocasión que no deberíamos desaprovechar para impartir las lecciones emocionales fundamentales".

Las masacres de los últimos tiempos son, de algún modo, un despertar de consciencia para usar nuestra creatividad y contribuir con nuevas ideas, a fin de unirlas a una fuerza positiva masiva en la mente humana, empezando desde el hogar.

No importa si la psicología o psiquiatría decide argumentar que las masacres, los suicidios o los crímenes nada tienen que ver con enfermedades mentales, lo que importa es tomar acción y lo que nos indique el sentido común, como lo vemos claramente con el control emocional.

La escalofriante angustia que se vive

La agencia de noticias Associted Press, el diario USA Today y la Northeastern University revelaron que los Estados Unidos nunca vivieron un año con tantos tiroteos masivos como fue 2019. Hubo 41 tiroteos y 211 muertos.

En otros informes, el canal Univisión Noticias asegura que otro elemento a destacar es que, de esos incidentes, muchos pasaron desapercibidos para la prensa nacional al no haber ocurrido en lugares públicos, como sí fue el caso de las masacres de El Paso y Odessa, o las de Dayton, Virginia Beach o Jersey City, que conmovieron a la opinión pública.

Nos alarmamos todos cuando leemos o escuchamos esta realidad, puesto que los debates sobre el manejo de las armas no dejan resultados. De mis treinta y cuatro años vividos en los Estados Unidos, he notado que no se percibe ninguna esperanza a la solución de las masacres. La idea de que los altos mandatarios de esta potencia mundial discutirían con amplia responsabilidad estrategias para actuar ante el flujo de destrucción humana con armas de fuego, se evaporó de mi mente con el tiroteo de Las Vegas. La celebración del festival de música *country* Route 91 Harvest, que todos recordamos, pasó a la historia como una noche teñida de sangre, considerada la más mortífera de la historia moderna de este país en 2017, que dejó un saldo de 58 muertos y más de quinientos heridos.

La macabra hazaña preparada por Stephen Craig Paddock de 63 años, es una película donde el teatro fue la mente de él mismo, disparando desde una habitación en el piso 32 del Hotel Mandalay Bay, en una comodidad absoluta, como lo relatan los medios de comunicación y los relatos de lo sucedido encontrados en Google: "Tenía a su disposición gran cantidad de municiones y 23 armas de fuego, fusiles, dos de ellos instalados sobre trípodes y miras telescópicas". Me sobra la imaginación para hacerme mil preguntas, lo he imaginado como un videojuego de los muchos que se exponen para los niños. Aun siendo considerada como la peor masacre de la historia en los Estados Unidos desde los atentados de Nueva York del 11-S, todavía no se tiene un motivo claro, ni tampoco la respuesta de cómo nadie se percató de lo que se estaba planeando en esa habitación.

De ese escalofriante episodio, sin todavía esclarecerse, surgen muchas preguntas, que causan incertidumbre en la confianza y la responsabilidad de los gobernantes. Particularmente, doy soporte a la idea de uno de mis profesores de clase de Gobierno, que nos dio dos razones para que despertáramos consciencia al mundo real que estamos viviendo, un mundo de intereses personales y políticos. Primero, "mientras los Estados Unidos consoliden su posición de liderazgo como primer exportador global de armas y la demanda de países extranjeros acreciente este negocio rentable, no tendremos un control sobre estas". Segundo, "la última palabra en cualquier decisión sobre control de armas está en manos de las 42 empresas armamentistas estadounidenses que equivale al 57 % de las ventas del *top 100*". En el 2019 podemos observar como un presagio que hizo el profesor hace ya varios años. Lo que debemos hacer es buscar estrategias para protegernos de las masacres, de los suicidios y de los crímenes con armas de fuego.

La situación es tan sorprendente que mientras yo escribo hoy 5 de agosto de 2019, desde Houston, la televisión transmite el primer informe inesperado de un tiroteo que se desata en El Paso. En la tienda Walmart se escuchan gritos de terror y de angustia, algunas personas huyen de la escena, se dice que es un hombre armado que entró en el establecimiento a disparar sin compasión contra toda persona a su alrededor.

Después de poco tiempo se dijo: "Ese hombre ya identificado como Patrick Crusius, de solo 21 años, cambió para siempre la historia de El Paso, Texas".

El Paso, la ciudad fronteriza entre México y los Estados Unidos, volvió a ser noticia este sábado, pero esta vez nada tuvo que ver con las caravanas de inmigrantes centroamericanos o con las condiciones en las que viven miles de solicitantes de asilo en los centros de detención. La ciudad, epicentro de una crisis migratoria en la frontera sur de los Estados Unidos, fue escenario de uno de los mayores tiroteos masivos en la historia del país. Al menos 22 personas murieron y otras 26, incluidos niños, resultaron heridas en el peor incidente con armas de fuego que se registra desde noviembre de 2017 en los Estados Unidos; Patrick Crusius, después de culminar la película de su mente ilusa, se entregó a la policía y reconoció que lo había hecho por acabar con el "mayor número de mexicanos posible".

El mismo día, a unas horas, en Ohio, la cadena BBC News Mundo reportaba:

Otra masacre en Odessa, Texas, por Seth Aaron, de 36 años, deja un saldo de 8 personas muertas y 25 heridos y como si esto fuera poco, después de 13 horas en las que el país está todavía en *shock*, otro tiroteo se registra en Dayton, Ohio, por un joven de 24 años que deja 9 personas muertas y 26 heridos.

Así son las noticias de la vida cotidiana en los Estados Unidos: las tres masacres reflejan una vida de videojuegos imaginaria en la mente de los jóvenes que se creyeron héroes y su "película" la hicieron realidad.

El libro *The Spiral Notebook*, de Joyce Singular y Stephen Singular, analiza la conducta del joven James Holmes, autor de la masacre de 2012 en Aurora, Estados Unidos, quien le quitó la vida a 12 personas en una sala de cine mientras se presentaba la película *Batman*. Entre los factores que influyeron para cometer esta tragedia, los autores señalan una adicción a los videojuegos que pudo incitar su comportamiento violento, entre otros de descontrol emocional.

Entiendo que la necesidad de aportar ideas para el control en el desequilibrio emocional es de igual importancia que las discusiones actuales sobre la inteligencia artificial y automatización, sabiendo que la tecnología ha generado, en gran parte, poder en la habilidad de destrucción humana. Los espectadores que también estamos expuestos en cualquier lugar del país a ser blanco de estas masacres, no tenemos que ser psicólogos o expertos para entender que esto es un total desequilibrio emocional que se vive en el ambiente.

Considero que, mientras continúan los debates entre los gobiernos sobre control de armas, nosotros podemos empezar por entender las implicaciones de la tecnología en la sencillez del hogar.

Los videojuegos: semilla de violencia

Algunos videojuegos exigen la atención de adultos para prevenir que un niño desarrolle el sentimiento de matar. GTA, Call of Duty y Mortal Kombat, de estos videos son las imágenes que a diario registran en el subconsciente los jóvenes en la actualidad. Veamos,

GTA: tres ciudades componen los tres niveles del juego; el héroe del juego es libre de hacer lo que quiera en cada de una de las tres ciudades: robar coches, venderlos, atropellar y asesinar ciudadanos despiadadamente. Lo que sea para conseguir puntos, incluso dinero; reunir una cantidad fija de esos puntos es el objetivo final de cada ciudad. También se pueden hacer diferentes trabajos para los gánsteres de la ciudad: repartiendo paquetes, actuando como sicarios y otros encargos especiales.

Call of Duty: es un escenario de diferentes guerras, como la Segunda Guerra Mundial, basada en hechos históricos. Los videojuegos van actualizándose en cada nivel o serie nueva. Pero las características principales son hechos de conflictos en los que predomina la sangre: impactos de bala, amputaciones, incineraciones y, en general, una temática más cruda y realista que la guerra.

Mortal Kombat: su sangrienta violencia provocó que se hicieran versiones censuradas.

Yo pregunto a los padres de familia: ¿Qué se está permitiendo en nuestras sociedades? El desarrollo de habilidades agresivas que no le posibilita a un individuo interactuar bien con la gente y la preparación de mentes automatizadas para matar o agredir tienen como resultado la química tóxica en un cuerpo sin control mental. Podemos detectar esa química en las acciones de la vida cotidiana. De acuerdo con los científicos, la ira altera el estómago, la vesícula y el bazo, por mencionar un ejemplo. Ahora, podemos imaginar la mente bajo la presión de un mecanismo predispuesto al conflicto como un robot sin conexión con los sentimientos y el pensamiento, es un derroche de energía desequilibrada, que de una u otra manera el individuo tiene que manifestar con sus emociones alteradas que se salen de control.

William James, considerado uno de los padres de la psicología moderna, describió a los seres humanos como "manojos de hábitos"; estos últimos los definía como "descargas en los centros nerviosos" que implicaban un patrón de senderos, reflejos que se van despertando uno tras otro. James escribió que las acciones crean los efectos motores en nuestro sistema nervioso, el cual convierte un deseo en un hábito; el cerebro tiene que crecer hacia nuestros deseos y el camino no se recorrerá a menos que se lleve a cabo esta acción repetida. Las observaciones de James sobre la psicología de la mente y sus estudios sobre la fisiología del cerebro y el sistema nervioso nos dan una idea sencilla para entender el complicado efecto que puede causar el hábito de matar y asesinar a través de los videojuegos, una acción repetida que se puede infiltrar en el desarrollo de la personalidad de un joven.

Científicos y psicólogos sostienen que las personas con una autoestima débil son más seducidas por acciones violentas, porque ven en ello una oportunidad fácil de compensar mostrándose como héroes o eminencias, comportamiento que se refleja en los autores de las masacres modernas.

Puede que entre los avances tecnológicos se destaquen juegos para fomentar el aprendizaje y desarrollo de destrezas motoras, pero no se puede pasar por alto un despertar de consciencia cuando se trata de provocar tanta violencia.

Como educadora y con la experiencia de suicidio desde mi propio sentir, tengo que decir que el desequilibrio emocional es la causa de tanta violencia y que el amor propio es fundamental para prevenir la adopción de malos hábitos en la conducta.

La tendencia neurótica de la era moderna ha llevado a muchos padres de familia a un nivel de estrés muy alto. A causa del comportamiento de sus niños y adolescentes, se quejan con frecuencia de la cantidad de tiempo que pasan encerrados con sus videojuegos y el rechazo que manifiestan los niños hacia ellos. Lo que me irrita es que son los mismos padres quienes les compran los videojuegos. No hay espacio para sostener una charla y acercarse a ellos, y conocer sus inquietudes y deseos. Hace algunos días escuché una charla en la que los padres confesaron que ellos entregan el teléfono inteligente a sus hijos para poder descansar. Pero esto no es lo grave, el hecho es que los videojuegos también se han convertido en una actividad popular para las personas de todas las edades, por lo que los adultos pierden el criterio y comparten la idea de llenar los hogares con esta distracción nociva. Al mismo tiempo engordan los ingresos de esta industria multimillonaria para que se fortalezca en su exagerada y refinada producción, como otro monopolio de esta sociedad.

Los expertos en demanda de tecnología saben que la violencia es lo que más se vende y aprovechan la ignorancia del consumidor para desarrollar una mente robótica que convierte a la persona en un autómata completamente manipulado para crear un potencial violento. Pero aquí no termina el juego de la mente. Estos videos dan pie a inducir a los niños y adolescentes a interactuar con desconocidos a través de la Internet conectada a los videojuegos.

Hablando con optimistas sobre la recuperación de la autenticidad de los jóvenes, estos sostienen que, si se despierta una consciencia masiva en el consumidor y la importancia de revisar cientos de juegos didácticos que existen para ayudar a los pupilos a desarrollar su capacidad de aprendizaje, se podrían reemplazar los videojuegos violentos. Cada persona consciente de este flagelo es una menos en promover la violencia y debilitar el fortalecimiento de los monopolios, que no consideran la inclinación a la violencia.

Iker es un niño de 15 años, hijo de una amiga a la que le preocupaba mucho el tiempo que él dedica a sus videojuegos; le pregunté su opinión sobre este tema: "¿Crees que un videojuego de contenido violento puede afectar las emociones de un joven?". Y esto fue lo que contestó: "Sí, claro que sí, los que yo juego no son como la mayoría de los populares que hacen hincapié en temas negativos y promueven la destrucción humana matando a personas y animales con métodos escalofriantes; no, a mí no me gustan esos". Después de esta respuesta, hice la misma pregunta a estudiantes de varios establecimientos de educación de Houston; de 100 estudiantes, el 87 % señalaron: "Sí, afecta". Incluso, algunos confesaron que dejaron algunos videojuegos porque no se podían concentrar en las materias del colegio y que sus emociones se alteraban con frecuencia y les causaba un estado de ansiedad que les quitaba el sueño.

De modo que podemos dar crédito a otros resultados de influencia negativa sobre los videojuegos violentos: el abuso de drogas y el alcohol, el comportamiento criminal, el quebrantar leyes, la falta de respeto por la autoridad, los estereotipos raciales, sexuales y de género, entre muchos otros comportamientos que la violencia produce.

El testimonio de Iker también manifiesta la discriminación racial en el videojuego GTA 5: de los personajes, Michael y Trevor son blancos, en tanto Franklin es afroamericano. Iker afirma que la gente en el videojuego está programada para ser racista. Cuenta que, por ejemplo, ha pasado que Franklin está de pie frente a un policía sin hacer o decir nada y estos lo amenazan, los injurian por su color de piel. Ahora Iker renunció a los videojuegos, porque descubrió que socializar con amigos es más interesante, pinta y dibuja en zapatos blancos que la gente le da para que les haga un diseño con sus marcadores especiales. Manifiesta que a él los videojuegos no le interesan. Ahora analiza la cantidad de horas que gastó y las convierte en días y se da cuenta de las semanas y de los meses que tiró a la basura ganando nada. Concluye que, cuando se quiere dejar los videojuegos y no puedes, no es tanto porque necesitas el videojuego, sino porque no tienes nada mejor con qué reemplazarlo. Agrega: "Reemplacé los videojuegos saliendo con amigos y dibujando y ya una vez que lo haces, suelta esos hábitos o vicios". Ahora Iker dice que entiende la preocupación de su madre.

La acción es la opción

La mayoría de los seres humanos no despertamos consciencia para la unión de una buena causa hasta que la tragedia no toca la puerta de nuestra casa. Aquella luz espiritual que vivió ausente de mí por el engaño del ego, tuvo que esperar hasta ser víctima de un intento de suicidio para despertar con fuerza una idea maravillosa de contribuir a su prevención. Suicide Prevention Houston, es una fundación para programas de fortaleza espiritual y de ayuda para el desarrollo del potencial maravilloso que reina en nosotros y muchos no conocen. Así, juntos podemos aumentar la dosis de esperanza para darle sentido a la vida mientras se consolida el potencial individual.

Los miembros de la fundación son seres con testimonios de cómo lograron superar los miedos y ejemplo de cómo llegaron al éxito hasta sentirse libres, felices y complacidos con la vida; muchos de ellos supervivientes de intentos de suicidio que ahora viven en plena gratitud, profesionales, psicólogos, pastores, sacerdotes, *coaches*, personas que se unen con la convicción de despertar consciencia de que no podemos seguir abriendo la boca sorprendidos y atentos al fanatismo adormecido que nos abruma, ni a los acontecimientos que estamos viendo de destrucción masiva. Somos seres especiales capaces de levantar la autoestima en la persona que no conoce sus valores, ni la importancia de hacerse presente en la vida con un buen testimonio.

Este proyecto es para todo el que cree en el amor y en el potencial humano. A través de guías en retiros espirituales y conferencias, donde se mueve la energía positiva que necesitamos para contagiarnos de valores humanos y aprender a superar las crisis traumáticas del pasado y el presente. Esta fundación sin ánimo de lucro para la prevención de deseos autodestructivos extiende una invitación especial para que te integres con tu potencial. Todos los enamorados del proyecto traen ideas y estrategias nuevas para el desarrollo de programas integrados en la concientización multifactorial de la población, respecto a la magnitud y seriedad del problema alrededor del mundo. ¡Bienvenidos!

Esta es una de las ideas que sirvió para desarrollar el proyecto de la fundación: el caso del joven David Katz de solo 24 años, registrado en la historia de la nueva generación el 27 de agosto de 2018, jugador profesional de Madden NFL, fútbol americano de videojuegos muy popular, donde compiten grandes audiencias. Katz perdió por segunda vez en esta competencia y según los testigos salió del lugar, después de un rato regresó con dos armas de fuego que apuntó y disparó para convertirse en otro autor de las masacres de los jóvenes emocionalmente descontrolados. El propio ego de Katz lo traicionó y no pudo soportar la humillación de sentirse perdedor: su frustración y celos apagaron la vida de dos compañeros, Elijah Clayton, de 22 años y Taylor Robertson, de 28 años, este último estaba casado y tenía un hijo. Como si no fuera suficiente la manifestación de sus emociones, hirió a once personas más y a continuación se quitó la vida. Me encontraba repasando y analizando el libro de Daniel Goleman *La inteligencia emocional,* cuando ocurrió este hecho.

Ese día comprobé que las emociones tienen poder y un proceso mental que se desarrolla según hechos relacionados con el pasado y el presente. El diario *Sun Sentinel* relata que Katz estuvo hospitalizado en 2011 en un centro psiquiátrico por problemas emocionales; sus padres eran divorciados. Por la descripción de sus compañeros, una mirada perdida y fría que narra también los periódicos, el chico vivía sin sentido y carecía de amor propio.

Historias como estas de destrucción moral, ética y física son las que se pueden prevenir si todos trabajamos por la misma causa: el amor propio. Sabemos que siempre ha existido el acto de quitarse la vida. Es conocida la historia de Judas quien entregó a Jesús. Desde aquella época, se manifiestan los estragos de una mente culpable y sin fuerza para continuar. Pero la globalización actual es un campo abierto para promover todo tipo de conductas que resultan en acontecimientos positivos o negativos. Así como ha tomado fuerza el comportamiento de depravados sexuales, el uso de la pornografía en busca de presas en las redes de comunicación "avanzada", el *bullying,* los retos peligrosos entre grupos de adolescentes para destacar su valentía, a todos estos "contribuyentes" del desequilibrio emocional podemos encontrarles antídotos para expandir en nuestras redes sociales. Los profesionales en orientación emocional y los testimonios verídicos se hacen presentes todos los días en educación virtual, pero la gente ignora estas orientaciones gratuitas. Soy testigo del beneficio de la investigación en psicología y control de emociones *online.* He tenido la oportunidad de conocer, por medio de la Internet, a muchos escritores y personajes que me han aportado en el desenlace de este libro. No pretendo que vayamos a cambiar el mundo, pero sí se puede lograr un impacto positivo en forma masiva. Si los actos desafiantes que causan impacto negativo en la vida se anuncian como si se tratara de publicar una prenda de vestir, nosotros, como contraparte, impongamos herramientas de empoderamiento positivo.

5.

El ego

Es mejor conquistarse a sí mismo que vencer a mil en mil batallas. Al vencerse a uno mismo, uno gana: nadie puede quitarnos la victoria.
Siddharta Gautama

El valor de la experiencia

No hay una experiencia mejor valorada en mi vida que la crisis financiera de 2005. Fue cuando le encontré sentido a la vida y a las barreras formadas en la mente que creemos que nos estanca, les di otro sentido: la riqueza material, los reconocimientos, las competencias, el protagonismo o el deseo de llamar la atención por llenar el vacío interior, el anhelo de ser amado por otro. En mi autobservación, las implicaciones mencionadas son interpretaciones del pensamiento impulsado por el ego. El ser humano, igual que es manipulado por el sistema estereotipado en que vivimos, también es provocado por este. Hoy, la inteligencia artificial (IA) amenaza la sabiduría de estos autómatas y pone en desventaja la capacidad de distinguir que podemos manejar con el pensamiento y que está fuera de la razón. Como pudimos ver en la sección de videojuegos, los jóvenes no saben ubicar la realidad y la fantasía, lo cual a muchos les despierta el deseo de ver en acción ese poder de destrucción imaginario que los hace creerse un héroe de película.

En los humanos, el ego impera en su interior y es la razón por la que se ven amenazados por unas máquinas robóticas que carecen de ego (miedos, ira, codicia, ambiciones, orgullo, apetitos deshonestos, indolencia, complejos, entre otros). Se hace más interesante vernos reemplazados por un robot que no produce en su interior nada de estos detonantes emocionales malsanos. La calidad de vida está determinada en todas estas actitudes mencionadas, son ellos los que descontrolan nuestra mente y cuerpo; si no identificamos las características del ego, no tendremos un balance en nuestras emociones. De la misma manera que los robots manejan un teclado para sus actividades y lo hacen perfectamente, así que nosotros tenemos que entender que llevamos un sistema interno más sofisticado y complejo que funciona de acuerdo con nuestro autoconocimiento.

Camino al autoconocimiento

Hay muchos científicos escépticos ante el libre albedrío y otros que lo niegan por completo. Cuando me comuniqué por primera vez con mi ser superior, puse en duda mi libre albedrío, encontré muchos comportamientos de los cuales no me sentía cien por ciento responsable; entonces, desde un punto de vista científico, me fue fácil pensar que muchos condicionamientos o enfermedades mentales no son una cuestión de libre albedrío, sino de buscar ayuda profesional. Pensemos en la evolución de la especie y de la civilización; sin equivocarme, podemos señalar que unos vamos en busca de mejor calidad de vida y otros no, pero solos no podemos avanzar. Hay una relación indispensable entre las personas, así que, si se pueden establecer relaciones entre determinadas personalidades en las que desempeñan importantes papeles, la moral y la ética, al sacar las mejores conclusiones para un desarrollo mutuo, entiendo que no hay libre albedrío, sino un entendimiento de por qué actuamos en las circunstancias que nos obligan a crecer como personas y como individuos en una sociedad multicultural. Todo efecto tiene una causa y es otra la razón que hace ver con claridad la naturaleza universal en la que siempre impera el sentimiento, es de este modo que podemos negar el libre albedrío. La libertad es la facultad de escoger cualquier cosa según sea la propia voluntad y esta depende de la inclinación en el momento de realizar lo que deseamos, ya sea para bien o para mal.

Gracias a la voluntad, se puede entrar en el proceso de conocimiento propio, que no es otra cosa que la autodeterminación para salir del caótico sistema superficial. Aunque por siglos se creía que la exploración en el interior del ser humano era tema exclusivamente de filósofos y monjes, en especial asiáticos, hoy ya no es ese tema esotérico difícil de entender. Desde la década de 1960, el sentir de esta práctica se ha extendido hasta ser adoptado en el mundo entero. Sin embargo, no es fácil de aplicar debido al desorden, la inseguridad y la confusión en el mundo en que vivimos. En la mayoría de las conferencias expuestas, la pregunta sobre este tema es ¿cómo se hace para entrar en sí mismo?

Basada en mi experiencia, entrar en sí mismo significa que se toma consciencia de lo que somos. Por ejemplo, el cuerpo físico es un recipiente expuesto a los alimentos y a la cantidad de agua que necesita, además de lo que añadimos sin necesidad y la mente es nuestro campo de percepción del mundo donde acumulamos los pensamientos que creamos. Por tanto, entrar en mí fue un proceso de aprendizaje valorado de acuerdo con la autenticidad de mi experiencia. En el camino recorrido desde la infancia, recordando lo percibido y aprendido, fijé la mirada en la naturaleza íntima, que en mi caso me causó un desgarramiento forzado y muy profundo después del intento de suicidio.

El reconocimiento de la vida que llevamos es la etapa dura en nuestra identidad, porque de repente afloran todas esas habilidades deshonestas del ego que no conocemos, desequilibrios mentales, tales como el egoísmo, la envidia, los miedos, el orgullo, la codicia, la envidia. Cuando aceptaba las que afloraban en mi sentir, me irritaba y es que causa molestia saber que somos un mar de imperfecciones; los maestros enseñan herramientas que ayudan a perder el miedo, hay que recordar que muchos de esos desórdenes vienen cultivados desde la infancia. Entonces, entra el rol de la consciencia, corta la secuencia de la mala experiencia provocada por cualquiera de los componentes mencionados. Los métodos para lograrlo se exponen en este libro a medida que se van desenlazando las experiencias propias y ajenas, como en el campo de la energía y la meditación.

Limitaciones del camino

Cuando nos conectamos con nosotros mismos, podemos ver las limitaciones del ego de otra manera. Así como podemos creer que las exigencias sociales son obstáculos, podemos también darle otro sentido y aprender cómo convertirlas en oportunidades positivas. El tiempo que estuve detenida en la realidad por las barreras que menciono (riqueza material, reconocimientos, competencias, protagonismo, anhelo de ser amado por otros), pude encontrar frente a mí un campo de posibilidades que tenía cerrado por las condiciones sociales que despierta el ego. Tuve que preguntarme sobre cómo continuar si dentro de los parámetros sociales son lógicos los obstáculos mencionados. Cruzar los límites de la lógica me abrió la mente para interpretar qué me hacía ver estos prejuicios sociales como barreras; fue definitivamente un paso para activar la capacidad ilimitada de administrar la fuente de energía universal en forma consciente. La lógica es, sin duda, otro elemento que muchas veces nos atrapa; si la mente humana eligió limitar los privilegios de la vida, es porque nosotros lo hemos conseguido con las acciones irracionales que el ego descarriado nos presenta como lógicas. Hemos venido creando una filosofía opuesta a la sabiduría, inventamos que entre los humanos unos son superiores a otros de acuerdo con las posesiones materiales, los apellidos y demás prejuicios, lo cual ha cosechado una consciencia masiva de división y resentimiento entre todos. Por ejemplo, el simple papel llamado peso, dólar, euro, por mencionar algunos, es el precio del ego y la limitación de una calidad de vida para los menos afortunados y de exquisitos privilegios para los cuantos que ponen el precio a la vida. La desmesurada desigualdad en la calidad de vida se refleja en la inseguridad y en el vacío enorme por la insatisfacción en que se vive cuando no conocemos el ego y le permitimos que se pasee a sus anchas en nuestro templo interior. En el periodo en el que mi mente se debatía entre la riqueza material y espiritual, escogí el flujo de la vida en el ámbito espiritual; se movía dentro de mí una fuerza de energía que vibraba en forma poderosa, un dominio en las adversidades de mi vida no imaginado que las cosas materiales no supera. Y, en última instancia, me convencí de que esa fuerza es la vibración del cuerpo; por tanto, al espíritu y al cuerpo tengo que cuidarlos por igual para lograr un equilibrio.

Vivimos en la era que no se puede pelear con el ego, es parte de nosotros como un perro salvaje o feroz, nuestro deber es amaestrarlo hasta que resulta siendo nuestro guardaespaldas. Lo mismo entendí con la presencia del ego; si podemos entender la humildad y saber asimilar las influencias exteriores, el ego puede convertirse en aliado perfecto de los bienes materiales y no el peor enemigo inconsciente. De hecho, hay carencia material en todas partes y se necesita administradores con sentido de humanidad y no con un ego de ilusiones elevadas que ignora la necesidad ajena.

Entre el ego y yo

Los grandes avances surgen de años de investigación y enfoque en un tema. Ciertamente, los psicólogos, filósofos, científicos, teólogos pueden pasar mucho tiempo sacando conclusiones sobre algunos asuntos que se tornan cada vez más complejos, como estudios en medicina, salud mental y en este caso cómo controlar el ego, pero cada uno de nosotros somos los que aprobamos el resultado de cualquier información de acuerdo con la experiencia.

En la práctica espiritual y el manejo de pensamientos, encontré la respuesta sencilla a lo que significa el ego. Mientras los expertos describen el ego de acuerdo con sus experimentos y teorías, me incliné a la idea de que el ego hay que eliminarlo para ser felices; leí ideas confusas que acrecentaban el misterio. Sin embargo, las técnicas que puse en práctica para controlarlo, con el tiempo conecté con mi esencia y no con el ego.

Sin duda, concluí que el ego es un drama que se forma a partir de la historia de nuestra vida y lo manejamos con el pensamiento según el pasado y los planes del futuro, escapando por miedo del presente. Desde los orígenes del ego, claramente percibí que con prejuicios sociales nos acostumbraron a ver a las personas por encima de nosotros y a otras por debajo; este es el juicio más ilógico en el control del ego: reconocer mecanismos mentales como este, es despertar la consciencia y empezar a ver la vida fluir en beneficio propio y vivirla de acuerdo con la realidad.

Podemos asociar con drama sucesos trágicos, mi pensamiento era eso, deseo de encontrar fin al desespero que produce no alcanzar las cosas superficiales, que son el orgullo del ego para sentirse superior a otros. De ese sentir emocional nace el deseo de morir por el menosprecio propio y la impotencia de no lograr salir del caos, que según la mente nos hace sentir inferiores a otros; esto es, el juego o esfuerzo del ego que presiona la mente hasta convertirse en conflicto interior.

En el proceso de cambio obligado por las circunstancias y una gran dosis de voluntad, renunciar al estatus social es, sin duda, el más difícil para encajar en un ambiente materializado y automatizado que mueve lo que se ve y no lo que se siente. Irónicamente, el despertar de la consciencia me abrió la puerta a un mundo real donde el estatus social no es más que la creencia en la carencia y en las limitaciones de la mente, una lucha permanente por sostenerse superficialmente en el universo construido por la ilusión y el antifaz controlados por el ego.

En el desarrollo del potencial no existe alguien más o menos que otro, sino la capacidad de fluir en armonía para manejar lo que nos permitimos: la clave es darnos un lugar en el espacio para aportar la mejor versión de cada persona, así es como aflora el respeto que necesitamos mutuamente. ¿Quién puede decir que alguien es más importante o menos importante que los demás? Por ejemplo, nadie puede vivir sin agua, ¿podríamos pensar que las personas que proveen el agua en la vida cotidiana son las más importantes? ¿El plomero? ¿O el ingeniero que diseñó el acueducto? ¿Quizá el que hizo las herramientas mecánicas para que ellos trabajen?

Ser consciente de que el ego es el diseñador de un universo falso creado por el pensamiento con respecto a la realidad de lo que somos, es una poderosa herramienta para no dejarse seducir por él. A veces, es necesario recordar que el ego no muere, porque los pensamientos no se matan y el ego está siempre frente a ellos. Por tanto, no es necesario entrar en conflicto con él, sino volver a nuestra esencia; confiar en nuestros valores, en nuestro potencial y en nuestra calidad que es la vía para tomar control de nuestras emociones y vivir desde una perspectiva más elevada a la que ofrece el ego.

Salir del resentimiento emocional a la realidad

Cuando empecé a dictar conferencias y veía en los ojos de una mujer o un hombre de cualquier edad el ansia por el dinero, perdía más el interés por este. En una ocasión, viendo a una mujer llorar de impotencia por su supuesta pobreza material, recordaba que esa fue la razón fundamental que me llevó a atentar contra mi vida; por algunos años viví bajo la ignorancia de este resentimiento. El drama concluyó cuando comprendí que vivimos en tiempo para actuar. Las ideas de los filósofos del pasado son bases fundamentales para construir ideas nuevas de acuerdo con el siglo en el cual se vive; de ellos he aprendido a darle otro sentido a todos los pensamientos deficientes. Manejar los pensamientos en forma realista y darles sentido a las limitaciones que nos impone el ego es una buena estrategia para controlarlo.

Es importante comprender que compartir experiencias tiene más valor que el oro y la gente se apoya en ellas despertando un verdadero sentido por la vida, se da cuenta de que la sabiduría del ser humano está por encima de una experiencia; los retiros espirituales inundan de lágrimas a las personas vacías del amor que se escabulle del alma cuando afloran las cicatrices de una mala experiencia. Mis actividades de convivencia espiritual empezaron a llenar el vacío emocional con amor propio en las personas, puesto que el valor de la empatía fluye interactuando con los demás; lo he visto manifestarse en sus rostros en toda convivencia. Igualmente, lo viví en una ocasión en un retiro en Punta Cana. Después de la clase sobre romper paradigmas, había una actividad que me marcó cuando me lancé de un barranco a un lago; algo que no hacía desde que era una niña. La acción me conectó con el pasado y resulté en un éxtasis de liberación plena, igual que aquella libertad que se siente cuando éramos chicos, la reacción era el deseo de retener esa sensación de autonomía desinhibida.

El retiro fue de ayuda para reforzar la idea de continuar con mi autoconocimiento e identificar debilidades asociadas con experiencias traumáticas que no permiten abrazar esa seguridad que causa la libertad mental.

He aquí una importante reflexión del filósofo Epicteto: "Ningún hombre es libre si no es dueño de sí mismo". De hecho, es más fácil crear obstáculos en la mente que tratar de salir de ellos. Un ejemplo son las barreras del ego que interrumpieron varios proyectos en mi vida. Primero, *la riqueza material*. Tuve que tomar la decisión para navegar en el turbulento mundo material, donde las opciones fueron dos: aislarme sin avanzar con el testimonio de ayuda para otros, encerrada en el conflicto de carencia material o agarrar el remo y enfrentar el ego: decidí encarar a este último y en medio de algunas turbulencias, me di cuenta de que el dinero se hace presente en todas partes y a medida que crece el interés por ayudar a otros. Tenía que entender el precio de cada conferencia, los costos elevados que el comerciante da a los servicios de interés económico, como los hoteles, el transporte, los medios de comunicación, todos los costos adicionales para desarrollar un plan en beneficio del crecimiento personal y espiritual, no tienen comparación con el valor de una buena semilla para el equilibrio emocional de seres que se repudian a sí mismos y desean terminar con su existencia. Si el ser humano a esto le puso un alto precio, hay que actuar sin pensar en pagar un alto precio; entendí la importancia de apreciar el dinero manteniendo el enfoque en el esfuerzo que se hace para ganar un potencial natural que puede ser de aporte para minimizar la destrucción humana. Increíblemente, el resultado de un pensamiento guiado apropiadamente me ha mostrado que mi planteamiento estaba en el resentimiento, porque había perdido mi dinero y el ego se sentía lastimado y lo rechazaba sin tomar consciencia de que es útil. El dinero no era la vía para lograr llegar a la meta correcta: la dirección era hacia las personas que se beneficiarían al expandir el testimonio. Hoy, puedo ver que el mismo universo se encarga de lo material y que obviamente el dinero es útil para llegar a todas partes.

Segundo, *los reconocimientos*. Quedarse sentado para apreciar un premio no es lo mismo que sentir en carne propia el aprecio de una comunidad o de una persona. Aquí también cara a cara con el ego corregí la forma de pensar y di valor al aprecio manifestado por las personas agradecidas con sus guías por el beneficio recibido. Mientras la acción desinteresada sea en beneficio de las personas, las retribuciones se convierten en amor recíproco que la gente decidió poner en ese orden. He experimentado esto cada vez que recibo un reconocimiento de alguna persona que fue tocada en una conferencia o en cualquier medio que expongo; no necesito el reconocimiento, pero siento que si lo hacen es energía positiva que expandí y se manifiesta en gratitud. Un sentimiento contrario a la idea equivocada que tenía de no recibir nada a cambio.

Tercero, *las competencias*. Entre muchas horas cumpliendo con mis estudios y la disciplina que me obliga la rutina para escribir mis ideas, tomé consciencia que hay personas más apasionadas que otras en la investigación de diferentes temas, en este caso el autoconocimiento. No se trata de competir sino de compartir ideas y reconocer el talento de personas que van en la misma dirección, algunas con una enorme experiencia en el manejo de emociones y con estrategias nuevas que podemos aplicar. En el camino de la competencia, también enfrenté situaciones que no comprendemos y es importante elegir a personas con quienes deseamos abrir caminos para otros; son muchos los que quieren volar a costa de nuestras alas para alcanzar reconocimientos. De un artículo leído, aprendí de los gigantes espirituales, que no se puede contar o realizar grandes proyectos con mentes pequeñas motivadas por el ego; fue este uno de mis aprendizajes más grandes en el camino de la competencia.

Cuarto, *el amor propio*. Es un manantial interior que enriquece a medida que se expande hacia los demás. Sin embargo, la falta de ese amor es un flagelo de vacío que afecta a mucha gente, hoy día difícil de identificar. La víctima opta por engrandecer a los demás en prestigio y valores, minimiza su propia identidad y se convierte en un mendigo de amor. Muchas veces ignoramos que la semilla de amor si no da fruto es porque no puede aflorar en seres guiados por el ego; es el mundo de apariencias donde la satisfacción son los elogios.

Los psicólogos expertos en la búsqueda de autoconocimiento consideran que las personas más libres del mundo, son aquellas que no se dejan desequilibrar por ilusiones temporales del ego; con su forma de pensar y de actuar atraen el amor real y siempre emana amor hacia los demás. Se disfruta de su propia esencia a un nivel de consciencia en que se pierde la importancia de la acumulación de dinero, sin embargo, no carecen de él. El protagonismo para las personas que prefieren la libertad carece de importancia.

Las etiquetas del ego

El ego nos define como un sujeto determinado e impone barreras mentales que irrumpen nuestra naturaleza exploratoria. Ese conjunto de ideas ilusorias que se impone para identificarse como un número en determinada religión o en partido político radical nos aleja de descubrir grandes hazañas; cuando nos reconocemos con un título académico: soy médico, soy abogado, soy nutricionista, soy ebanista, soy mecánico y más, se está rechazando lo que verdaderamente es como ser exponencial, algo más que un título. No quiero decir con esto que no es importante el desarrollo académico, sino que nuestro aprendizaje enriquece el conocimiento para la habilidad de una mente abierta a las posibilidades. Las personas que no tienen títulos no pierden su esencia, como existen muchas que la abandonan cuando adquieren títulos y reconocimientos; lo contrario le ocurre a quien controla el ego, no se deja manipular por él, pues sabe que el ser no se puede etiquetar o atar, ya que es inmensurable; por tanto, el éxito es perpetuo porque su legado es para siempre en el caminar del tiempo.

Hace muchos años quise hacer un análisis personal para conocer el comportamiento del ego. Cuando asistía a reuniones sociales fijaba mi atención en la forma cómo contestan las personas cuando se presentan. Observé que aquellas seguras de sí mismas y las que viven con menos prejuicios se identifican por su nombre, transmiten su empatía y no necesitan apoyarse en la etiqueta social. La actitud de quienes usan la etiqueta asignada sin necesidad en reuniones sociales formales o informales es alguien cuya vida no es auténtica. Noté que la persona con alta autoestima cuando necesita presentar su etiqueta se refiere a ella de esta manera: "adquirí", "obtuve", "saqué" o "alcancé" el doctorado o el título en la universidad o colegio donde se ha graduado; ellos tienen claro que son algo más que un título. El otro gremio de baja autoestima necesita decir: yo soy abogado, yo soy médico o la etiqueta asignada, sin duda, no sienten orgullo de su esencia y la cubren con el aparente título.

Con el pasar del tiempo me di cuenta que cuando no estamos enfocados o interesados en un tema, toda actitud o reacción sobre él pasa inadvertida; pero, cuando ponemos la atención en un tema de interés personal, cualquier detalle, negativo o positivo, se nota en todas partes. Por ejemplo, yo esperaba ver en mi aventura como observadora del ego más cantidad de personas presentándose con la etiqueta que le impone la sociedad. Mi sorpresa fue que el número de los que no exponen la etiqueta son menos, pero la diferencia no es alarmante. Consideré que esa diferencia se debe también a que muchas personas que se presentan con etiqueta sin darse cuenta caen en el común denominador en que los envuelve la sociedad: "Yo soy".

En una visita que hice por primera vez a un odontólogo, olvidé su nombre y le pregunté de nuevo cómo se llamaba, quien con voz fuerte y gran imponencia contestó: "Yo soy el doctor odontólogo Robles". El odontólogo Robles es ejemplo de una persona que se tiene que respaldar con su carta de presentación; es decir, la etiqueta social que le impone el ego ignorando lo que en realidad es él: un ser humano que si deja el consultorio puede perder la identidad.

Con poco tacto en este caso, le contesté para despertarlo de su inseguridad: "Sí, señor, sé que es odontólogo, porque por el problema de mi dentadura estoy aquí, gracias por repetirme el apellido, pero su nombre aún no lo sé".

En este momento de completo silencio, quiero compartir esta experiencia: "Sentada en mi escritorio frente a un ventanal con muy buena visibilidad, el atardecer se robó mi atención del anterior ejemplo y la dirigió a un paisaje donde los edificios se acompañan con la belleza de la naturaleza, quedé embelesada y nació la inspiración en el valor auténtico de un ser humano; llegó a mi mente la belleza duradera del oro. Una cadena de oro puro no necesita un baño de oro para brillar, porque su esencia es el oro. Una cadena de metal para brillar necesita un baño de oro, pero su brillo es temporal porque su esencia no es el oro. El ser humano auténtico permanentemente brilla con luz propia, el que ignora su esencia algunas veces brilla más que el oro, pero como rayo fugaz desaparece su luz, porque no es propia vuelve a quedar oscuro".

Nuestro carácter, cualidades, atributos, todo lo natural y perfecto que no se ve, no creas que es tan difícil de encontrar. La práctica maravillosa de entrar en el autoconocimiento hace que las cosas materiales y los prejuicios pasen a un segundo nivel; nos encontramos con nuestra entidad espiritual que produce armonía. Poco a poco afloran los frutos del amor propio: la bondad, la humildad, el perdón, al final el pensamiento resulta adoptando estas actitudes positivas para agrietar al ego, fluyen sin esfuerzo y se convierten en actitudes rutinarias para permitir el flujo de la vida plena. Así ha sido mi proceso que comparto para el que quiere salir del sufrimiento; darles un nuevo sentido a las barreras que limitan la libertad de la mente y nos hace sucumbir en un mar de complejos.

Otra reflexión extraída de la filosofía de Epicteto que nos sirve de análisis para superarnos, es la siguiente: "La libertad no existe, sino en el sentido de liberarse de sus propias tonterías". Este mensaje despierta la consciencia para entender las necedades, prejuicios, predisposiciones a los que viven de apegados y otros a que tenemos que romper.

La filosofía de Epicteto nos envuelve en un velo de luz tan fascinante como ha hecho con la psicología de todos los tiempos. Para desarrollar el potencial propio, solo se necesita un salto a la voluntad y al deseo.

Eliminar el ego

Tal vez has escuchado que eliminar el ego es transformar tu vida en un ser completamente humilde, pero por experiencia estoy convencida de que no se puede hacer. Lo que hice fue no ceder a sus caprichos, conecté con él para identificarlo, fue vergonzoso al principio; con plena consciencia, notaba cuando se salía y hablaba contra mi voluntad, siempre dominante e hiriente por mostrar que Connie era incapaz de dejarse dominar por otros. Sin embargo, era claro para mí que se puede ganar en esa forma, pero sin sentido, porque la ilusión del triunfo es momentánea, se forma un estado de incomodidad debido a que se crea más enemistades que seres amorosos para compartir con ellos sus historias. De hecho, cuando identificamos que es el ego el que aflora, nos fastidia su presencia, entendemos que la originalidad en el triunfo da tranquilidad y es permanente porque se pierde el peso de sostener la careta.

Ego versus egoísmo

En el proceso de transformación, una notoria habilidad del ego es el egoísmo. Aunque este último lo percibimos como algo negativo, en algunos casos es un sentir valioso y necesario; lo manifestamos con el desarrollo del amor propio, pero en este caso somos conscientes de que es la base de un sentimiento positivo para ayudar a otros. Según expertos, la naturaleza del egoísmo en los seres humanos es una actitud manejable de acuerdo con las circunstancias.

Creo que la mayoría crecemos contemplando el ego con afirmaciones ficticias y así es como se desarrolla el egoísmo de forma malsana. Por ejemplo, en varias ocasiones en las que se discutían situaciones tensas y mis argumentos eran los preferidos, a mi madre le gustaba decirme: "¡Hija!, Jalisco nunca pierde y cuando pierde se arrebata", que es letra de una canción. El hecho es que, con sus palabras, mi ego se sentía elogiado mientras el pensamiento atraía ideas falsas que se registraban en el subconsciente ocultando el egoísmo.

El ego está listo para presentarse en diferentes escenarios según la personalidad del individuo o la inclinación que lo sujete; en mi caso, era en el dominio de las opiniones ajenas. En una meditación de madrugada, cuando la mente se convierte en receptor absoluto de mensajes positivos, me sorprendió encontrarme sumergida en las palabras: "Jalisco nunca pierde y cuando pierde se arrebata". Las dos palabras clave del mensaje eran "perder" y "arrebata", no se trata de perder o de ganar con argumentaciones, lo que hay que ver es quién trae la versión más clara del tema en el debate para ampliar conocimientos y aprender todos: el miedo a perder es la torpeza o terquedad de la persona necia. Mientras acataba los mensajes, sentía una sensación de libertad y tranquilidad; esa corriente suave de energía fluía mientras exhalaba y barría desde dentro la palabra "arrebatar" y "nunca pierde". Por tanto, es claro que la armonía del espíritu no acompasa con arrebatamientos por egoísmo, furias o irritaciones. No hay duda de que los pensamientos mal influidos interrumpen la originalidad de las acciones y fortalecen la careta que le anteponemos a la sociedad.

Coincidimos en la importancia de la práctica en cualquier proceso evolutivo. Por ejemplo, los avances en la neuroplasticidad han revelado que las experiencias repetidas pueden modificar el cerebro y configurarlo; desde entonces, no me cabe duda de que la meditación prolongada y repetida causa un gran beneficio en nuestro comportamiento emocional.

Aristóteles, uno de los pioneros en la filosofía, señala que ser virtuoso se aprende con el ejercicio de los hábitos buenos, con formación, con experiencia y con tiempo para ejercitarse. Tiene también el gran filósofo una máxima para reflexionar: "La inteligencia consiste no solo en el conocimiento, sino también en la destreza de aplicar los conocimientos en la práctica".

Resultados de la práctica

Tuve la curiosidad de buscar un templo budista para acelerar el proceso del autoconocimiento. Cada vez que entraba en el templo, me impresionaba ver a los miembros rindiendo homenaje ante el gran altar a estatuas de los budas; sin embargo, me quedaba hasta la meditación para escuchar las palabras del maestro que me sacaba un poco de la realidad material para entrar en estado de serenidad y calma. Salía del templo, pero notaba que ese estado era bastante temporal, por lo que decidí destinar un espacio en mi propio hogar para hacer oración todos los días, meditar y relajarme cuando no tuviera los pensamientos claros. Los métodos eran sencillos: repetía una palabra como si fuera un mantra, por ejemplo, "armonía", usando el método de relajación con respiraciones profundas y breves. Pasaron varias semanas y al final, resulté viviendo en un sentido de gratitud por el aire que respiro, algo que me llevó a buscar contacto con mi esencia y los sonidos naturales, como lo expliqué en la reconciliación con la naturaleza. Vale mencionar el sentir que me sedujo a buscar lugares frescos, parques, lagos, todo lo que tenía agua me atrajo durante el proceso. La sensación de armonía era evidente y fue así como comprendí para qué son los métodos de relajación de la India: sensación de liberación. Es lo mismo que buscan muchas religiones de Occidente, algo que llaman "liberación de ataduras" y que personalmente apliqué con enseñanzas bíblicas en el perdón. Percibí que la meditación podía ser una práctica para la liberación de los malos hábitos del ego.

De hecho, dominando el ego alejé un sentimiento de culpabilidad que me perseguía por no haber terminado la

Licenciatura en Psicología, de la cual me faltaba solo un año académico. Me cambié a la Licenciatura en Nutrición y Dietética y pasé varios años pensando que me había equivocado de profesión por no tener la etiqueta de psicóloga graduada. Por influencias externas desvaloraba la nutrición; además, ignoraba que la Licenciatura en Turismo me sirvió como puente para emprender buenas relaciones y ampliar la empatía por el resto de mi vida. Por tanto, como ser humano vi la importancia de la psicología, no como etiqueta social, sino como un apoyo para la comprensión del suicidio. Así que me convertí en apasionada por la psicología y gracias a las aulas virtuales, he tenido la oportunidad de continuar con profesionales que han estudiado los avances sobre la mente positiva y las técnicas sobre la atención plena o *mindfulness*.

Sin duda, la práctica nos abre el camino a nuestro propio mundo; por eso, se recomienda la meditación como método más tradicional en relajación para el conocimiento interno, de la misma manera que la sociedad materialista ha reconocido la importancia de globalizar sus beneficios aplicando sus conocimientos con la práctica.

La evolución en la meditación

Se suele hablar de que la meditación y el yoga no tienen compatibilidad con la espiritualidad cristiana; sin embargo, varios estudios de la Universidad de California, Los Ángeles (UCLA), han relacionado la meditación con la estructura física del cerebro. Los neurocientíficos observaron que las personas que llevan tiempo meditando han desarrollado una capa más gruesa de células en la corteza cerebral y desarrollan más conexiones entre las neuronas que las que se realizan en cerebros de personas que nunca han meditado. Hoy, estos estudios nos dicen que es posible restablecer la comunicación entre neuronas, lo que facilita la restitución de capacidades en procesos cognitivos. Por tanto, la tentativa de indagar la meditación en otros campos, no solo científicos sino también espirituales, no se ha hecho esperar: la aplicación de sus métodos en el control de la mente ha dado resultados tan positivos que esta se ha introducido en ciertas creencias y tradiciones religiosas. A medida que se aplica en el desarrollo del cerebro y en el campo de salud mental, hoy día incursiona también en las aulas de clase como un método que propicia la concentración de los estudiantes. De esta manera, la meditación se ha adaptado en Occidente y nos ha ayudado a conectarnos con nuestro ser superior y con los demás.

Cuando elegí incluir en mis oraciones la meditación, esta se convirtió en un complemento en la preparación del templo interior, con disciplina y el control de mis emociones para recibir a Dios o al Ser Supremo o el Salvador (como usted lo llame), con una oración y una comunicación más clara. En la vida moderna, usualmente nuestra mente está dispersa y la meditación es un método que ayuda a buscar la atención plena para la recepción de los mensajes divinos y mantener la calma, pero, sobre todo, el control del ego.

El ego y el robot

Aunque existe diversidad de ideas en la Internet en relación con cualquier tema que nos llame la atención, en estos largos años sumergida en bibliotecas, en teorías, en críticas, en acuerdos y en desafíos para el logro de esta obra, son más las voces nuevas que aparecen y confunden la realidad humana que las que transmiten seguridad y valores en ella. La tecnología trata de intimidar a los robots de carne y hueso con plena confianza en la automatización de máquinas, robots humanoides que empiezan a marcar territorio por la ventaja que tienen con la carencia de ego. Mientras en la trama de amenazas el autómata se impone compitiendo entre egos que navegan en el mar de la codicia, la envidia y el egoísmo por lograr alcanzar la carrera del poder y dinero, que como juego ilusorio no tiene otro fin que la destrucción humana en la vorágine en que caemos todos.

Sin embargo, mi aventura como niña deslumbrada en este desafío buscaba en todas partes la forma de comprobar el potencial humano sobre la tecnología, que también me confundía. Intenté adentrarme en la teoría de la ley de la naturaleza y en la ley del mentalismo. Partí desde la base de que existe un orden natural regido por leyes. Pero no me había percatado de la variedad inmensa de ideas en el estudio y el uso de las leyes naturales a lo largo de la historia. Las diferentes teorías de la época moderna han dado un gran giro, aunque siempre de la mano de principios de pensadores griegos; me sentí perdida. Pero, como la idea no era convertirme en experta en ningún contenido, tuve que salpicar los temas para entender otros. Por ejemplo, retomar el concepto de *energía* en la época moderna, se me hizo el más interesante para superar la capacidad del robot de carne y hueso junto al simple robot humanoide que carece de energía mental.

La ventaja enorme de los humanos sobre los robots humanoides de la tecnología moderna, afloró de inmediato con la realidad de que el interior de cada persona tiene la capacidad de intensificar el campo de energía para vibrar a un nivel espiritual incompatible con el mundo material. Pero, a pesar de las manifestaciones positivas del espíritu como consecuencia de la falta de autoconocimiento, aumentan las dudas y preguntas sobre las causas y los efectos de la evolución de la vida material y espiritual. Ahora, el gran problema es que gran parte de la humanidad desinformada sobre la capacidad del ser humano, convierte la existencia en un mar de misterios para ellos escondido.

Y, desafortunadamente, como a una noria que mueve el agua, el que desconoce su esencia mueve su propia noria con preguntas como estas: ¿Existe el espíritu, el libre albedrío, el más allá? ¿Está el hombre predestinado a un futuro determinado? ¿Nos reemplazará la tecnología? Por tanto, en el sistema robótico en el que vivimos, se hace más fácil creer que los seres humanos somos simples máquinas biológicas y que la tecnología alcanzará la capacidad de reemplazarnos.

De todas formas, aunque los argumentos planteados aquí respetan la opinión de todos, nos invita a atrevernos a exponer nuestro poderoso potencial. Las personas que con su capacidad desarrollada han dejado huella en la historia de la humanidad, son, sin duda, inspiración en la vida de alguien que desee tomar la responsabilidad de hacerse presente en el medio en que se desenvuelve, sin importar la época en que lo intente. Como en el 2020, el mundo se estremeció ante la noticia de la muerte de la estrella del baloncesto Kobe Bryant, y rinde homenaje al jugador del equipo de Los Ángeles Lakers NBA, pero la pregunta de muchos ahora es ¿qué queda de Kobe Bryant?

Pienso en la entrevista que le hizo Mauricio Pedroza a Kobe en 2015, la cual me causó un gran impacto, en particular una respuesta de Kobe:

P. "Las cosas que ganaste no solo se pueden ver con trofeos y anillos. ¿De las cosas que ganaste de qué te sientes más orgulloso?".

R. "El camino del espíritu, porque en la vida hay ciertos momentos que son difíciles, hay momentos en los que te sientes que no puedes dar. ¿He perdido otra partida? No, no, no. Hay algo dentro, un fuego que está siempre allí, siempre, siempre. Sin ese fuego no puedes ganar nada. El fuego del espíritu es la cosa más importante". Buscar ese fuego es lo más difícil, pero allí está ese espíritu al que Kobe se refiere para mover el potencial único que tenemos todos. Esto es lo que el jugador dejó para la historia: un ejemplo de campeón, de potencial desarrollado, de buen padre, de buen amigo y de un ser espiritual excelente, de una estrella.

Filosofía vivida

Entre la teología y la filosofía que estudian la esencia del hombre, el universo y el espíritu, encontramos una fuerte relación. Pero a pesar de esta, muchas veces me cuestioné por qué los filósofos tienen tantas dudas sobre la existencia del espíritu y del alma en el ser humano y, sin embargo, en estas disciplinas podemos percibir a la gran mayoría de estos pensadores enganchados a la fe. El camino en el crecimiento espiritual me conectó con el sentir de los filósofos. La pauta que me sirvió de guía para descomplejizar la filosofía de vida propia es la misma conclusión de Descartes: "Podía dudar de todos los sistemas religiosos, pero no de la existencia de Dios".

PARTE II

Rechazamos la política, pero ella nos absorbe

Presentación

Creo que el verdadero modo de conocer el camino al paraíso es conocer el que lleva al infierno para poder evitarlo.

Nicolás Maquiavelo

En esta segunda parte de *El robot de carne y hueso*, comparto observaciones en el campo de la manipulación del ser humano, que desde niña he alimentado y que he tenido la oportunidad de compartir con otras personas, escritores, psicólogos, pastores, sacerdotes, psíquicos y que también he comparado con la literatura de la evolución tecnológica en la era del conocimiento. He llegado a la conclusión de que no basta con tener científicos o especialistas en cada disciplina para navegar con éxito en el vasto universo del pensamiento, si no somos conscientes de que individualmente somos dueños de este. Hoy día, es fácil dar por hecho que una persona medianamente informada conoce conceptos psicológicos sobre la teoría en función del pensamiento, pero esto no significa que somos dueños absolutos de los deseos del pensamiento: la vida moderna los adormece y se pierde el control de ellos. Así que ubicarnos todos en la misma línea de somnolencia a la que nos hemos adaptado con el mismo objetivo de despertar a situaciones de inestabilidad, confusión y repercusiones que nos afectan por las decisiones desafiantes entre potencias que buscan poder en medio de una tormenta con capitanes que no saben el manejo de su brújula para dirigir sus intenciones, es conocer el sentido de la responsabilidad individual.

La historia nos presenta variedad de revoluciones que han dejado cambios y daños de magnitud incalculable que han alterado la vida humana, donde las sociedades se unen para derribar regímenes dictatoriales, tiránicos y abusivos, con trastornos políticos que atentan contra la vida en forma masiva. Al aventurarme en este libro desde 2001, tuve que pasar por verme como chiquilla aprendiendo por primera vez conceptos básicos como acceder al conocimiento de las diferentes revoluciones, para muchos olvidadas. Por ejemplo, pasando por alto la domesticación de animales y de plantas, me sumo a la opinión de sociólogos y politólogos que sostienen que la Revolución Industrial es la más importante de la civilización. Veo que los acontecimientos de esta revolución son las piezas fundamentales en el engranaje del desarrollo global que empuja hoy la tecnología en el trabajo; el uso de la máquina de vapor y el auge de fábricas marcaron una época de oportunidades y de mejora de la calidad de vida que se convirtió en modelo de desarrollo; también, en el más crítico de la era moderna que hoy desemboca en otra revolución del conocimiento y pone en peligro las libertades fundamentales.

6.

La revolución del conocimiento

Hoy más que nunca es evidente que nuestra libertad de pensamiento puede ser reemplazada, por lo que es necesario despertar consciencia de que entramos en otra de las revoluciones más abruptas de la historia, con factores que han prevalecido a lo largo de la civilización. Uno de los incidentes que han sido la razón por la que hoy estoy escribiendo, es la muerte masiva de la raza humana que propusieron disimuladamente algunas personas con poder adquisitivo y que ha desembocado en un sufrimiento emocional abrumador.

El deseo por la reducción de la especie humana, a mi parecer, tiene un objetivo indirecto que lo despierta la codicia ante la belleza de la naturaleza y la riqueza inexplorada de sus suelos. Apropiarse con el poder, de las tierras, el dinero y hasta del aire que se respira, el abuso del agua que va en camino a la bolsa de valores (Wall Street) como artículo de lujo negociable, no como la necesidad para todo ser humano, es, sin duda, el objetivo de los nuevos líderes que continúan las ideologías anteriores; pero dado el conocimiento de libre acceso, la mayoría de la gente muestra interés de tomar cartas en el asunto para entender por qué el deseo desesperado de apropiación totalitaria según el progreso científico y tecnológico, aun conscientes de que con este se amenaza la vida.

Sin embargo, la conexión de la información global ha fragmentado la perspectiva para entender el sistema de sociedad manipulada. Básicamente, en época de crisis la información se distorsiona, el auge de *marketing* para atraer seguidores aflora en todas partes, por lo que la oleada de investigación acerca de temas de salud y de propuestas para controlar la privacidad individual y el límite de la vida se ventila de acuerdo con la opinión del individuo. Por ejemplo, de una u otra forma estamos expuestos a la información de científicos que no conocen la historia de la política o politólogos que poco saben de medicina o neurociencia que es una de las ramas más importantes para el futuro de nuestra mente; las dos fuentes son, sin duda, importantes, pero en la misma medida en que damos paso a la mente abierta para asimilar información, hay que ser escépticos para identificar o evitar la locuacidad, debido a la diferencia del conocimiento entre las dos materias.

Para identificar la locuacidad en un mundo tan complejo, en mi toma de consciencia me apoyo en la sabiduría que deja el vivir de la vida cotidiana en el hogar. Cuando yo era niña y no había adelantos tecnológicos, mi madre hablaba de que la intuición era uno de sus mejores aliados para reaccionar ante diferentes circunstancias de temor; las alternativas eran dos: creer en ella o no creer. Esto es para mí un buen ejemplo en el desarrollo de la sabiduría innata que nos aleja hoy día la tecnología; de hecho, el doctor Gavin de Becker, conocido en el mundo por llevar los casos civiles y criminales contra O. J. Simpson, en su libro *El valor del miedo* habla de este como señales de alarma para protegernos de la violencia y nos insta a confiar en nosotros mismos y a hacer uso de la intuición. De algún modo, mi intuición no descarta la posibilidad de continuar sumergidos por varios años en un ambiente de incertidumbre y temor en la dirección de nuestra sociedad y en la lucha que hoy se desata contra la limitación de los derechos humanos. Por tanto, concluyo que hay otro componente que va más allá de las especulaciones, que combina muy bien con la intuición; es la psicología de la naturaleza humana.

Nunca antes había estado tan segura de mi vocación por la psicología hasta este día de fuertes lluvias y descargas eléctricas en Houston, Texas, el día 15 de mayo de 2020. Años después de largas noches sin dormir entre meditaciones e investigaciones, me sorprendí navegando entre preguntas y respuestas de si valía el esfuerzo de continuar con este libro en medio de un mundo con inesperados acontecimientos en que sociólogos, politólogos y científicos se ven sin ninguna dirección y un redil de humanos que pierden la orientación de la realidad. Maravillada seguí viendo desde mi escritorio a través del ventanal de vidrio el torrencial de agua que no dejaba de impresionarme con rayos que, sin exagerar, estremecían el ambiente e iluminaban con imponencia el firmamento y penetraban los vidrios iluminando todo el lugar donde me encontraba. Pasé mucho tiempo así, hasta que en medio de tanta lluvia me sentí con los pies sobre la tierra y fija en la realidad. Me vino al pensamiento la idea de que es probable que alguna o todas las teorías de la psicología puedan ser correctas o probablemente, con la combinación de todas se saque un mejor conocimiento de la naturaleza humana y entender por qué estamos donde estamos y poder entrar con un sólido aprendizaje en este impredecible planeta. Lo curioso de este día es que me abrumaba un profundo desencanto por la tecnología. De repente una llamada desde Colombia interrumpió la intensidad del pensamiento: era mi hermano Óscar, y al cabo de una larga conversación sobre tecnología, me di cuenta que debía continuar con la aventura del libro. Ambos tuvimos la misma percepción de la nueva tecnología y costaba trabajo entender que hay personas dotadas de gran imaginación, reflejada en el progreso y desarrollo de la humanidad; sin embargo, mucha de esa creatividad se dirige a una tecnología de manejo agresivo, malsano, con inventos irracionales, contrariedades de sentido cognitivo en las nuevas reglas para cambios en la educación muy cuestionable en la intervención de nuestra autonomía, sobre todo peligrosa para el pensamiento y la mente. El drama es que pacíficamente nos quieren convertir en conejillos de indias para experimentos en busca de un nuevo mundo diseñado para una selecta jerarquía.

Fue así y en medio de ese ambiente de lluvia torrencial donde nació la idea de que juntos podemos abrir un campo nuevo a la psicología moderna con el nombre de psicología del sentido común, para los no entendidos despertar consciencia en el conocimiento de objetivos específicos que trae la nueva tecnología y prepararnos para una sabia reacción. Por ejemplo, con sentido común es necesario entender que el cuerpo humano no necesita artefactos o chips innecesarios que perturben la libertad, privacidad del pensamiento y la mente.

Hace aproximadamente tres años por primera vez escuché hablar al físico mundialmente reconocido, Michio Kaku. Me detuve a navegar en su documental *Descifrando el tiempo*, lo escuché y encontré algo tan complejo para mí como es la física, pero la intuición, que pocas veces falla, me llevó a descubrirlo en otras aportaciones sobre la tecnología del futuro; sus predicciones son verdaderamente cautivadoras para la era moderna y me absorbió en su vasto conocimiento. Cuando Kaku explicó que los científicos pronto podrían descubrir el "Internet de la mente", o BRAINnet, para controlar las emociones, los pensamientos y los sueños electrónicamente con los avances tecnológicos, creo que ni él se percató de la velocidad en que venía la tecnología de la que habla en dicho documental. Hoy, lo que parecía una predicción para el futuro, no dio tiempo para sorprendernos, como un soplo sus predicciones se aferran hoy a su sabiduría: "Como un tren sobre las vías el tiempo avanza implacablemente, es nuestro amigo y nuestro enemigo, lo necesitamos, lo usamos y abusamos de él". Hemos llegado a ese inexplicable abuso en el campo tecnológico, la exploración mental, en que la privacidad y las memorias son la construcción de una vida con sentido que se ve amenazada con el BRAINnet.

Kaku se pregunta en medio del asombroso mundo que lo envuelve: "Quiénes somos si nuestra consciencia se puede cargar en un ordenador".

Las aportaciones de este científico son también un llamado de atención a nosotros, los espectadores, para entrar a defender la ética y la moral. Podemos empezar a transitar en este asunto con la psicología de la naturaleza humana y de la mano de Daniel Goleman, Steven Pinker y de usted, querido lector. Del doctor Goleman, ya sus ideas tienen un gran impacto en los primeros cinco capítulos de este libro.

Abrir esta cuestión con Sigmund Freud es entrar en la naturaleza oculta del hombre, como simple homenaje al nacimiento de la psicología. De tantas preguntas que el genio se hizo, sin duda, hay una que nos hacemos todos: ¿Cómo se convierten los seres humanos en lo que son y qué son?

Freud sostuvo la realidad de la naturaleza humana explorando la mente subconsciente del comportamiento de esta. "Ese revuelto mar interno de recuerdos ocultos, fuerzas primitivas y deseos en los cuales no se puede pensar. Si no comprendemos el ciego instinto de agresión y los deseos sexuales, vivimos en un mundo de ilusiones desempeñando un papel en una trágica historia de sombras".

Por otro lado, según Steven Pinker, "la mente humana no posee una estructura inherente y puede grabarse cualquier cosa, a voluntad, por la sociedad o por nosotros mismos". Pinker, con esta teoría, aprueba la idea de que todos los seres humanos con nuestro gran potencial somos aptos para alcanzar cualquier ideal que deseemos materializar. Por tanto, la naturaleza humana está configurada a un entorno sociocultural, sin perder fundamentos biológicos en el desarrollo del cerebro.

Así también me atrevo a destacar lo que se percibe durante varias décadas: nuestra era moderna tiene claro no retroceder a la vida intelectual de diferencias biológicas que intensifica la discriminación racial, de género o de clase. Pero el misterioso juego de potencias mundiales y dueños del poder adquisitivo se está reflejando en este modelo.

Para comprobarlo, una de mis grandes fantasías era empezar el recorrido y conocer las opiniones de la gente en la práctica de mi psicología del sentido común en el análisis de la naturaleza humana. No fue sorpresa haberme encontrado con gente confundida. No es un secreto que el temor y el miedo ante un posible cambio radical involuntario para la raza humana se percibe eminentemente en el ambiente. Hay un rechazo al nuevo orden mundial entre la gente, pero sin orientación en absoluto. Un dato significativo que sigue siendo desventaja para el despertar de consciencia, es la poca autoestima en cada individuo entrevistado. En la recolección de ideas, se deduce la inducción del régimen totalitario que busca posesionarse en el mundo; irónicamente, aunque apuesta en público a la libertad individual y sostiene la idea de Steven Pinker, la verdad es que lo que a ellos les interesa es mantener la gente sumergida en el pánico y con una energía baja en la autoestima, porque su mente es fácilmente seducible y son los descartados del planeta.

En el siglo XIX, cuando el hombre empieza a sentirse omnipotente o similar a Dios, surge la idea de la ilimitación de poderes mentales, indiscutiblemente un argumento sostenido por los resultados de la ciencia y la tecnología de la época (siglos XVIII-XIX). Aquí traigo de nuevo la Revolución Industrial, una de las principales puertas abiertas para cambios asombrosos que comprueba el gran potencial que desarrolla la mente. Es desde este acontecimiento del que podemos empezar a despertar, conscientes de que los progresos son siempre a costa del sufrimiento de los más débiles. En aquel tiempo, se marcaba el paso al avance de la explotación física y salarial de mujeres, obreros, incluso exceso de trabajo para los niños. El salto al siglo XXI, con paso acelerado, se refleja en una sociedad de consumo, que ha llegado a cambios sorprendentes, no tanto a esclavitud física sino psicológica, a la manipulación sofisticada de la mente humana. La Internet y la tecnología de la que hablo en la primera parte de este libro, se refleja claramente en la desintegración del ser humano como sociedad. Un auge de adictos controlados con la innovación. Un cambio de intereses en el desarrollo de los valores humanos por uno acelerado en el interés de la Internet de las cosas, la belleza externa y atrapada en el deseo de la eterna juventud. Pero cabe destacar que este último interés ha venido reduciendo la corriente, porque el *plan-demia* ha calmado las aguas en el ego para los amantes del bisturí.

7.

La globalización: el vehículo al conocimiento

El desenfrenado avance de la tecnología, no solo asombra en los campos de la inteligencia artificial (IA) y la robótica, sino también en la nueva concepción del mundo inspirada en la globalización que resulta contenida hoy en ideología política en busca de un mundo sin fronteras. Condición que en el dramático giro del nuevo milenio se declaró abiertamente con la guerra entre dos potencias, que enfrenta y tendrá que enfrentar fuertes consecuencias debido a la intervención del gigante y monstruoso monopolio de los medios de comunicación, que se fortalecía poco a poco durante varias décadas por los ídolos de la ideología globalista, que a muchos nos tomó por sorpresa, para vernos arrasados con la estrategia de levantar todo muerto enterrado en el pasado que pueda unirse al estallido socialista. A la "democracia" ya no la amenaza solo el comunismo, como es el tema recurrente en este estudio. Mientras la educación de Occidente se permeaba con aquella idea fantasiosa de igualdad, otros poderes tejían la red que hoy convulsiona con la contrariedad de ideas entrelazadas del capitalismo y el comunismo que aflora, por ejemplo, en la República Popular China, como también se vislumbra en la moderna política populista norteamericana. No creo que haya algo más interesante que la curiosidad, el misterio y el suspenso para descubrir los secretos de la vida. Las tres palabras son el mejor método que me sirvió para salir de mi frustración al leer y releer estos sistemas políticos que cuestionaba, porque no podía encontrar una dirección coherente en ninguno de los términos comparados con la realidad. Me puse a la tarea de buscar la razón: si no podía entender el sentido de lo que leía sobre el populismo y el capitalismo comunista chino, pero lo único que tenía claro es el socialismo y el comunismo; muchos años de esfuerzo fueron necesarios para darme cuenta de que el mensaje acogedor para muchos no es más que otra estrategia que resulta ser aún más efectiva que la tradicional que envuelve los términos democracia y liberalismo o demócratas y republicanos para atrapar el voto.

Creo ver en los modelos otra careta que escondía la verdadera guerra bien profunda entre dos liderazgos de poder, en que todos tenemos claro que avanza de acuerdo con el desarrollo en las diferentes revoluciones históricas, pero que mucha gente no entiende que los intereses son mediocremente enfocados en los civiles. Hoy, la era del conocimiento y la velocidad del tiempo aceleran el encuentro de los dos líderes que nos muestran el verdadero nombre: globalismo y patriotismo; es un sistema desconocido para muchos, que hoy aflora en corrupción e intereses concentrados entre dos élites con creencia de superioridad de raza y poder, con inducción del gigante asiático que también hacía caminos en la misma dirección con sentido racial y político, con buen apetito de empoderar y extender su raza. Yo creo que en este escenario los políticos, ciudadanos estadounidenses, europeos y latinoamericanos no contaban con este autoinvitado en el conflicto.

En vista del modelo expuesto, es simple deducir que vivimos bajo la influencia de partidos políticos que se han ido disolviendo a medida que se incrementa el poder adquisitivo, en que la gente del común cree que se luchaba por el bienestar de todos debido a la manipulación mediática.

La globalización cara a cara al mundo sin fronteras

Un poco antes de entrar en el tercer milenio, parecía evidente que las relaciones entre otras culturas a través de un mundo globalizado nos unían para entender las diferentes raíces patrias, tradiciones y religiones. Pero, de acuerdo con resultados bélicos, consecuencia de los enfrentamientos diseñados por los globalistas, podemos ver una prueba de que ningún país está preparado para unir fronteras. El impacto emocional y demográfico de esa magnitud, el daño psicológico, sería el primer desafío entre variedad de culturas desconocidas, la orientación en el campo educativo y sociopolítico u orientación religiosa, el orden público, factores que, sin duda, desestabilizarían la integridad individual. Por otro lado, ningún país se percibe preparado en su geografía para recibir millones de personas de países como África, Afganistán, India, entre otros. Lo único que aquí se puede lograr es incrementar el desempleo y aumentar la hambruna a nivel mundial o desestabilización total a los países que sobreviven. Pero eso no es todo, si sumamos la situación repentina de cambios que se viven a gran escala en todo el mundo con los reclusos en libertad por masas en las comunidades, esta postura nueva ha causado un choque emocional abrumador entre la gente con miedos y temor. Me asombra las personas del común que narran el pánico de los últimos acontecimientos en Chile, en que se puede percibir una situación caótica de vandalismo con la salida humanitaria del 30 % de los reos a las calles, poniendo en peligro la vida de niños y jóvenes, de la población transeúnte en cada ciudad bajo amenaza. Ningún Gobierno se ha pronunciado con un planteamiento urbano o social para mantener las condiciones de seguridad y salubridad. En el caso de los Estados Unidos, la liberación masiva de presos en varios estados, como California, Nueva York, Oregón, Wisconsin y Florida, tampoco se aceptan reclusos nuevos; en medio de la crisis que está enfrentando los departamentos de seguridad, es una intención ilógica la idea de reducir los salarios a la policía. Es importante observar que a los presos se los liberan al mismo tiempo en que toman fuerza los movimientos bélicos sobre el racismo; no hay en estas acciones ninguna característica de sentido moral, más que el debilitamiento político y económico global. El mundo multipolarizado, bajo la dirección de gobiernos agarrados de la mano de las Naciones Unidas, da para pensar que está convertida en monstruo que sirve de trampolín para desarrollar más fácil y rápido la agenda empobrecida globalista.

Esta idea de mundo sin fronteras y los presos en las calles robando y asaltando para sobrevivir, me pone en la imaginación abrir la puerta del zoológico a tigres, leones, panteras y toda clase de fieras juntas en busca de presa o marcando territorio. Todo el escenario, de acuerdo con mi sentido común, es una democracia populista con paso agigantado a un régimen dictatorial de la agenda globalista con influencia del Partido Comunista Chino, donde el dictador y sus funcionarios usan el capitalismo para su beneficio y al proletariado se le obliga a vender su fuerza de trabajo para proporcionarse su mediocre subsistencia.

Hay fuentes fiables sin necesidad de profundizar en sistemas políticos o tratar de sumergirse en el conocimiento del populismo nacionalista, contemporáneo, ideológico, con diferentes matices, dado a las interpretaciones que muestran los diferentes países; por ejemplo, Europa tiene su particularidad en la demagogia populista que utiliza, a mi entender igual que los Estados Unidos aplica la suya. Tal vez a nosotros, los latinos, se nos hace fácil entender el modelo por las estrategias establecidas de Hugo Chávez y Rafael Correa, que probablemente para muchos latinos más que conocido fue vivido.

Es muy tarde para nosotros y para la gente que no camina al compás de los detalles en el desarrollo de la historia tirarse ahora a nadar en aguas desconocidas, en busca de la orilla para salir de la tormenta actual. En busca de soluciones para escapar del embrollo en el que me vi, desarrollando un despertar de consciencia de la manipulación, en que la política no podía faltar, me encontré con un escenario donde los politólogos se queman las pestañas tratando de descifrar el rompecabezas actual. El comunista, el demócrata y los periodistas entre amigos que se detuvieron para escuchar mis argumentos, sacaron siempre a relucir el tema del populismo. De hecho, en 2016, la palabra del año fue *populismo*. Mi salvación fue la guía de Eduardo Fernández Luiña, quien me lo hizo entender muy fácil por su vasto conocimiento como experto en ciencias políticas. En este caso concluí que, para entender mejor la agenda globalista, la idea de mundo sin fronteras además de exponer experiencias, ver a América Latina y el mundo en conflicto con obvia influencia de la Organización Mundial de la Salud (OMS), hay que entender e identificar las características del populismo. Así de fácil, es el núcleo de la demagogia que ha existido toda la vida en los discursos en campaña de políticos, el líder logra sacudir las fibras emocionales que aflora todo sentimiento de necesidades hasta alcanzar que el individuo se sienta víctima del contrincante opuesto para ganar el voto. Ahora, ese sentimiento es la base para construir el régimen populista, ya que es anclaje de la carencia. El descontento social es la clave en el desarrollo del movimiento populista de izquierda o de derecha, para desestabilizar el poder que esté en vigencia, de acuerdo con Fernández Luiña.

Las particularidades del populismo se firman según un sistema liberal democrático, en que existe fuerza para plantear reformas políticas, sociales y culturales, necesaria en la evidencia de un grupo de inmigrantes descontrolados y fuertes presiones económicas; el discurso es diseñado con careta de confianza para esconder el odio a las libertades individuales y con mucho tacto para desintegrar la moral y la ética. Ese plan es la radiografía del estado del mundo actual.

Eduardo Fernández en sus conferencias manifiesta claramente: "Definitivamente, si nos sumergiéramos en un régimen populista, progresivamente perderíamos nuestras libertades individuales y eso sí es un riesgo". No sorprende, entonces, que del modelo populista se salta a la dictadura que rechaza por completo las libertades de ideas y de poder individual.

Este es mi punto de partida para observar que estamos entrando en el régimen populista con un desarrollo bien orquestado; en que la gente no entiende que en el único país que se está tratando de poner orden y medidas de seguridad necesarias en este desorden mundial es en los Estados Unidos.

Ahora bien, la cultura y la lengua china ha sido introducida en los Estados Unidos por contratos con universidades privadas, financiados y pagados por el Partido Comunista de China (PCC$_H$). El gigante asiático puso muy cínicamente a las universidades estadounidenses a trabajar para su régimen, lo confirmaron los contratos filtrados que ventilaron el control del Partido Popular Chino, con un método infundido en que ningún estudiante puede hablar contra China o de la realidad política y menos delatar la violación de derechos humanos de ese país.

Pero no quedando contento en el sector privado, otra de sus grandes estrategias fue entrar con el Instituto Confucio y asociarlo con instituciones educativas de pocos recursos, financiarlas para adoctrinar a los alumnos y jóvenes con el pensamiento chino comunista por aproximadamente dos décadas.

En 2017, la Asociación Nacional de Académicos (NAS, por sus siglas en inglés) reaccionó ante la preocupación por la influencia de los institutos Confucio en la libertad académica y sus estrechos vínculos con el Partido Popular Chino. University of California, Los Ángeles (UCLA), George Washington University, Purdue University, son, entre otras, las que han recibido fondos del Partido Popular Chino, para sostener el Instituto Confucio.

A América Latina el empoderamiento del Instituto Confucio llegó para quedarse plagado de ideas, promoviendo el régimen comunista; pero de acuerdo con la experiencia sufrida en algunos países, que se ve actualmente es el fruto de la semilla del comunismo que ha venido sembrando el dragón al rededor del mundo, para muchos inesperado. El desafiante tema ha permeado los recónditos lugares donde hace más de cuarenta y cinco años ha alcanzado la propagación silenciosa, con ejercicio estrictamente de profesionales capaces de llegar a las mentes de todo individuo que vive entre las cordilleras. En aquella época, el ingenio de la mente condicionada traspasaba por encima de los ríos y las carreteras destapadas para inducir la ideología del Partido Popular Chino. Margoth, mi hermana, vivió el desafío de la consciencia en esa época, ella describió a un enamorado de esos que seducen con argumento ideológico, o la "carreta" del comunismo, en lenguaje coloquial. Mario vivía en la Iberia, fuera de la ciudad de Tuluá, que en ese tiempo era el pueblo desde donde había que viajar aproximadamente una hora por carretera destapada para ir a vacacionar. Aquellos días cuando no había esfuerzo alguno para ponerse a levitar porque las estrellas y la luna eran el reemplazo en el desafío de la tecnología de hoy, se usaba la lámpara de gasolina propicia para una noche joven al encuentro de ella y Mario, quien llegaba con panfletos y revistas de China; expresó en su relato que a ella le atrapaba la imponencia de la presentación del *Libro Rojo*, que él le exponía para explicarle la disciplina y la ideología que a ella la hacía sentir intelectual después de la visita, que, sin duda, la ponía a meditar sobre la almohada; de hecho, el color preferido de ella es el rojo, con el que siempre aparece en los festejos de gala.

Los argumentos que expongo no son con intensión de dañar la imagen de ninguna cultura, pero es necesario abrir los ojos a la realidad, tampoco son argumentos inventados. El mismo Subcomité Permanente de Investigación del Senado de Estados Unidos delató la falta de transparencia en que opera el Instituto Confucio. Este manifestó que el Partido Popular Chino "ha inyectado más de 150 millones de dólares en 100 institutos Confucio, el 70 % de las escuelas de los Estados Unidos recibieron más de USD 250 000 en un año por estos".

Sin embargo, lo que lee el común de la gente es que en los Estados Unidos la educación se beneficia con el 30 % de los chinos extranjeros que dejan una considerable suma de dinero.

De aquí, otro ataque al Gobierno estadounidense por vigilar las visas de estudiantes chinos, ante la sospecha en robo de propiedad intelectual y de grupos específicos que son un peligro para la seguridad; el espionaje chino es un tema altamente conocido. Estos detalles solo en el campo educativo, sin contar con el mercado etiquetado con la marca china. Son muchos los acontecimientos ocurridos en el Gobierno de Trump, que es una amenaza al régimen popular, como lo presentan politólogos o analistas claves en el tema.

Lo hablan los medios hoy: "El dragón hace temblar al águila: los Estados Unidos temen perder América Latina ante el ascenso de China".

La encrucijada económica que debilita a América Latina debido a la pandemia puede ser la puerta abierta para que China entre en su época dorada, el gigante asiático viene remando con paciencia y mucha sagacidad por varias décadas para dar el golpe de venganza al rival norteamericano. Sabe que es ahora el momento en que puede servir de redentor económico aprovechando la salida del presidente Trump, ya que sostenía negociaciones en la administración Obama. En América Latina, la evolución de las mentalidades en el campo sociológico y la crisis de salud actual no levanta mayor preocupación, ya que es un territorio que conoce bien, con un pasado de víctima que siempre se vende al mejor postor sin mirar las consecuencias, además es su tierra abonada con su ideología de Partido Popular Chino, que ya lo tiene sumiso.

Por encima de todo, le ayuda la reputación de repudio infundada que se le ha formado al rival al rededor del mundo toda la vida y que ahora se fortalece con el tema de inmigración que implica racismo; tengamos en cuenta que el presidente Trump es el único que no se puso con decoros para parar al dragón que amenaza con una propuesta de régimen comunista global. Curiosamente, América Latina inculpa la nueva postura nacionalista estadounidense a que cada país defienda su soberanía y legado de cultura, pero apoya con agrado la propuesta China de que la expansión económica y política de su dominio con préstamos e inversiones se haga bajo la soberanía de sus países; o sea, defendiendo la bandera nacional, la misma postura de Trump. De una conversación que sostuve con Ricardo Puentes Melo, periodista y antropólogo, con un amplio bagaje en política, entiendo que los líderes de izquierda en América Latina, saben bien que cínicamente están empeñando la nación, conscientes de la complicidad para cumplir la agenda global a la que aspira el dragón del mundo. Un ejemplo magistral en la seducción de

América Latina por el comunismo, es la estrecha relación entre Xi-Jinping, con el Partido Comunista de Cuba y Nicolás Maduro en Venezuela, la cuna de la narcopolítica mundial.

En mi historia recuerdo haber leído un libro en algún lugar de mi recorrido hace muchos años, y aunque el nombre del autor el viento se lo llevó, sí me impactó: "A los chinos, el opio los despertó, nunca los entorpeció, es un pueblo comerciante alrededor del mundo, que para lograr sus fines usa el engaño y la ferocidad".

Con la fuerza en que se mueven las aguas oscuras tenemos que defendernos hoy, por instinto de supervivencia y para no dejarnos confundir, vuelvo a proponer que hay fuentes fiables y tenemos que usarlas, la intuición es una de ellas.

Un modelo sin fronteras

La migración por efectos internos como conflictos, miseria y pobreza obligan a las personas a salir de sus países en busca de territorio donde puedan sobrevivir, no con el interés de compartir culturas, se adaptan a las normas del país que los recibe, siempre añorando su pasado.

Los líderes manipuladores de la mente robótica deciden por multitudes de personas orgullosas de su propia identidad y violan el derecho de quienes no anhelan en lo más mínimo cruzar otras fronteras, porque prefieren mantener intacta la identidad y creen que hay un paraíso de riquezas para explorar en su tierra natal; infortunadamente, el idílico paraíso está en manos de corruptos. A esta gente tan selecta y orgullosa de su raza es a la que consideran provincianos e ingenuos, los globalistas. Me costó mucho entender a los que se consideran enamorados de su patria que sean inseguros y cobardes asustados del desarraigo de su cultura a la ajena, como lo escuché en una conferencia de *marketing*, donde el conferencista retó a los extranjeros a olvidarse de sus raíces para salir de la mediocridad.

Como emigrante latina me ha parecido irónico que cuando comparto ideas con algunos impostores del modelo "sin fronteras", los percibo inseguros y amenazada su identidad por otras culturas.

Con estudiantes, principalmente de la frontera entre México y Estados Unidos, me marcó el impacto de vulnerabilidad en la identidad que causa el desarraigo de su propia cultura a la anglosajona. Las personas con bases firmes de su descendencia son más decididas y orgullosas de sí, mientras que las que cargan con un bagaje de experiencias desagradables de su identidad primaria son las más tímidas y avergonzadas de su cultura, sea mexicana, centroamericana o de diferentes países; algunos desarrollan un complejo de identidad que sobrellevan entre una ambigüedad y una multiplicidad que les impide tener completa libertad de pensamiento en la búsqueda de sus ideales. Pienso que, si conservamos nuestra cultura, raíces de fortaleza fundamentales para el desarrollo de la personalidad, nace el sentimiento de respetar las fronteras de cada nación, lo que permite la globalización del conocimiento y la tolerancia entre las culturas; una buena consciencia nos avisa de cuándo estamos listos para hacer vida fuera de la primera nacionalidad.

La globalización en un mundo sin fronteras, me hace realizar una renovación de nuestras raíces étnicas, de forma que haya conflicto de identidad individual. Si observamos el modelo en desarrollo, nos damos cuenta de que en las grandes potencias existe una variedad de colonias con sus propias costumbres y religiones asiáticas, musulmanes, católicas, entre otras; pero esta mezcla, lejos de integrarse a una sociedad común para compartir con empatía las diferencias, acrecienta un racismo sustancial, una sociedad con intereses individuales, en la cual se asoma la empatía solo entre intercambios comerciales.

Ojalá que mi país, Colombia, en algún momento hubiera tenido un buen líder que compartiera con su pueblo las riquezas que hoy atesoran unos pocos en los bancos extranjeros. Siempre me he preguntado por qué los países de América Latina, ricos en suelos, clima, abundancia de recursos para una mejor calidad de vida, añoran la globalización para salir de pobres. Con poco conocimiento político, aflora en mí, entre la nostalgia y la frustración, un fuerte sentimiento de impotencia cuando veo en los líderes y las autoridades una autoestima mediocre, incapaz de explotar honestamente las incalculables riquezas que bañan la nación colombiana. Podemos considerar que la falta de respeto, no solo por el país, sino también por ellos mismos, sea la causa que nos vendan y nos vendan al mejor postor. Algo de decencia falta en asuntos de relaciones exteriores para no mendigar o rendirse a las ideas del poder adquisitivo. Les queda grande la propuesta de un líder: "Sabios líderes siempre ponen el bien para su pueblo y su propio país primero".

Los más beneficiados en el nuevo mundo globalizado sin fronteras son los sectores del narcotráfico, los grupos insurgentes, las relaciones entre los grupos rebeldes del mundo entero, los coordinadores de las manifestaciones populares y la élite de poder mundial que mueve a los líderes políticos. Resaltando el mayor lucro del PCC$_H$ con las malas intenciones que aplicaría a la raza humana.

No hay que dejarnos confundir

Si los humanos no somos capaces de compartir ideas entre la misma cultura con patrones compartidos desde la infancia en nuestras tradiciones sociales, si las leyes de una nación son tan difíciles para ser respetadas por los individuos de un país o región y complicadas para que los gobiernos puedan defender los derechos humanos, entonces, ¿cuál sería el argumento para creer que bajo nuevas reglas de la ONU-Unicef-OMS, ahora en complicidad con la China, se puede organizar un mundo globalizado o manejar un mundo sin fronteras? En último término, esta ideología acabaría por convertirse en una fórmula estratégica para acabar de sumir al mundo en la confusión y el caos en que vivimos; el mejor ejemplo para confirmarlo, ya lo tenemos, la ONU, donde la delegación directiva son miembros marcadamente por pensamientos e ideas que aparentemente envuelven contradicciones respecto de los derechos humanos. No dicho por mí, expertos de renombre como el expresidente de la Cámara de Comercio de España, en Estados Unidos, Antonio Camuñas, conocido de David Rockefeller, Kissinger, Bill Gates, me dejó sin palabras al hablar sin tapujos en desacuerdo con los intereses de la ONU en complicidad con el plan de los mencionados, que van en contra de cualquier ética para reducir los seres vivos; dispuestos a emplear cualquier método criminal para esterilizar las mujeres y promover el aborto, impulsando toda clase de división de géneros, que suspende la reproducción humana, tema de importancia detallado en los próximos capítulos.

Ahora bien, si planteamos algunos interrogantes de estas organizaciones en conjunto con la élite del poder adquisitivo, el cuadro lo entiende un niño de cualquier edad solo por la brutalidad en que le han cortado las libertades, para sufrir las presiones de sus padres encerrados con las emociones a flor de piel. El manejo de la crisis de esta pandemia, nos pone frente a la realidad, nos aislaron para no interactuar y darnos cuenta de la crisis, cuestionando juntos las medidas ilógicas por las que muchos países de América Latina están sometidos, si nos dejan, podría desembocar en una peligrosa reacción caótica social. Por el momento, lo que conviene es un enfoque absoluto en la mente, todos en confinamiento observando la caída de la economía mundial sin poder actuar. La quiebra es parte del *plan-demia* y es evidente, si antes de este confinamiento la deuda de la mayoría de los países sobrepasaba la mitad, por ejemplo, en Brasil, 86 % de su ingreso interno bruto va a la deuda, Ecuador 60 %, México 54 % y así continúa la lista con la deuda. En el caso de Estados Unidos, la deuda americana es un activo en demanda muy deseable en la economía global; sin embargo, el financiamiento continuo de la deuda ha puesto en alerta a los economistas. De hecho, a muchos les preocupa que la deuda con china proporcione el apalancamiento económico sobre Estados Unidos, considerando que la crisis del coronavirus ha acelerado una trayectoria fiscal ya insostenible, por su efecto devastador en la economía. Una vez que salgamos de la pandemia, será fundamental que los líderes estadounidenses aborden nuestra creciente deuda y sus factores estructurales.

Cuando el gobierno federal gasta más de lo que recibe, tenemos que pedir dinero prestado para cubrir el pasivo anual. Y el déficit de cada año se suma a una creciente deuda nacional. Ese riesgo es el que esperan los dragones para apoderarse de su rival. La pregunta que se hacen los economistas hoy: ¿Es un riesgo la deuda para Estados Unidos de $ 1 trillón de dólares con China?

En el robot de carne y hueso importamos los ciudadanos de a pie; se trata de nuestro futuro. Lo que hace fuerte a Estados Unidos es su gente que ha construido una nación líder y se proyecta un futuro mejor para las próximas generaciones que, desafortunadamente, nuestra creciente deuda está haciendo lo contrario. Nuestra nación enfrenta muchos desafíos que incluyen una creciente desigualdad.

Cuando nos dejen salir todos, estaremos en las manos de los acreedores, como Larry Fink, el magnate de BlackRock o el ejemplo de George Soros con Argentina, un tema ventilado por ellos, el mismo presidente se lo dijo al pueblo, donde entendimos que en los bancos de reservas federales tiene la mano metida Bill Gates; por tanto, nuestros derechos de propiedad se verán afectados con las deudas, la clase media tendrá el impacto que acabará por empobrecerla, incrementando la franja de pobreza que confiaba en estas pequeñas empresas proveedoras de la mano de obra. Esta es la cara descarada que se asoma y se ve reflejada en los tapabocas y el miedo entre la gente que no se puede saludar; tal vez cuando esté leyendo este libro vivamos otra pandemia, no podemos dejarnos sumergir en el dolor de las tragedias que están ocurriendo, porque así es como nos quieren ver. No voy en contra de los protocolos necesarios en esta crisis de salud, pero sí en contra de extralimitaciones a nuestras libertades.

Finalmente, si seguimos acerca del tema de globalización, sucumbiríamos en el fatalismo dado a la realidad en ataques cibernéticos que debilitan no solo a grandes empresas en competencia, sino también a todos los que hacemos uso de la tecnología. Hoy, todos los servicios esenciales en cualquier desarrollo económico y sociocultural dependen de la tecnología y es evidente la preocupación entre los gobiernos con el vehículo global que desestabiliza las economías en el manejo malsano y premeditado, de líderes que saben aprovechar la información y las comunicaciones.

Thomas Jefferson nos deja este recuerdo: "El precio de la libertad es la eterna vigilancia".

La Internet como vehículo es clave

Irónicamente, la globalización nos pone en diferentes vías, pero si utilizamos la Internet en beneficio para interactuar juntos, nos resulta útil. Es el medio de hoy para no pasar desapercibidos a la ruptura que venían sufriendo las naciones, como lo era una sociedad dirigida con ventaja sacando máximo provecho a nuestra ignorancia en cualquier materia con información tergiversada. Cuando escucho o leo en medios populares las opiniones de escritores y periodistas, incluso jóvenes de YouTube, al rededor del mundo apuntando con el dedo a la discriminación racial como punto de partida único al presidente Donald Trump, segados a la historia verdadera de todos los países en que se vivió y se continúa viviendo en medio de la intolerancia racial aun dentro de la familia. Lo que percibo es un nuevo tropel de mentes pobremente informadas, como ocurrió en años pasados con los nuevos ricos del narcotráfico, parece que veo lo mismo en los nuevos ideólogos acomodados y enloquecidos con el tema global, ansiosos por exponer argumentos sin ninguna base en busca de protagonismo.

Puede que usted esté en la lista de los que se excluyen en algunos temas de interés, como la política y la religión; sin embargo, frente a la oscuridad y el mar de dudas de los hechos del 2020, la incertidumbre ha alterado la percepción que el mundo tiene sobre el pasado y su relación con el presente. Asimismo, estamos conociendo las consecuencias de nuestros actos.

Pero es más importante saber que a pesar de pasar años desapercibidos viviendo bajo el mismo cielo, hoy despertamos a un mundo desconocido que nos pone en alerta a buscar nuevo rumbo, ya que nos han obligado a perder la brújula de las posibilidades para continuar la vida, seducidos bajo la presión de hacer creer que no existe alternativa a la idea compleja de superpoblación.

No se trata de sumergirnos en otra guerra o de inquietarnos por los resultados de las elecciones o del cataclismo que se vive en las sociedades producto de la corrupción. No, ni usted ni yo podemos evitar las confrontaciones que implican las guerras entre naciones y potencias. Lo importante es entender ahora que somos parte del conflicto y que su opinión y acción con buen conocimiento vale más que millones de votos en una elección sin ética, sin moral o sin el mínimo conocimiento de por qué vendió su voto y sale a votar o por qué se irrita y sale a protestar.

Tratemos de mirar un poco más allá de la somnolencia y despertemos el potencial enorme que tenemos para defendernos ante la encrucijada de destrucción humana. Creamos en el cristal de la lupa de antecedentes comprobados, es hora de conocer qué hay detrás de un partido político y establecer reglas en beneficio propio, pero con bases sólidas como lo han hecho los líderes del mundo que hoy de la mano de la tecnología inventan estrategias de control que usan siguiendo fieles al pensamiento propio.

Sería fenomenal si entendemos que el progreso del hombre está en el conocimiento, la devoción y la acción, actitudes que la mayoría de la gente olvida porque cree que la responsabilidad de progreso en la sociedad es solo de los gobiernos; por tanto, nos acostumbramos a esperar pasivamente, pero mientras observábamos la vida pasar, otros con el ilimitado poder de la mente han logrado intimidarnos discretamente con el robo de nuestra propia identidad, ahora se nos viene un monstruo reflejado en el arte de proyecto camuflando del plan ID2020 de la ONU. La falacia que sostiene los que quieren liderar el mundo con estrategias netamente calculadas y características genocidas salió a la luz en medio de una de las crisis más oscuras de la humanidad en este siglo. Esta puede ser la pugna para que haya más gente que se integre al nuevo despertar de consciencia y antes de esperar que otros continúen sus caprichosos experimentos, estemos mejor preparados y convertidos en fuerza mayor para no contribuir con el atropello de la limitación a la libertad y a la voluntad.

Ante todo, tener presente que la exterminación masiva de seres humanos se ha disfrazado con careta de progreso, alta tecnología, civilización y caridad a través de toda la historia. Y es que si desempolvamos los cuadernos o textos de historia, comprobamos que no fue con armas o fusiles con lo que se aniquilaba la población nativa en su mayoría, sino la introducción de enfermedades epidémicas contra las que los nativos no tenían inmunidades naturales. La viruela y el sarampión fueron los aliados en el éxito de la conquista española. Tal vez por los españoles el acontecimiento fue involuntaria, pero después, cuenta la historia y sosteniéndola con argumentos precisos, un artículo de Agustín Muñoz Sanz, médico del Hospital Infanta Cristina de Badajoz, nos recuerda que los ingleses y holandeses causaron estragos entre los nativos de la costa ESTE americana, actual Massachusetts, infectándolos y matándolos con mantas contaminadas con el virus de la viruela. Nos queda fácil concluir, que la estrategia fue copiada de los resultados previos porque ya sabían la magnitud del resultado. Pero hoy, de acuerdo con los avances tecnológicos y por la era más sofisticada, la estrategia disimulada para la despoblación masiva son las vacunas, la alimentación y la farmacéutica modificada a través de la tecnología a la que estamos expuestos desde hace ya décadas.

Para algunos analistas que sostienen la causa de la covid-19, como una respuesta de la China comunista a Estados Unidos por las nuevas medidas que le impuso para frenar las ambiciones desmedidas y absorbentes en la economía que debilitaba los intereses económicos de Estados Unidos que afecta colateralmente al mundo, en las conclusiones, señalan que la agresión de China es premeditada de acuerdo con el tiempo propicio para afectar la reelección del mandatario Trump el 3 de noviembre. Para la gente con la misma percepción mía, el argumento previo sobre el desenlace de la covid-19, ha sido el engranaje perfecto y bien disimulado para cobijar varios temas en desarrollo de la agenda global; por ejemplo, la despoblación en gran número de personas, millones de dinero envueltos en el tema del *plan-demia*, las deudas con fondos monetarios internacionales son alarmantes, los países caen como fichas de dominó en los intereses privados del poder adquisitivo. El gran nubarrón que envuelve la quiebra mundial económica y el impacto emocional en el mundo causado por las cuarentenas obligadas, han formado un mar de dudas. Las maniobras deshumanizadas abiertamente vistas, nos detienen en el tiempo para ver la noria de todas las épocas de la historia de la humanidad que arrasa con la vida. Uno de los temas relevantes, donde hemos visto los mandatarios ventilando la preocupación, es la necesidad de acabar sin compasión la vida de los pensionados para ahorrar a las deudas del Estado. La energía del pensamiento abyecto de algunos líderes se mueve en el ambiente de hogares convertidos en laboratorios que delatan los experimentos, psicológicamente en el daño emocional causado en los abuelos privados de la libertad. El estudio de la psicología es clave para entender el dilema de los adultos actualmente, la felicidad de una persona depende de emociones; por ejemplo, el psicólogo Nathaniel Branden sostiene que "la felicidad es una emoción que resulta de valores que se han elegido conscientemente, por tanto, somos felices cuando conseguimos o cumplimos lo que es más importante para nosotros". No obstante, la autoestima juega un papel primordial en todas nuestras emociones, por lo regular las personas en la edad adulta de los 60 a los 70 años presentan el punto de equilibrio más estable en el desarrollo de la vida, sus propósitos y metas se han alcanzado, en la mayoría los propósitos cumplidos se reflejan en la felicidad de sus hijos, nietos y familiares que se van convirtiendo en su orgullo y en algunos son la felicidad. En esta etapa, la calidad de vida se fortalece con los abrazos, la empatía entre familiares y seres queridos; en la parte física, los ejercicios son un factor fundamental en la salud mental y física, caminar al aire libre, interactuar se hace fundamental en la autoestima de las personas adultas que necesitan expresar lo que se siente. Abandonar a los adultos o encerrarlos despierta en ellos sentimientos de culpabilidad, aflora en ellos las preguntas del sentido por la vida; de hecho, después de los 70 años la autoestima entra en declive, y se hace fundamental los lazos afectivos.

El opuesto a una vida abundante en salud física y mental para la felicidad en el promedio de la última etapa de la vida, es el protocolo de reglas impuestas a los adultos en el confinamiento, privacidad de la libertad, aislamiento con los jóvenes, prohibido compartir con sus sobrinos y nietos, este modelo diseñado para enfrentar la crisis, es un destino psicológicamente premeditado a la desconexión de estímulos de valores humanos, al miedo y a la desconfiguración de la mente humana con la realidad.

Nathaniel Branden sostiene que el sufrimiento psicológico tiene un propósito, el camino a la depresión. ¿No les parece curioso que a los supermercados, a los lugares públicos, hay protocolos sin importar qué persona contagiada puede estar en el lugar? Sin embargo, no hay ninguna clase de protocolo para visitar a los adultos y estimularlos, ¡no! ¿Porque pueden tener el virus? Pero eso no es todo, el desmantelamiento del cartel de la covid-19, confirmado por el ministro de Salud en Colombia, Abraham Jiménez:

> Si a un colombiano lo hospitalizan, el sistema de salud paga 10 millones. Mientras que si se entra a una uci se paga 30 millones, como las clínicas están vacías, están buscando la forma más rápida de facturar y tener liquidez, y esa sería meter a los pacientes en las uci.

Pocos salen vivos, es frecuentemente los testimonios de este juego con la vida, las denuncias y las cantidades de víctimas que dicen que es necesario actuar contra este despiadado negocio; en todas partes se levantan las voces, pero de acuerdo con estimadas fuentes que conocen la intensión de esta obra, me han contado de la censura, como otro factor que protege a este entramado de manipulación con la pandemia. Otro factor de sentido común, es la macabra decisión de eliminar a las personas de acuerdo con la edad; es decir, las prioridades médicas serán para las personas jóvenes o gente que no se percibe como una carga para los servicios o sistemas de salud pública, con la excusa de que no hay espacio en los hospitales para atender a las personas y, por tanto, hay que atender al joven porque el adulto ya vivió lo que la ciencia y el médico decidió. Confieso que frente a la noticia, mi garganta se hizo nudo y alcancé a imaginarme la vagabundería y la pereza que se ve entre la juventud y la gente parásita en cualquier edad que no tienen nada para aportar, mientras a los cerebros pensantes y a la experiencia hecha sabiduría que guarda la gente adulta en el baúl de los recuerdos para aportarle al mundo una verdadera riqueza en valores humanos, es a ellos que les están poniendo la etiqueta covid de caducidad. Casualmente, atendiendo la llamada de Beverly, una buena amiga para hacer un aporte con sentido común a este tema, expone que estos gobiernos se consolidaron para ponerle límite a la vida, mientras que la mayoría de sus líderes pertenece al gremio envejecido que ellos seleccionaron y al que hoy parece que le temen.

El maestro Jesús sigue siendo mi lumbrera en el camino: "El que tiene ojos que vea y el que tiene oídos que escuche".

¿Cree que necesitamos unirnos en contra de actos genocidas?

8.

Optimismo en la oscuridad

Es preciso el optimismo, ahora que entramos a enfrentar no solo el colapso sociopolítico y económico, sino también el colapso en la autoestima de muchas personas que ya venían manejando otras frustraciones en su mente. Todo lo que habíamos añorado y concebido en nuestra mente como potencial en libertad, cada quien salía cuando quería, comía lo que quería, continuábamos construyendo el castillo de ilusiones materiales; se nos puso de repente inconcebible con el fantasma del pánico, el miedo de estar encerrados todos, cambios repentinos, amenazados entre la nueva guerra del 5G (quinta generación de tecnologías de telefonía móvil), provocaciones por los capataces con ideas de poder que se metieron y traspasaron hoy el umbral de paz en la vida cotidiana; se interrumpe sin piedad el desarrollo humano, el impacto de la mente entre la bruma y la parálisis hacia el futuro, no deja otra cosa que volver unos pasos hacia atrás para coger impulso y retomar vigor. Según la ciencia, viajar al pasado para rectificar algunos daños es imposible; el científico Michio Kaku dice que sería sobrepasar la velocidad de la luz.

A pesar de todo, si a nadie le alcanzaba el tiempo por andar embolatados levitando entre la velocidad actual como viajeros del futuro, hoy se asoma el ego un poco exhausto y asustado en la carrera, demostrando que no alcanzaba el tiempo para nadie ni para nosotros. La única condición es que estamos detenidos en el presente para emprender con sabiduría el mismo camino en el que galopa la ciencia y los físicos explorando la tecnología, no sé si con prisa, pero sí conscientes de que mientras ellos van a ensayos con personas para alterar nuestro destino, nosotros continuamos hacia delante para entender conceptos éticos y manejables todavía.

Si comparamos con el estado actual, la realidad del confinamiento 2020, podríamos clasificarnos como grupos positivos y negativos. Mucha gente está quedando marcada de acuerdo con la situación en el desafío; unos aprovechan el tiempo, otros acompañados incrementan el amor entre pareja, familiares y hasta amigos que convivieron y aún conviven. Son muchos los libros que han nacido como hijos de la crisis que cuentan testimonios y experiencias de seres humanos que optaron por dejar en ellos su legado para la historia moderna.

Por otro lado, los choques emocionales se reflejan en la gente, debido a la realidad desconocida que los puso de frente, después de varios años sin tener contacto con ellos o con su gente por la prisa de su vida cotidiana. Afloraron frustraciones, maltratos y también hay gente que se encuentra devastada emocionalmente y con la necesidad de apoyo. Para mí, en lo particular, el salto importante y positivo en todo este lapso del confinamiento es que son demasiados los desapercibidos que no conocían su mundo interior y están logrando refugiarse en él; este grupo de personas están experimentando y descubriendo no solo su energía poderosa o espiritual, como le quieran llamar, y se están haciendo más resilientes, sino también que se dieron cuenta del mundo de manipulación y engaño que los mantenía somnolientos. Somos la esperanza para contagiar con gran impacto positivo al gremio de personas que aún quedan enganchadas en las cosas materiales sin poder entender la situación o por qué hoy somos víctimas de la pandemia 2020. Se hace urgente aumentar la consciencia colectiva de energía positiva para permear el campo político, la fuerza que se suma se fortalece en el universo y reacciona al apetito insaciable de intereses personales netamente materializados y de dominio autócrata que mueve los líderes que nos gobierna.

La descodificación masiva de nuestra mente de un mundo de consumo a una vida de fuerza mayor interior, es el cambio que unifica la nueva consciencia con sentido común a la realidad de lo que vivimos.

Escuchando al presidente de Argentina, Alberto Fernández, quien expone sus ideas visionarias, me conmovió el cinismo con que manifiesta abiertamente intimidación y dominio manipulador a la población:

> Hace 30 años atrás teníamos que mantener a las personas hasta los setenta años, después setenta y cinco y ahora ochenta y más, eso cuesta mucha plata por toda la aparatología, medicación, mantener a una persona viva cuesta mucha plata; yo lo que quiero es una política más racional y menos emocional.

De acuerdo con mi juicio, ya desde hace varias décadas nos vienen confundiendo el concepto de principios, ideas y valores, para atropellar con cinismo nuestros derechos.

Lo que se percibe en este barullo en el que nos tienen sometidos en picada hacia la bancarrota, es el desarrollo de un plan económico limitado de tipo colectivo y sumiso, aún más complejo que el tan temido comunismo.

No veamos el argumento que propone el señor presidente de Argentina, como una amenaza para entrar en pánico, simplemente, que sirva en la unificación propuesta para despertar consciencia de ponerle freno a la violación de valores a la vida y defender nuestro derecho para cumplir el ciclo voluntario de vida que era lo único que no tenía precio. Juntos con sentido común, podemos decirle al señor Fernández y a todos los genocidas, lo siento, pero es que no se trata de si nos volvemos más racionales o menos emocionales, cada persona tiene sus propios sentimientos y si a él no le parece importante la vida, tiene derecho a hacer lo que decida con la suya hasta la edad que se considere un estorbo, pero no imponga su voluntad a otros decidiendo por las vidas que a usted se le convirtieron en obstáculo; cabe recordar que muchos de estos adultos pagaron con impuestos y, sin duda, con seguros toda su vida la aparatología que mediocremente les ofrecen. Es oportuno mencionar que en 1994 el exministro de Japón hizo un llamado a que la gente adulta se concientice para despedirse de la vida, debido al alto costo de las pensiones y al costo médico.

Si antes no dormía por ponerle atención a la intuición y a las voces inconscientes que se asoman en medio de la noche taciturna para ofrecer sabiduría, hoy es la inquietante y sorprendente aplicación que ofrece la cibernética moderna, imaginar mi capacidad natural como ser vivo, atrapada entre la ciencia con horrible propuesta de control mental, todos con interferencia de artefactos centrados no solo en el control externo, sino también interno (*subcutaneous*), me robaron del todo las pocas horas de ensueño. La tecnología que siempre he defendido por su gran aporte a un bienestar de vida, hoy me trae confundida, igual que a muchas personas que en esta aventura de género humano me han acompañado, perciben un intento de la ciencia por interrumpir el camino espiritual y un fusil directo a la libertad sometiendo nuestros ideales.

A pesar de que nos sentimos asfixiados, creo que tenemos tiempo de reaccionar y por más que nos veamos envueltos en la tecnología, no podemos admitir el juego con ordenadores que atropellen la propiedad de nuestro cuerpo, ni la conquista del cerebro en su totalidad, hay que tener presente que en él se encuentra nuestra voluntad.

La realidad está hecha, hoy hemos podido ver los engreídos magnates de la tecnología aprovechando la innovación para ponerle límite a la existencia. ¿Resulta perturbador?, sí, pero hay que agarrar toda estrategia positiva y encontramos que los sabios a través de la historia, destacando al maestro Jesús, manifestaron que los procesos mentales pueden modificar la realidad y en la actualidad la psicología moderna lo comprueba, entonces es hora de configurar nuestra consciencia en contra del genocidio. La fuerza tendrá resultados positivos si cada uno de nosotros despierta el sentimiento de amor propio y respeto por la vida de nuestra descendencia; uno a uno tenemos que conectar con la compasión y el vehículo está a la disposición de todos, la globalización en la comunicación y el conocimiento.

Pero escepticismo con plena consciencia de que los oportunistas del desorden se cuelan en el mismo vehículo usando las redes sociales con información manipulada, para desestabilizar las consciencias con buena polarización social que alcance todos los extremos en países a punto de estallar.

Espiritualidad en el conflicto

"No hay camino sencillo hacia la libertad en ninguna parte y muchos de nosotros tendremos que pasar a través del valle de la muerte una y otra vez, antes de alcanzar la cima de la montaña de nuestros deseos".

Los científicos nos han llevado a momentos de descubrimientos asombrosos en cada cátedra; sin embargo, la ciencia sigue siendo un misterio que parece sumergirse cada día más en un mar de preguntas y respuestas. El universo parece ser el encanto que fascina en cada viaje que el hombre ha penetrado al espacio, pero a la vez es la caja de Pandora codiciada por las potencias que hoy en día se disputan la soberanía. Como lo es en la medicina, una verdadera muestra de capacidad ilimitada del hombre y la mujer que ha logrado tocar trasfondo en la mente y el cerebro, el órgano más complejo y enigmático del ser humano, que no deja de ser esquivo para los neurólogos en el conocimiento de su función. Los reveladores acontecimientos ponen, año tras año, a prueba el potencial humano; pero seguimos sin entender por qué el resultado es terrorismo, suicidios y guerras civiles, un conflicto entre razas que no da tregua entre la vida natural o vegetal y animal, un mundo de grandes logros donde el hombre usando la ciencia parece menos inteligente en progreso y desarrollo como ser humano en el campo de la comprensión mutua. Aunque hay que reconocer el trabajo de pocos científicos, que han dedicado su vida en la investigación sociopolítica queriendo demostrar que el cosmopolitismo ejerce una fuerza pacificadora. El relato del científico Steven Pinker, entrevistado por Eduard Punset, fue periodista, escritor, político y divulgador científico: Punset: "¿Cuál es tu impresión, está cambiando algo o es que somos lo que éramos antes? Pinker: "La violencia en la vida cotidiana es aceptable especialmente en Occidente, pero se podría decir que en el mundo entero se ha ido reduciendo en muchos aspectos"; el científico menciona como ejemplo de la crueldad humana, la práctica del deporte sanguinario. Pinker escoge como ejemplo:

> Una práctica del siglo xv, una forma típica de entretenimiento público era meter un gato dentro de una hoguera y ver cómo el gato maullaba, y luchaba hasta convertirse en carbón; los reyes, las reinas, la gente llevaban a sus hijos a verlos y se consideraba una forma de entretenimiento, no han desaparecido, todavía existen, como las peleas de gallos, pero ha ido decayendo cada día más. Otro ejemplo sería la pena de muerte, actualmente en la mayoría de los países europeos no existe, solo algunos ante el delito de alta traición; en Estados Unidos existe, aunque la tendencia ha sido decreciente y cada vez menos delitos se castigan con la muerte y en pocos estados. Si leemos el Antiguo Testamento, es horripilante el número de genocidios, crueldades, mutilaciones, torturas, abusos a mujeres, pero no se lee con atención.

Con el estudio de Pinker, quiero que nos demos buen aliento, para continuar mejorando como racionales y empezar a actuar con una mentalidad más compasiva por la vida en general.

Podemos prever amenazas nucleares, cualquier clase de guerra armamentista o biológica.

Yo me pregunto: ¿Y por qué no?, con nuestra voluntad podríamos prever una fuerza evolutiva más poderosa que todos los detonantes que amenazan nuestra vida y libertad. Esa fuerza es una alternativa de nivel trascendental, puede ser el sustituto en esta guerra de nunca acabar, es la única que ha demostrado la capacidad de poderes mentales y prodigiosos logros, se trata del espíritu. Fue desde siglos la poderosa guía que usaron los primitivos en la ciencia de la sabiduría, según los libros de historia, la práctica llegó a líderes que lucharon por el bienestar de la población, defensores de derechos humanos alcanzaron el éxito de sus propuestas. De hecho, filósofos, sabios, algunos científicos han probado la fluidez del conocimiento y la consciencia bajo su guía. Las guías espirituales del momento han comprobado su efectividad a través de milagrosos acontecimientos y los testimonios son incalculables.

Hay que pensar hoy más que nunca en retomar ese campo de energía espiritual, es el único sentido que en la actualidad tiene la sociedad frente a las batallas políticas y dominio.

Si logramos desarrollar esa guía, sería un arma poderosa en el conflicto de la era moderna, porque con el espíritu se derriba la intolerancia entre las culturas que es el mayor enemigo en toda guerra.

Me entra la curiosidad de algunos libros que empiezan con la pregunta: ¿Por qué estamos donde estamos? No escasean las respuestas para sacar versiones sobre la pregunta, algunas apuntando con el dedo para juzgar a otros y quedar libres de propias responsabilidades; otros, sin duda, tienen interesantes respuestas de acuerdo como se han vivido los acontecimientos históricos.

De todos modos, no me atrevo a tirar la primera piedra, pero observando el ritmo de vida de los últimos tiempos, creo que se olvida la sabiduría espiritual porque vivimos dispersos o desapercibidos y por huir de los más fuertes hemos ignorado que somos función de un todo en el universo. Dejamos el remo de nuestra vida en manos de líderes corruptos, aun sabiendo que el riesgo se podía pagar con alto precio, hoy estamos frente a ese alto precio que es defender el valor de la libertad.

Antes que nada, la noche me detuvo para buscar evidencia de la necesidad espiritual en la dirección del mundo y convencer a mis lectores, pero si no creía en voces sobrenaturales aquella noche lo creí. No alcancé a buscar en otro lado convicción alguna, porque resulté atrapada en una especie de magia deslumbrante; la conexión innata a través de mi sexto sentido o la intuición literalmente me llevó al canal de poder mental directo entre el alma y el universo. Como somnolienta, me decía: hoy, el mundo ha entrado en una metamorfosis dolorosa rasgando la cortina del materialismo para entrar en otro campo con sentido por la vida (espiritual). Se empieza, por primera vez, a ver un despertar individual de poderes intuitivos que percibe el entramado de intereses propios que aflora en los líderes del control mundial, empezando por el embrujo fanático que emana de los dirigentes de las iglesias poderosas con el que envuelven a los feligreses y los mantienen somnolientos en un mundo de engaños. Con esto no estoy generalizando; de hecho, hay algunos líderes de mi admiración que han logrado en algunas instituciones despertar el potencial humano.

La espiritualidad ni se práctica ni se conoce en realidad, esa es la razón donde las personas que se empoderan al sentarse en la silla de gobierno en cualquier nación, pierden la noción de hacia dónde van o hacia dónde nos llevan. Nunca ha imperado un sistema de gobierno con seres que refleje una orientación suprema con sentir común de buenos hábitos para beneficio de sus ciudadanos.

Por el contrario, guerra tras guerra, y podemos calcar las famosas palabras del cantante Piero: "Pasa la historia de nuestra nación siglo tras siglos sin solución".

Dado que toda persona es un ser espiritual, este libro insta, también, a que cada uno de nosotros incursione profundamente en el conocimiento de este campo; pero es preciso entender que el espíritu no puede estar ligado a creencias de contenido fanático y tradiciones que seducen con tendencia más dañina a la humanidad, es el miedo, manto fanático de temor con la excusa de no pecar, con el que nos cobijamos para no actuar.

Podríamos concluir, que si el espíritu vive dentro del ser y es fuerza unificadora en el universo, entonces allí no podemos permitir crecer la semilla del miedo y la intimidación. La fuente de radiación espiritual debe manar con fuerza desde la verdad y la honestidad del ser, con la convicción de que se trata de vivir, mas no de vivir menos como es el nuevo plan, incomprensible, porque irónicamente hasta hace muy poco se luchaba por la eterna juventud. Ahora bien, tener más o saber más es la modalidad para integrarse al club de los pocos privilegiados, los miembros que lo integran no saben de luz espiritual, pero se sienten poderosos y con derecho a prolongar la vida. La reinvención del ser humano, en general, hoy se ve reducida y de todos modos se enfoca en el resplandor de la belleza material; aunque dentro de fuertes controversias encontradas, creo que a partir del tercer nuevo milenio se está sumando gente que entra al campo de luz en busca de mucha verdad.

Por tanto, tenemos que continuar con la propuesta de sacar la mejor versión de nosotros para hacer eco en forma masiva con nuestros pensamientos, palabras y acciones, especialmente en el núcleo familiar, el lugar de trabajo, en el entorno social y cultural en que nos movemos.

La idea es que juntos elevemos el nivel espiritual en tiempo de oscuridad, encontrarle relevo a los hábitos malsanos de los gobiernos que nos mantienen contagiados con ira, soberbia, discordia entre culturas, divisiones sociales y de género, provocadas para agrupar grandes masas con poder de odio que aflora del resentimiento de acuerdo con las presiones sociales y traumas en el desarrollo de la personalidad individual.

Hasta aquí han dejado ver con hechos los administradores de la humanidad en la mayor parte del mundo un dominio insustancialmente asombroso, incapaz de satisfacer las necesidades elementales de las sociedades. En términos prácticos, entre las negociaciones modernas de hombres y gobierno, hay un entramado de intereses económicos que se esconde en estos movimientos que provocan y no permiten a sus víctimas ver el atropello al potencial de derechos que tenemos para alcanzar ideales individuales. Dado que estamos acostumbrados a la guerra, al poder por la fuerza, entonces las revueltas parecen ser la solución a los intereses de cada grupo en el nuevo régimen de populismo.

La consciencia plena entre la guerra

Muchos libros hoy sostienen que el hombre ya venció la guerra contra la naturaleza, pero encara otra guerra contra sí mismo; sin embargo, la historia que estamos escribiendo hoy es una descripción de un choque entre las dos. Es verdad que el ser humano tiene el poder de destruirse o curarse a sí mismo y al planeta, pero ese reto también huele a peligro. Para ser exitosos, es necesario ir de la mano de la tecnología, y el problema es que nos han hecho solo esclavos de ella. La perspectiva es que el cinto de la economía ataña la tecnología, pero el presagio al sistema económico es que hay dueños de las finanzas en riqueza de suelos, economía-energía-salud-comunicaciones y hasta riqueza interplanetaria que está lejos de nuestro alcance; es necesario entender por estos tiempos que la tecnología va a galope por encima de la consciencia y una tecnología sin consciencia es "la destrucción de las civilizaciones".

Como consecuencia de este despertar, es el milagro de encontrarnos unidos en el mismo juicio, para darnos cuenta de que el mundo que hoy nos cuestionamos empezó con cada uno de nosotros. La fortuna que amasan los administradores del mundo moderno sacada de las fuentes mencionadas, energía y otras, con las que hoy pretenden condicionar nuestra libertad, está hecha en gran parte con nuestra propia voluntad. Por ejemplo, en nuestra vida cotidiana todos aceptamos el desafío de incursionar en la tecnología de Microsoft, celebramos el ingenio de Bill Gates, sin ningún cuestionamiento, después hicimos lo mismo con el teléfono inteligente, seguidamente deslumbrados con las innovaciones del joven Mark Zuckerberg dueño de Facebook, y así vamos ventilando el apoyo financiero con el que nosotros, los consumidores, les construimos sus monopolios. La pregunta ahora es ¿hasta dónde nos quieren llevar? La respuesta está a la luz de todos: "Hasta donde nuestra consciencia lo permita y hasta donde los dejemos llegar".

El mundo mágico también conspira a nuestro favor, resulta sorprendente, pero hay mucha gente en el presente que pone en tela de juicio los próximos avances tecnológicos, y se percibe un deseo incalculable por rescatar los valores humanos y preservar la libertad. Ahora bien, detrás de este deseo la consciencia se agita a un cambio y tenemos que aprovechar ese torrente de furia colectiva y buscar la vía para emerger en el marco que representa la consciencia para muchos sabios y personas que la experimentan con pensamientos, acción y motivación.

La acción plena, consciencia pura o atención consciente, representa el camino hacia la iluminación guiada por el espíritu. La atención plena es heredada de la tradición budista, ha llegado a la psicología de Occidente para quedarse. Los resultados en control de depresión, ansiedades y diversas confusiones mentales son muy exitosos. La atención plena es también considerada una práctica espiritual, por ser un antídoto contra el engaño y un estado de la consciencia para liberar el odio y la avaricia. Conocida por ser clara comprensión de los pensamientos en el momento, o sea, en el presente, un estado consciente de la realidad que empodera el pensamiento. Por consiguiente, podemos ver un poderoso antídoto a la guerra, es decir, a la asociación de la confusión y la discordia, la plena consciencia resulta un buen control para emociones crueles y destructivas.

La práctica de ella es compatible con el análisis que resulta del surgimiento de la sabiduría. Los artefactos bélicos que se usan en la guerra y tan fascinantes para el heroísmo pueden resultar ser espantosos en la serenidad del pensamiento y, por consiguiente, rechazados. En un enfrentamiento incierto donde nos amenazan varios factores, la posibilidad de que las armas nucleares terminen empleándose en una tercera guerra mundial no es nada descartable; de hecho, en este tiempo, el presidente estadounidense sorprende al mundo entero evitando los conflictos bélicos con bombas nucleares y misiles en un tiempo de tensión. La humanidad se venía preparando ante una nueva perspectiva catastrófica global y no sabíamos cómo, pero por andar desapercibidos no nos preparamos mentalmente para organizarnos en forma colectiva. Desde el final de la última guerra mundial hasta el presente, la humanidad no deja de enfrentar conflictos violentos alrededor del mundo; sin embargo, de varios autores, analistas incluyéndome, tentativamente nos pareció creíble que las potencias dominantes parecían estar conscientes que de una tercera guerra mundial nadie se escaparía, ni de las crueles consecuencias, pero, de acuerdo con la guerra biológica que se desató con la pandemia, hemos cambiado la idea de creer en la cautela de las naciones por la percepción de vernos aún más amenazados con la guerra nuclear.

De la combinación de libros y de las ideas encontradas sobre la posibilidad de la temida tercera guerra mundial, me atrapó la influencia de plantear el tema de la plena consciencia como arma en conflictos de política. Por ejemplo, Steven Pinker, profesor de psicología en la Universidad de Harvard, teórico, investigador, escritor, comunicador y científico, mi gran inspirador, en su libro *Los ángeles que llevamos dentro*, me ha motivado a pensar en su idea de que la empatía, el autocontrol y la moralidad sobrepasa a la violencia y supera el sadismo. El argumento de Pinker lo comparo con ideas de Goleman, "los seres humanos tenemos la oportunidad de mejorar nuestra capacidad de manejar nuestros impulsos y emociones, de motivarnos para estar más despiertos socialmente", me emocionó saber que soy experimento en el control de emociones y que sí funciona.

Pero, hay otro lado en la opinión de Pinker, lucha por probar con buenas estadísticas la poca posibilidad de una próxima guerra nuclear debido a un proceso más *civilizado* en el desarrollo entre potencias y "confianza internacional". Sin embargo, me parece interesante considerar el tiempo en que Pinker sacó su conclusión. De acuerdo con la nueva psicología de sentido común, el lector puede sacar sus propias conclusiones. A mí, considerando los cambios drásticos y atropellos a nuestra libertad, me pone en desacuerdo con este último argumento, ya que la confianza en cualquier progreso de la humanidad en beneficio o intereses de todos, desde hace mucho tiempo atrás se convirtió en un mar de incertidumbre. Hoy sí es fácil aplicar el sentido común viendo la confianza pasearse entre el poder adquisitivo y los gobiernos jugando con la vida, para construir un paraíso para ellos, con amplio gremio de esclavos a sus servicios.

Por consiguiente, quedémonos en el afán de búsqueda para conservar la libertad mental, levantar la ética y la moral en la misma dirección del primer argumento de Pinker.

El mundo de hoy reclama la acción plena, la integración de gente con consciencia, pero habitualmente la mayor parte de las personas que la practican creen que vivir plenamente es evadir responsabilidades con la sociedad y se encierran en su mundo de paz interior.

Hace falta salir de la búsqueda espiritual tradicional de recogimiento a solas y de observación sin acción, son siglos en evolución, es necesario exteriorizar esa sabiduría que origina el espíritu con consciencia pura y ponerla en práctica en todos los instantes de la existencia como cualquier hábito hacia la empatía. Con esto no estoy diciendo que no se retire a solas para conectarse con su ser superior, no, esa es precisamente la enseñanza que nos dejaron los grandes sabios que se retiraban a las montañas o lugares tranquilos para alcanzar sabiduría, esa sabiduría es la que hay que sacar y ponerla a la luz y materializarla.

Lo que los políticos no conocen y no practican por su bajo nivel de consciencia sostenible con acciones de avaricia y artimañas para engañar al mundo, nosotros podríamos con un alto nivel de consciencia plena alcanzar el despertar de principios espirituales, por lo menos para defender los valores. Cuanto más nos comprometemos día a día a cumplir con este proyecto de atención consciente o acción plena, se construye la torre de valor espiritual indestructible que cambiaría la idea de un Gobierno totalitario y globalizado e invencible y eterno.

9.

Las tensiones políticas despiertan la necesidad de saber dónde estamos

En medio del remolino que avanza rápidamente con sucesos que parecen girar vertiginosamente entre conjeturas que arrasan los intereses políticos, es necesario ver, aunque sea desde fuera, la fuerza del viento que a todos nos sacude.

Empecemos con el león dormido que aparece con nueva figura bailando al mismo ritmo entre las otras potencias que desconocían su paso. Partiendo de las tensiones que cada día crecen más entre Estados Unidos y China que ruge ahora como león recién despierto, hoy leemos en los diferentes anuncios publicados, como "Inicio de la administración Trump". Para entender las contradicciones internacionales y poder acercarse a especular junto a la ardiente hoguera que lleva tiempo inquietando a los políticos, habría que preguntarse sobre los riesgos y probables ambiciones del dragón que se levanta después de solo tres décadas. Los resultados últimos de su potencial en desarrollo de última generación en tecnología, provoca dudas en las jerarquías de gobiernos internacionales y gracias a la intervención de expertos especializados en relaciones exteriores, se pueden prevenir efectos más dañinos que los que hasta hoy ha causado esta guerra comercial de tecnología de punta, dando un giro a la nueva relación triangular: Estados Unidos, China y América Latina.

China

Entre el auge y el declive de una historia marcada por dinastías que muchos consideran discretas y virtuosas, mientras que otros juzgan un pueblo peligroso y cruel desde su inicio, el curso de su impresionante nacionalismo artificial de dinastías heroicas, débiles y corruptas, cesó en 1912, en la actual ciudad de Wuhan, con la rebelión contra la dinastía Qing, que derrocó al último emperador Qing, Puyi. Desde entonces, China entra a la era moderna: República de China (1912-1949), pero para entender el desarrollo del gigante asiático hay que adentrar a la fascinante historia que nos lleva a los confines del inmenso imperio de donde nace una de las civilizaciones más antiguas del mundo, unificada naturalmente a pesar de su vasta tierra y diversidad sociocultural, ambiental, económica y religiosa.

Adentrándonos en el presente, para lograr la mejor exposición posible sobre los últimos acontecimientos que acelera el curso de la historia, dado a la evolución de la ciencia y la tecnología en el desarrollo de la generación del 1G, 2G, 3G, 4G y el 5G que pone en jaque a dos potencias que se enfrentan por el dominio de esta revolución de poder económico y político, consultemos entonces a partir de hechos relevantes como el desafío de salud, dilemas éticos, pero sobre todo, al discernimiento como seres humanos para saber dónde estamos y hasta qué profundidad queremos llegar arrastrados por la marea de intereses políticos.

A juicio de esta cultura, lo más impresionante es ver la capacidad de expandirse o desplazarse en todo el mundo como guerreros silenciosos, invencibles y errantes que salieron de entre guerra y guerra, ya fortalecidos para encarar al mundo escapando del eterno comunismo. Pero demos un vistazo a algunas realidades del gigante ambulante, desde 1949, Taiwán: República de China y República Popular China, son dos países que hasta el presente se disputan el legado de la civilización milenaria. Mientras Taiwán evoluciona independiente y sostiene su *status quo*, con soporte extranjero, la República Popular China en su vasto territorio tejía con ingenio la vasta telaraña con prácticas de réplicas y copias de países ingenuos extranjeros, con ideas de aliados poderosos silenciosos en el exterior y gente de su propia raza esparcidos y unos pocos preparándose en estudios, ingenierías, física, sistemas, se hacen aptos en diferentes doctorados en todo rincón del mundo, fieles a su raza se regresan a su compacto y complejo ambiente de terruño propio atraídos por la misma porosa telaraña con su inteligencia camuflada. Un buen ejemplo, el magnate Jack Ma que se inspiró en estrategias de la primera potencia mundial, Estados Unidos, hoy dueño de Alibaba, una plataforma de comercio electrónico, en alianza con empresas chinas e internacionales con gran demanda de inventario y fabricantes, en estrategia refleja un modelo de cachorro del gigante Amazon, hoy le da la mano al mandatario Xi Jinping.

Pero a diferencia del pasado y avanzando en la historia se crea un nuevo orden económico que ha venido superando las crisis en la conocida población masiva y pobre del gigante asiático. Desde 1978, se adelantan esfuerzos, asegurando un crecimiento de poder a nivel mundial después de la muerte de Mao en 1976.

Entre 1978-1984, empieza el dragón a despertar, con estrategias de empoderamiento sin límites, pero con plena consciencia de sortear todo obstáculo entre dos grandes desafíos: la eliminación del sistema maoísta-marxista que mantenía la controversia, construyendo paulatinamente un sistema de mercado libre desde una economía rural planificada. Con el concepto claro de que la reina se lleva la corona en medio de la competencia; por tanto, era de importancia empezar por crear un ámbito de incumbencia y después abrir la puerta a la privatización, con la mira puesta en los campesinos, la pista perfecta para calentar motores y tomar impulso. Con este plan tomaron manos a la obra: prioridad, descolectivizar los agricultores, "con un plan familiar responsable", se otorgó a cada familia una extensión de tierra para su uso bruto, con una cuota para el Estado, y después de pagar la cuota el excedente era para uso del campesino; al mismo tiempo, se implantaron reformas agrarias, registro civil y la estimulación al campesino con su libre albedrío de movilizarse a trabajar en las ciudades o quedarse en el campo, el resultado fue un éxito con un auge de productividad arrasador.

Entre 1984 y 1993, la creatividad sale a flor de piel en las provincias con derecho adquirido a formar sus propias fórmulas de crecimiento en la economía, un derecho que no da el sistema comunista, se descentraliza el control estatal.

De 1993 a 2015, es cuando viene bien la privatización de empresas estatales, la industria petrolera y banca, así va quedando atrás el debilitado sistema maoísta. En este mismo periodo, en 1997, perece el padre de las reformas, pero la semilla de la prosperidad en tierra firme ya estaba fuerte y con buenos frutos, después de sacar de la pobreza a más de 740 millones de personas, de acuerdo con el análisis de su programa "reforma y apertura". Sin embargo, el nuevo sucesor era, sin duda, la clave en la continuación de este enorme crecimiento económico. Entre 1989-2003, el declive de la salud de Deng Xiaoping debido al párkinson que padeció, permitió a Jiang Zemin tomar el poder en 1993 (cargo que había estado vacante durante varios años) hasta su relevo por Hu Jintao; un relevo lleno de misterios y confusión según la historia en cuanto a la posición de poder efectivo.

El caso es que el éxito siguió creciendo en la mente de Jiang Zemin con la visión de su antecesor de exterminar la pobreza: "Que toda su gente prosperara con el fin de formar una China más fuerte". En 1992, cuando Bárbara Walters, refiriéndose a Deng, pregunta a Jiang Zemin: ¿Qué fue del hombre del tanque de Tiananmén?, Jiang contestó: "Creo que nunca se le mató".

No obstante, la respuesta la confirmó en la continuación de su ideología viva en las reformas y transformación de una nueva China. La tecnología de alta gama rompió las expectativas en el modelo diseñado en el sueño de conquistar el mundo.

La interconexión (redes, tecnología y estrategia de información y comunicación) favorece su ambición y conocimiento de producción masiva con mano de obra barata, navegando en el ciberespacio-Internet donde empieza el desafío entre potencias. En 2001, a paso de gigante entra en la Organización Mundial de Comercio (OMC) y casi en un abrir y cerrar de ojos se posesiona con gran velocidad con Huawei el modelo del gigante asiático, que ya venía dejándose ver desde 1996 con productos de telefonía, asesorada desde 1998-2003 nada más y nada menos que por IBM. Ahora, la empresa multinacional Huawei, privada de alta tecnología especializada en investigación y desarrollo (I+D), producción de mercadeo electrónico y comunicaciones, se posesiona en la misma categoría tecnológica de alcance norteamericana.

El revuelo financiero en la baja de inflación, la baja en tarifas ferroviarias, aduanas, logró despertar el apetito del comercio extranjero para explorar en el mercado del dragón como nuevo anfitrión, mientras los chinos sin pestañear comercializaban sus productos en aproximadamente 150 naciones alrededor del mundo. El modelo continúa hoy en manos del líder Xi Jinping visionario y con objetivo bien centrado en el mismo carril de tres largas décadas recorridas en busca de una "sociedad más justa y equitativa", lo expresa el propio presidente al ser entrevistado.

El amplio ejemplo en calidad de vida con avances tecnológicos en el mundo, mencionado en los primeros cinco capítulos de este libro, se refleja hoy aquí en el desplazamiento de campesinos chinos a diferentes actividades; andando el tiempo, se acelera una profunda capacitación en el uso de nuevas maquinarias que reemplazaron labores marginales en el campo. En este momento, la nación asiática está en los primeros lugares como productor agrícola, después de Estados Unidos; China es el país que más invierte en biotecnología verde. El desarrollo rural en los campos agrícolas de China sigue siendo columna firme para la economía nacional. En consecuencia, la infraestructura, las carreteras, la electricidad, obras públicas, demandan necesidad enorme en el sector de educación y seguridad social, lo han expresado los analistas en la actualidad.

De todos modos, lo que aquí percibimos como ejemplo de potencia en desarrollo, no esconde la reputación de astucia y la desconfianza que demuestra la cara china en el mundo moderno. El dragón se deja ver en el 2012, cuando Huawei fue acusada de espionaje a favor del Gobierno de China, por varios países desarrollados y, por consiguiente, vetada como contratista del Gobierno de Australia, Canadá e investigada por sospechas en prácticas ilegales en la Unión Europea en el 2013; en el 2000, Estados Unidos denuncia que Huawei instaló un sistema de telecomunicaciones en Irak, y como si fuera poco, en el 2003, la empresa mundial Cisco System también la demanda por haber copiado ilegalmente y apropiarse indebidamente del software IOS de Cisco. Por tanto, las dos Chinas que no dejaban de ser más que simples chinos con sistemas diferentes, siguen siendo todos chinos sin perder la visión de conquistar el mundo. A pesar de una mezcla de perfiles, la República Popular China continúa con audacia y fuerza en la conquista de primera potencia mundial, económica, tecnológica, militar, y el afán de contaminar al mundo con su poder totalitario.

Ante la posición de Taiwán y los chinos con inquieta crisis de identidad, también sorprende al mundo con cambios drásticos internos y de relaciones exteriores. Las cosas dieron nuevo giro en julio de 2009, cuando los líderes Xi Jinping y Tsai Ing-Wen de Taiwán por primera vez, después de 60 años, rompen el silencio y se entrevistan al parecer sin ningún acuerdo en la rendición de Taiwán ante la China Popular, como se puede percibir que han sido los deseos de Xi Jinping, sí se dio por supuesto la disponibilidad de la evolución política en los rivales para poder avanzar en las decisiones.

A pesar de que en 1971 la ONU reconoció al Gobierno comunista chino como única autoridad de China, de los 193 miembros de la ONU, veinte todavía reconocen oficialmente al Gobierno de Taipéi independiente.

Queda claro que la turbulencia entre el gigante y el archipiélago taiwanés se sigue acrecentando con el tiempo a pesar de que se logró romper el hielo, e internacionalmente la actitud de las jerarquías se tensiona aún más con la desconfianza que se percibe en el desarrollo tecnológico de la China y en la relación de Estados Unidos y Taiwán. En todo caso, no queda fácil anticipar los resultados en un conflicto del pasado que apenas hoy vuelve a brotar con nuevos aliados. Los individuos de a pie debemos tener en cuenta que todo este conflicto de naciones y potencias consiste en las presuposiciones de épocas anteriores, que hoy con la nueva evolución política y disponibilidad de tecnología avanzada nos pone en la tarea de desarrollar el instinto de autodefensa en el área de conocimiento, para tener noción de la intención que se halla en curso del desarrollo no solo político, sino también con el ser humano.

Constatamos luego que, al gigante asiático en manos de Xi Jinping, se le ha ido cayendo el antifaz que ha sostenido todo el tiempo ganando terreno para enfrentarse a su contrincante americano, dado que sus acciones confusas y predictivas en la guerra de salud que enfrentamos hoy deja más preguntas para hacerle, que respuestas para entender. Así que, si optamos por hechos más recientes dentro de las agitadas aguas en que estamos, no vamos a palpar un tsunami sino la realidad de dos potencias en guerra estimadas por expertos basados en épocas anteriores a las que ya no tenemos que ir a profundizar para espabilar y darnos cuenta del mundo que nos rodea, ya que la agilidad mental se hace presente por instinto natural debido a las actuales circunstancias.

Ayer, mientras sostenía una buena conversación sobre opiniones de la cultura china, con Eduardo Franco, un editor de vasto conocimiento con más de 16 años en diversidad de lecturas, me sorprendió con una pregunta llena de sabiduría:

> ¿Por qué será que ellos a pesar de ser una civilización tan inteligente son ensimismados como si callaran algo que nadie entiende y forman sociedades fuera de su país, pero casi impenetrable, tan sólidas y radicales como concretas, y en la actualidad estoy viendo que China no es la región del mundo que nos ha hecho creer en sus adelantos con disciplina, sino que se deja ver ahora con artimañas muy complejas?

Eduardo me dejó lela con la pregunta, similar a los argumentos con los que empiezo este tema, y sirvió para que yo hiciera otras conjeturas entre esta nueva guerra tecnológica; por ejemplo, si la gente al rededor del mundo ve con propios ojos a una cultura de gente misteriosa, salida de un régimen comunista que dejó grandes heridas de resentimiento por el entramado de mentiras que favorecía a los políticos de arriba, y la mayoría de los chinos se ven todavía inmigrando en masas para trabajarle a los más fuertes de su raza, en negocios de Chinatown construido en tierra ajena y conocido en todo el mundo, adicionando la nueva imagen de China que tuvo que abandonar el régimen comunista para salir de la miseria y la pobreza en que vivía, entonces, ¿por qué será que la gente de nuestra cultura no rechaza el comunismo y, como siempre, la gente sigue en masas inclinadas vanagloriando y apoyando las ideas de revolucionarios en busca de comunistas?

Tras encontrarme con una variedad de preguntas inconclusas, yo decidí avanzar en conclusiones propias, la verdadera amenaza más allá de la tecnología; me puso en jaque frente a la realidad pero siempre con duda, de que el comunismo y el capitalismo es la seria influencia en el conflicto.

Pese a que la guerra se enfrenta entre la tecnología, nos hace verla como elemento principal, pero analizando desde atrás dos partidos con visiones extremadamente opuestas: comunismo y capitalismo. Me estremece pensar en una China logrando su propósito de expandir un sistema tal vez con influencia comunista-marxista, pero que podría ser aún más represivo, porque para mí, de acuerdo con el recorrido de mi investigación, la transformación de tantas fases en la cultura china en dirección política, ha ido perdiendo el sentido de régimen que pretende implementar, ya no los percibo ni comunistas, ni del todo socialistas; pero tampoco con sentido en dirección a democracia, me parecen simplemente chinos, más bien me huele a dictadura con secretos y adelantos tecnológicos manejada por un hombre que está perdiendo los estribos por el objetivo de convertirse en amo y dueño del poder mundial.

En un mundo donde la sociedad es de forma dañina, manipulada intencionalmente, amenazados por serias consecuencias de enfrentamientos políticos entre líderes, la única forma de defendernos todos es sacando a la luz verdades para alertar y prepararnos con responsabilidades individuales. Por ejemplo, entre varias opiniones de expertos y documentales donde se ventilan realidades que no conocemos en ciertos modelos políticos, como es el caso de tres décadas en el desarrollo acelerado de la República Popular China, con frecuencia escuchamos críticos del actual régimen de Xi Jinping: "Por la opresión de los derechos humanos y la cohibición cada vez más de las libertades de la población mientras el mandatario acumula más poder".

Hoy es raro que las naciones puedan cerrar el abanico que ventila sin parar el polvo que apesta mientras se sacuden hechos sorprendentes. Los cinco sentidos del turista, los medios de comunicación y amistades son testimonios incontrolables que despiertan el sentido común en las distintas regiones del planeta. No obstante, otro factor que hoy se enlaza con más fuerza en la política es, sin duda, la situación en el campo de salud pública del vasto país asiático, siempre ha mantenido dudas en las condiciones en que se conservan o se mantienen las 54 especies aprobadas en China para su gastronomía de la cual se enorgullece.

Tampoco es extraño las condiciones desfavorables que hoy se publican de los mercados en Wuhan, donde se dice que se originó el virus N-covid-19, es una situación de épocas anteriores. De hecho, a quienes he tenido la oportunidad de entrevistar, en todos se percibe una impresión negativa de los mercados que visitaron en Wuhan, incluyendo personas nativas.

Nunca imaginé que después de unos meses antes de la crisis de salud mundial lograra tener este estupendo reporte de un maestro en turismo, justo antes de publicar este proyecto; era enero, un día muy frío y gris, en el atardecer de los que no dan deseos de salir de casa, Leo, un buen amigo recién llegado de Wuhan, me llamó para pedirme un dato y empezó hablando de la China, se me ocurrió preguntarle si le interesaría dejar su experiencia plasmada aquí. Él ni lo pensó, inmediatamente respondió que sí, en el acto lo invite a un café sin planearlo, fue un salto inesperado y uno de los que más recuerdo en el desenlace de este libro. El mismo Leo dijo: "Sí, vengase a la Madeleine", para mí era como si fuera a cubrir la noticia más importante para el mejor medio, algo así, pues ya se estaba hablando en las noticias de la ciudad de Wuhan, así que en minutos llegué al lugar y lo encontré justo sentado al frente de la chimenea en el lugar perfecto para mí en ese café, dispuesto a contarlo todo. Preparé mi café para compartir con él, desde el principio de la conversación me alegró su vivencia. Me dijo que después de visitar uno de los mercados en Wuhan, se le complicó un poco la alimentación para continuar en el *tour* porque se le quitó el apetito.

Connie, ver la gente tranquilamente tomando sangre caliente recién sacada de animales o de bichos, impresiona, caldo de murciélago, comiendo intestinos combinados de raras especies, se me hace un nudo en el estómago hasta para contarte; pues, me atrajo la curiosidad de una calle que a lo lejos se veía una variedad de colores, cuando me fui acercando pude ver que eran sombrillas verdes, amarillas, anaranjadas, rojas, ya de cerca y mezclado entre la gente, vi que estaban sostenidas a mesas de tablas metálicas con ruedas, a contenedores plásticos transparentes, otros de colores y algunos metálicos provistos de llantas para facilitar el movimiento, imagínate como las canecas de basura y los acuarios grandes, medianos y pequeños; también hay mesas sin ruedas de mosaico blanco y firmes pegadas al concreto, estos son los recipientes que se usan en lugares de China para echar las distintas especies de la cocina asiática mientras se preparan o se venden; en varias mesas me tocó ver todo el cuerpo de las ratas despresado, en exhibición para que el consumidor escoja la parte que desea que le fríen, cocodrilos, cachorros de lobos, cerdos salvajes, tortugas, culebras, seguidamente en otra sección toda clase de insectos, saltamontes, cigarras, cucarachas, no me detuve mucho en cada puesto porque el olor pestilente me aceleraba el paso; sin embargo, la curiosidad me dirigía junto a los demás turistas, hasta que me vi en otra calle, allí me encontré con roedores de todo tipo en jaulas para la venta o para preparar allí. Otra gran impresión, Connie, es ver esos sapos y ranas vivos por montones en esos contenedores plásticos cubiertos con mayas sucias ensangrentadas o, imagínatelos, metidos en una red de una canasta de baloncesto bien sucia. Esa variedad inmensa de animales silvestres desconocidos y toda especie se encuentran en un ambiente de insalubridad alarmante, que uno se hace mil preguntas en segundos.

Leo y yo, mientras iba relatando la experiencia, sacábamos conjeturas y nos preguntábamos cómo era posible que las autoridades de salud no asomen por esos lugares, brincábamos de una pregunta a otra, entre las cuales: ¿Y la gente china por qué se ve tan sana?

Sin duda, la respuesta que cavilaba de su aventura Leo, es evidente:

Connie, no vivimos allá, no sabemos cuál será la realidad, porque el consumo de estos animales silvestres indiscriminadamente comercializados puede implicar un contagio de microrganismos de animales a humanos, por mutación o transformación de infecciones desarrolladas en los animales que son una amenaza para la salud humana; esto, de todos modos, es un riesgo sanitario sin precedentes y nosotros no nos damos cuenta.

Permanecí al margen de la conversación por un momento, preguntándome cómo será el tráfico mundial de estas especies silvestres, pero no me contuve y le pregunté cuál era su opinión al respecto. Me sentí ante Leo ingenua y poco informada por la seriedad y el gesto obvio que me hizo momento antes de responder:

¡Connie! No puede ser ajeno para nadie, el tráfico mundial de especies silvestres que hoy se hace presente, igual que cualquier mafia de estupefacientes, como en su país Colombia, negociadas con intereses personales entre la corrupción de gobiernos desapercibidos o implicados en el asunto, a mí, por mi parte, me deja mucho qué pensar la incapacidad sobre el control en el flujo de contrabando en especies animales. Lo peor, Connie, es que a mí no me vuelvan a ofrecer ningún *fried rice* o Chow Mien. No sabemos si ellos aquí en América también aprecian las ratas.

Lo vi tan decepcionado de la gastronomía china que no sé, si se le pasará el trauma, lo cierto es que ahí terminó el encuentro con Leo.

Sin duda, los libros también tienen sus pausas y esta pongo a considerar, por más que nos gusta la comida fresca, el ceviche o los que se deleitan comiendo vísceras, dada las condiciones descritas, da para pensarlo dos veces.

Después de la censura, volvamos a las preocupaciones de este tiempo con las inquebrantables posturas de política estadounidense frente a su contrincante China. Como es el caso de Taiwán, desde 1979 las dos potencias rompieron relaciones formales y ningún funcionario en campaña presidencial o ya electo se ponía en contacto con un mandatario de Taiwán. Sin embargo, una mujer que no deja en duda la buena reputación

que tenemos las mujeres en momentos decisivos rompió el protocolo. Tsai Ing-Wen, mandataria de Taiwán, sorprendió al mundo llamando al presidente electo Trump, para felicitarlo por su conquista a la Casa Blanca en noviembre de 2016, el mismo año que ella tomó su mandato en enero. Importante paso diplomático que amplía la historia en el rumbo de nuevas relaciones. La llamada se convirtió en controversia entre el gigante asiático y Estados Unidos que mantiene las asperezas suficientes en el ámbito de tensión. El ministro de Relaciones Exteriores chino, Wang Yii, reaccionó en reclamo formal a Washington, por la conversación entre los mandatarios de Taiwán y USA. La posición del mandatario estadounidense, como era de esperarse, fue concreta y apareció en los periódicos y en todo medio informativo dando vuelta al mundo, como siempre directo, dijo que, si Pekín no hacía concesiones en comercio y otras cuestiones, no veía para qué la política debía continuar y dejó la opción abierta de establecer relaciones formales con Taiwán. Pero, en febrero de 2017, las negociaciones continuaron y parecía que el acuerdo se sostenía en honrar la política de una "China unificada" por parte de Trump. Sin embargo, los buenos politólogos y analistas imparciales no dejan de sorprenderme, fueron varios los que no creyeron en estos coqueteos. Se dijo que "la falta de detalles sobre el encuentro de los mandatarios era evidencia de cuán difícil es para Washington y Pekín resolver los grandes escollos de su relación". Entre muchos vimos con optimismo las conversaciones; pero, efectivamente, de entre coqueteo y coqueteo, el 29 de mayo del 2020, la BBC News Mundo anuncia, en primera página, confirmando la sospecha: "Como si fueran una pareja mal avenida forzada a guardar cuarentena en un mismo lugar, las tensiones entre Estados Unidos y China se han exacerbado notablemente en medio de la pandemia del coronavirus". Y como amante de la buena música en lugar de mencionar la temida plaga recordé una canción de mi infancia, aproveché para distraerme un poco y la busqué en YouTube, y así fue, como en romance podemos relacionar las ilusiones políticas, como le canta Aníbal Velásquez a los enamorados:

Las promesas que me hiciste el viento se las llevó.
Y en la bruma como espuma nuestro amor se disolvió.
Sal y agua nuestro idilio se volvió.

El factor que no permite fortalecer el idilio en nuevas negociaciones es predecible. En gran parte, los conflictos de estas dos potencias están estrechamente relacionados con los esfuerzos de cada Gobierno y la visión individual hacia el futuro. Por ejemplo, si usted y yo analizamos con sentido común el panorama entre la guerra comercial de las dos naciones, China con visión a desplazar a Estados Unidos como primera potencia, ya con fecha establecida para posesionarse como primer líder mundial en el 2030, y su contrincante estadounidense se niega a perder su poderío, ahora más que nunca defiende su legado de primera potencia mundial, es ilógico pensar que van a tener flexibilidades en las negociaciones.

Así, también para contar con toda clase de opinión y saber dónde estamos, se percibe un dragón, tomando medidas en medio de la crisis, para avanzar con prisa la innovación del 5G con la empresa Huawei. Las predicciones del politólogo Alejandro Godoy son también muy obvias, una China en desarrollo incontrolable con grandes desafíos para el 2025, en nuevos sectores de robótica, industrialización de servicios médicos y la nueva ruta de la ceda que terminaría en el 2049, cerrando la celebración de los primeros 100 años de la República Popular China. Sumando el enfoque por la necesidad de un acercamiento a Hong Kong, "de su lado que lo quiere a sangre y fuego, y, por otro lado, también la cuestión que está en juego Taiwán".

Pero habría que ver después de esta pandemia en qué para la desconfianza y el repudio hacia la China; muchos han abierto los oídos, los ojos y la mente a las acciones calculadas y poco claras en los avances que ha logrado China con su taimado actuar, que gracias a la sabia experiencia y previsión de muchos analistas la han calificado de creer que el mundo entero está carente de inteligencia. Por ejemplo, una buena parte de críticos ven el proyecto de la nueva Ruta de la Seda como una estrategia de partida doble, en las inversiones o préstamos a los países que se han acogido, muchos de ellos ya se deben a China; hoy, China figura liderando la lista de países con mayor cantidad de dinero en préstamo. Con sentido común, se ve mover muy bien las fichas del ajedrez, sacando partida en el campo de poder adquisitivo del gigante asiático, preparado con paciencia para este tiempo crucial de cambios con la repartición del poder mundial.

Por otro lado, Trump sigue alertando a sus aliados del peligro que se percibe con la tecnología China para la seguridad nacional y una oportunidad para el espionaje. Pero no solo es esperar salir de esta crisis, sino también el resultado de las elecciones presidenciales del 3 de noviembre, donde, sin duda, no solo en el Viejo Continente, sino también en el mundo entero se alinearán o se desalinearán muchas relaciones con Estados Unidos para enfrentar al gigante asiático.

Estados Unidos

¿Quién no conoce USA o quién no ha escuchado sobre este país soberano, o de los cincuenta estados en Norteamérica? Por tanto, no veo relevante sacar en este proyecto la historia de Norteamérica, considerando también que la segunda parte de esta obra no se ocupa solo de historia. Sin embargo, la rapidez en el asombroso cambio que se ha producido en el tiempo de pandemia, me seduce a dar un vistazo y compartir un segmento del mundo en desarrollo.

Estados Unidos versus China

América primero (American first)

En comparación con lo que fue mi llegada en 1985 a la primera potencia, me dio nuevas alas y un plumaje de ideas que brillaban para lanzarme a la aventura a otros lugares del mundo, comparado con un abanico de oportunidades que se abría sin temores.

Hoy como si fuera fantasía aquellos años, con nostalgia veo cerrando el paso de tres décadas de ensueño. Queda claro, por tanto, que la China inmiscuida actuando como gran potencia ha salido al mundo con su tecnología de punta, llevándose por los cachos a cualquier toro distraído. Empieza la fuerte turbulencia y Rusia un poco distraída en avances tecnológicos, se aferra a su cúpula jerárquica para fortalecer su imperio militar. Mientras los espectadores podemos percibir la fuerza del presidente Putin con afán en la competencia geopolítica al halo de su historia, ahora más afianzado a sus fuerzas enfilando las costillas para incrementarse en el campo de la energía nuclear y cuántica.

Estados Unidos enfrenta las tensiones más severas, no solo la rivalidad con China en alto riesgo, sino también en medio de la crisis de salud más desafiante de la historia, con más de medio mundo atizando con escándalos y preocupaciones la decisión de Trump nacionalizando su política de gobierno; y con la frase *American first* o primero América, lanzó un duro golpe a los ideólogos globalistas, la reacción causa un revuelo entre naciones que sacudió como un tsunami inadvertido. No solo frenó la velocidad en las ínfulas de aires de grandeza que traía la ONU, con el empoderamiento de alas nuevas que le otorgó el expresidente Barack Obama para que volara alto con su plan globalista, sino también la protección económica que mantenía para sus aliados y socios se redujo drásticamente, por centrar su interés en recuperar el mercado interno de los estadounidenses. A la vaca lechera, como se dice en mi país Colombia, se le asoma la ubre un poco seca y se queda más de uno sin la leche que los abastecía con esfuerzo como potencia unipolar. Europa es buen ejemplo, ya que desde final de la segunda guerra mundial se alimenta de esta vaca lechera. Pero, como si fuera poco, Donald Trump venía investigando el papel mediático de la Organización Mundial de la Salud (OMS) en promover sus intereses en complicidad con China. El mandatario estadounidense exige transparencia, otro golpe que sin duda reiteró la desconfianza con las irregularidades en las acciones de la organización (OMS), sumándose a la lista de países en protesta, Alemania, Reino Unido, Australia y países africanos, que se manifestaron también en contra de las violaciones de derechos humanos con pruebas contundentes. Por ejemplo, el escandaloso caso en Kenia que dio la vuelta al mundo, cuando el Ministerio de Salud de Kenia manifestó que la campaña contra el tétano promovida y patrocinada por la OMS y Unicef, provoca esterilidad; poco después, el Gobierno de Kenia se pronuncia anunciando que esto fue un error y que las vacunas eran seguras. Sin embargo, no se cerró la investigación que dio pie para que en medio de la polémica se uniera la asociación de médicos a la Conferencia Episcopal de Kenia y siguieron indagando, hasta dar con resultado en pruebas de que la vacuna contra el tétano contenía la hormona beta-hCG (gonadotropina coriónica humana), que se conoce como abortiva y esterilizante.

La deshonestidad de estas grandes organizaciones y el Gobierno de Kenia, es de inmediato reprochable como un engaño a los 42 millones de kenianos. Los médicos y el Episcopado se manifestaron de inmediato a la población: "Hacemos llamamiento a los kenianos para que rechacen la campaña masiva de vacuna contra el tétano al estar ligada con la hormona hCG y estar convencidos que es un programa control de la población disfrazado".

Seguidamente, mucho tiempo después pudimos leer el informe perfectamente documentado. El 22 de febrero de 2015, en plena conferencia, la Iglesia católica y el Ministerio de Salud de Kenia, califican a la OMS y Unicef, como falta de moral y ética, no solo por imponer la vacuna, sino también repartirla gratis a las mujeres en edad más fértil para causar abortos y esterilización; la Iglesia católica sin más preámbulos, pide a la OMS y a la Unicef, que se disculpen con las niñas y mujeres que dejaron estériles al aplicarles intencionalmente la vacuna. Los relatos descritos me dan una idea justa, de sentir que pude ser yo víctima de esterilización inconsciente, por algunos personajes que vienen desarrollando el plan de despoblación mundial a través de vacunas o de otras estrategias desconocidas, desde mucho antes de que mi madre diera a luz. Es que se me hace inexplicable que en el hogar donde nací, nacía un hijo cada año dando como prueba de buena fertilidad cuatro hermanos y cuatro hermanas, e indagando en mis ancestros, ni la ciencia encuentra lógico que yo no pude dejar la prolongación de mi herencia genética para el futuro por esterilidad.

Nadie puede ser testigo de las verdaderas intenciones con la que se fundó esta organización el 7 de abril de 1948, porque no había tecnología global para seguirle los pasos. De modo que nos acostumbraron a celebrar con *orgullo* el día de la OMS cada año.

Ahora, que Estados Unidos suspende su financiación a la OMS, el presidente estadounidense anunció que los 450 millones de ayuda anual, serán utilizados para fines estrictamente relacionados con la salud a nivel global. Para muchos igual que para mí el cumpleaños de la OMS en los Estados Unidos es un periódico de ayer.

Sin embargo, uno de los asuntos que no podemos olvidar para entender las justificadas razones de las protestas de países y del presidente Donald Trump para privar a la organización de su ayuda financiera: "¿Cómo es posible que China no dejara a la gente salir de Wuhan para ir a otras partes del país pero sí les dejara viajar al extranjero?". El presidente insiste: "No fueron a Pekín los infectados, pero pudieron salir libremente del país y viajar por el mundo, incluido Europa y Estados Unidos". En la rueda de prensa, Trump lamenta que China tenga el control de la OMS.

Desconfianza en protocolos de la oms

Las conclusiones que podemos sacar para comprobar las prácticas poco convencionales de esta organización afloran por todas partes con respecto a los protocolos mediocremente manifestados:

Primero: la confianza. Es básicamente necesaria en la comunicación de casos de brotes de una pandemia con un virus de magnitud como el que hoy estamos viviendo.

Segundo: anuncios tempranos. La oms tiene 24 horas para alertar al mundo de los posibles peligros de un virus desconocido, se pronunció después de un mes a pesar de que había un consenso y manifestó que no había ningún contagio de peligro de persona a persona. La comunicación previa de riesgo de contagio fue realmente nefasta, no escuchó o se hizo de la oreja gorda ante la voz del país más perjudicado en el manejo de la crisis. Taiwán dio la alarma temprano sobre la pandemia y fue totalmente ignorado; actualmente, variedad de científicos sostiene que fue la voz que pudo ser de suma importancia para reducir al mínimo la amenaza de una enfermedad contagiosa que ya amenazaba. Este protocolo admite los anuncios tempranos aunque estén incompletos, porque "cuanto más tiempo tarden los funcionarios en dar la información, tanto más alarmante le parecerá a la población cuando finalmente se publique". Los anuncios tardíos, como en este caso, han debilitado la confianza de la gente en que las autoridades sanitarias puedan controlar el brote.

Tercero: transparencia. Lo que descalificaría de inmediato la continuación de este organismo (oms), si se le aplica la penalidad por violación a este protocolo ligado al primero que implica mantener la confianza del público durante el brote epidémico, proporcionar la información oportuna y completa sobre el riesgo. La transparencia deberá caracterizar la relación entre los gestores del brote, la ciudadanía y los socios; este punto es clave para probar la mala función de esta entidad, en medio de dudas la población se ve obligada a un encierro totalmente polarizado.

Cuarto: escuchar al público. Si no se escuchó la voz de alarma de Taiwán, lógicamente el mal proceder de gran número del público en cambios de comportamiento necesario para proteger la salud, ha sido otra prueba contundente en la insuficiencia en el cumplimiento de estos protocolos que maneja esta organización.

Quinto: planificación. La comunicación con la gente en el curso de un brote epidémico, exige una planificación rigurosa, por adelantado, que respete los principios descritos anteriormente; el confinamiento obligatorio como privacidad de la libertad, casi como casa por cárcel a la humanidad, sin el menor conocimiento de cómo manejar la situación, ninguna recomendación o guía para proteger la salud dentro de ese periodo inesperado. Por ejemplo, la preparación o guía física, emocional y nutrición para el tiempo de confinamiento afloró en medios de comunicación en la voz de médicos, científicos, nutricionistas y de observadores voluntarios ajenos a la OMS, que se dieron a la tarea de prevenir peores consecuencias en el campo de la salud de los seres humanos detenidos, sin poder salir a recibir en paz la vitamina D, bajo el sol que la produce. Si bien, se me escapa algún anuncio que esta agencia hizo sobre esta importante guía, no pudo ser de mucha relevancia porque la confianza se perdió desde el momento en que se pronunció diciendo que no había riesgo de contagio persona a persona.

Finalmente, la OMS elogia a su cómplice China, por haber bloqueado los vuelos nacionales, mientras que critica a Estados Unidos por haber hecho lo mismo con los vuelos que venían de China. Ni las buenas intenciones políticas, ni las de la población mundial, pueden ofrecer una defensa significativa frente a la poca ética y violación de derechos a gran escala que se percibe en estos argumentos específicamente documentados. La conclusión más deprimente de este tipo de análisis de protocolos, donde está en juego la salud del mundo entero, es que a la OMS se le cayó la careta ante la humanidad. A continuación, lo manifestó en una entrevista y en una sola frase Antonio Camuñas: "La OMS ha mostrado que se ha plegado a las presiones chinas para evitar darle la importancia que esto tenía en el momento que el virus se podía haber atacado de manera más eficaz".

La tierra de todos con nuevo capitán

Entre la oposición y la complejidad en que Trump se posesionó, tomó el timón para darle un giro a la nación y sorprender al mundo con su actitud pacífica frente al posible conflicto de una tercera guerra global que se percibía. Muchas personas no creían en la actitud pacífica del mandatario; sin embargo, la lupa del mundo entero fue testigo del estrechón de manos que marcó la historia, era la primera cumbre entre dos líderes de las dos naciones. Pero poco después las tensiones entre Corea del Norte se agudizaron hasta que se pudo ver al presidente Donald Trump decidido y puso fin a los misiles, para calmar las intenciones que manifestaba el presidente de izquierda en Corea, Kim Jong-Un. Aunque después de dos años se vuelve a agitar las aguas entre Corea y Estados Unidos, hay que tener presente que en el 2020, entró el mundo a un cambio de poderes donde todos estamos amenazados con incidentes repentinos de cualquier fuerza mayor hasta empezar la nueva fase del mundo multipolar hasta hoy incierto.

Ante una situación de transición de poder mundial, el capitán sigue sorprendiendo, esta vez en el tercer discurso a la ONU, Trump sacude las fibras del nerviosismo en cada representante que permanecía lelo en el auditorio escuchando la propuesta retadora; insistió que cada líder debe tomar las riendas de su país para defender la libertad, las tradiciones, costumbres que nos hace lo que somos.

Cada nación tiene una historia querida, cultura y herencia que vale la pena celebrar y defender que nos da nuestro singular potencial y fortaleza. El mundo libre debe aceptar las bases internacionales, no debe reemplazarlas o intentar borrarlas, si quieren libertad enorgullézcanse de su país, si quieren democracia sigan fieles a su soberanía y si quieren paz amen a su nación, igual que yo amo la mía. Sabios líderes siempre ponen el bien de sus propios pueblos y su propio país primero, el futuro no le pertenece a la globalización le pertenece a los patriotas, le pertenece a las naciones soberanas e independientes que protejan a los ciudadanos, respeten a los vecinos y honran las diferencias que hacen cada país especial y único; por esto, nosotros en los Estados Unidos nos hemos embarcado en un emocionante programa de renovación nacional y cada cosa que hacemos se enfoca en empoderar los sueños y las aspiraciones de nuestros ciudadanos.

En el plan o proyecto de progreso, el presidente mencionó a los ciudadanos africanos, latinos estadounidenses, asiáticos, no se refirió a ninguna cultura en particular; es decir, todo ciudadano estadounidense de cualquier cultura es bienvenido y cuenta con los mismos privilegios de los nativos. También dejó claro que no busca conflicto con otras naciones, "nosotros deseamos paz y ganancia mutua", pero insistió en defender los intereses del país, parece insólito que la gente no entienda la propuesta. El tratado de libre comercio con México, Canadá, Estados Unidos refleja que somos naciones independientes que se pueden globalizar para un mutuo acuerdo en el desarrollo del conocimiento y progreso de todos, con respeto, sin desaparecer la historia culta de las naciones que es la identidad de una persona. Norteamérica necesitaba una declaración como la del presidente para entender qué es lo que estamos defendiendo en esta guerra contra el globalismo.

Muchos de los expertos que no duermen al pie del cañón en este conflicto, sostienen que el mandatario americano, consciente del declive en la nación económicamente, debilitado militarmente con los conflictos en Afganistán e Irak, billones de dólares gastados en Europa, serios desajustes en la administración migratoria, tuvo que poner la lupa en asuntos internos de importancia para lograr sacar la primera potencia del embrollo. De acuerdo con la variedad de argumentos, este periodo de enfoque a la nación fue la clave para China aprovechar el salto económico y tecnológico y entrometerse a influenciar con fuerza en la política internacional de todo el mundo y seguir buscando el reconocimiento de primera potencia global. El gigante asiático en esta batalla ha logrado acaparar la atención de todas las naciones, generando la idea de un nuevo orden entre Estados Unidos, China y América Latina. Para asestar el golpe con una relación triangular que puso al mundo frente a dos caminos complejos y contrariados que exige acelerar decisiones de gobiernos para preferir una relación fundamental y valiosa con la China o con Estado Unidos.

Como es de esperar, la propuesta del mandatario Xi Jinping desde el 2013, no solo con el proyecto de la Ruta de la Seda, sino también con su idea en el marco de un "proceso de globalización con características chinas", o la construcción de una "comunidad con un destino común", sigue en pie de marcha. Según los aspectos importantes de las propuestas globales de Xi Jinping, muestra la visión de un socialismo global con singularidad del régimen de la República Popular China, que arrastraría al mundo a un *comunismo* sin regreso a la libertad.

Además, como consecuencia de ocho años de administración, Obama con dirección y acuerdos internacionales en busca de un mundo sin fronteras, lo paralizó el frustrante golpe que sacudió al mundo con la elección del magnate Donald Trump, que como se percibe en cada proclama a la nación, es como un lobo feroz defendiendo los derechos nacionales y la soberanía propia, frente a una pantera enfurecida que ya confiaba en sus aliados para dar por hecho un sueño realizado de ver el mundo mezclado y sumergido en una sola caldera, manejado por los mismos demonios que están siempre en el intento de robarnos los derechos y la identidad para triunfar en la conquista de mentes robóticas en cuerpos de carne y hueso dirigidos a control remoto.

Apenas unos meses después de iniciado el choque, empezaron a surgir las tensiones sociopolíticas, atacando el desagüe que se veía venir con la primera potencia del mundo en manos de un hombre con capacidad de poner al descubierto los intereses verdaderos de la élite oculta que dejaba el Gobierno previo. Así es como está en curso el mundo hoy, desembocamos en una guerra fría del nacionalismo y el globalismo entre motines, revoluciones y enfrentamientos provocados y manipulados de todo tipo racial y género, un bloqueo sin precedentes al Gobierno para evitar la reelección de Trump el 3 de noviembre, y continuar el plan de ideología global.

Por consiguiente, mi única preocupación es que, lo que leo de la historia y recuerdos entre la memoria del desarrollo de la humanidad, cuando se percibe un cambio social de fondo, los muchos testigos vieron caer la esperanza y esfumarse entre la bruma el cuerpo del hombre que se da para la mejor opción o elección, silenciados por los cobardes en combate que no soportan la libertad individual y el derecho innato de libre expresión.

Hablando sin tapujos

Las especulaciones de todo tipo en medio de la crisis sin precedentes, se ha convertido en misterio, manipulaciones, descubrimientos y un racismo que se levanta en busca de chivos expiatorios para echarle la culpa al mandatario del momento, especialmente en tiempos previos de elección.

Olvidamos el daño de ISIS y Al-Qaeda movimientos musulmanes terroristas, como también se interpreta de manera extremista los mensajes de los mandatarios sobre temas migratorios de donde se aferran los demagogos con discursos enérgicos bien sincronizados al mismo lenguaje de las masas populares para aprovechar e incrementar el desorden racial. Inexplicablemente, las estrategias manifestadas en responsabilidad de un líder para proteger los ciudadanos de una nación en casos caóticos como es el de la inmigración en Norteamérica, un factor llevado a extremos por falta de racionalismo y comprensión en el conflicto, no cuenta con apoyo por el populismo que prefiere conclusiones catastróficas.

Por ejemplo, como colombo-americana, inmigrante con 35 años, observando y viviendo en carne propia cambios y desequilibrios del Gobierno estadounidense, entre turbulencias políticas, educación, economía y seguridad, en las manos de Ronald Reagan, 5 años de los ocho de su gobierno, George H. Bush 4 años, Clinton 8 años, George W. Bush 8 años, Barack Obama 8 años, hasta el presente Donald Trump, el caminar del tiempo desde este periodo, de tres largas décadas, recopilando experiencias propias en la historia de mi vida, incluyendo el fatídico 9-11-2001, mi relación con la vida cotidiana no solo como estudiante en aulas académicas, sino también como educadora en el distrito educativo de Houston, Texas, adicionando la destreza en el campo turístico por más de cinco años, desempeño en el Hospital St. Josep en el área de nutrición y, por último, mi ardua labor social de los últimos años, con variedad de culturas compartidas, me hace ver o sentir menos ingenua y con buen derecho a opinar sobre declaraciones y acciones del presidente Trump que provocan sobresaltos entre la gente del mundo.

Las razones explícitamente justificables para imponer leyes serias y reales a un sistema económicamente en declive, claramente afectado en todos los campos, creo que la parte inmigrante no apoya la nación que le da el sustento, no solo como oportunidad de venir a progresar, sino también como fuente de ingreso para sostener las familias del país del que emigraron. Por ejemplo, la actitud desagradable y negativa en forma de rechazo al control del sector de la población migrante que en lugar de aportar viene a vivir de planes sociales del Gobierno, violadores y narcotraficantes que no es fácil de controlar en ninguna parte del mundo, especialmente en países subdesarrollados. Cómo es posible que algunos de los extranjeros ilegales o radicados aquí exijan con cinismo a la máxima autoridad de la primera potencia que aporta a sus intereses, que se comporte como los mandatarios de nuestros países que no tienen liderazgo, gobiernos que se roban el dinero de los menos afortunados en forma desproporcionada, sin desconocer acontecimientos de corrupción en la gran potencia. Si comparo la tierra en que nací con la que me adoptó, la discriminación racial la vi de cerca en Colombia, donde los apellidos y las etiquetas sociales afloran en todos los rincones del país minimizando a los más débiles.

Irónicamente, aquí en tierra norteamericana un factor que ha consolidado el racismo, es la falta de educación y de consciencia que profesa un amplio sector migratorio. Hablando sin tapujos, y de la diversidad de culturas compartidas en mi experiencia, soy testigo, en términos generales, de que Estados Unidos no cuenta con un buen número en circulación de la sociedad migrante con buenas intenciones de respetar las leyes y decisiones importantes para el bienestar de todos, sin importar el mandatario que se elige.

Casos interesantes típicos y reales de la vida cotidiana, en ninguno de los medios se ventila; sin embargo, son ellos los testigos del caos migratorio que se vive en cualquier nación que demanda un rígido control, abunda en los establecimientos educativos la cruda realidad. María Isabel, que había traído a sus padres de Guatemala, constantemente me decía que la meta era *cazar*, o sea, conseguir un americano o tener un hijo para asegurar su estabilidad económica en este país. También me sorprendió una cantante famosa que admiré mucho, en el lapso de una larga e interesante entrevista; ella confesó que no estaba de gira en Norteamérica, sino que estaba embarazada y le interesaba dar a luz aquí, para asegurar grandes beneficios para el futuro de su descendencia, aunque Estados Unidos no era santo de su devoción. Así como el caso de María y de algunos famosos que se suman a la lista, son miles de inmigrantes que no vienen a estudiar con disciplina o a buscar con dignidad la mejor calidad de vida, porque se desvía el concepto de oportunidades en la tierra de todos por falta de consciencia.

Las políticas de proteccionismo estadounidense en el campo migratorio, interpretadas como injuria racista del presidente Trump contra los mexicanos, es, sin duda, una de las más bien aprovechadas para intensificar la discordia en el mundo, la intención no es con el fin de "amarnos los unos a los otros". Con sentido común, sin necesidad de defender al presidente, porque sé que no hay un mandatario recto, entendí con claridad que todo inmigrante que venía a violar o a robar y a incrementar el problema del narcotráfico a Estados Unidos, sería deportado y se le aplicarían las leyes al determinado crimen; desde el principio de campaña electoral de Donald Trump, su postura se mantuvo en levantar la nación y poner reglas de juego a la migración y al abuso en los programas sociales que sostiene el Gobierno.

El respaldo a mis observaciones en esta investigación, lo veo en el triunfo de Trump para ocupar la Casa Blanca; la voz del voto levantada fue inminentemente clara para entender que la multicultural población norteamericana es consciente del absurdo de seguir manteniendo la pereza, por ejemplo, trabajar para pagar impuestos que son parte del subsidio que da como ayudas de gobierno (*welfare*). Las medidas nuevas del Gobierno nunca las he percibido como amenaza a mi persona por ser inmigrante latina y son muchos los otros latinoamericanos que se suman a mi sentido común de ver la realidad, tampoco se sienten rechazados o amenazados como tal; me he dado a la tarea de investigar la opinión entre otras culturas que se encuentran contribuyendo en forma positiva para el bienestar de todos y coinciden conmigo.

Ahora no es posible apaciguar el enfrentamiento provocado con intensión de revivir protestas del pasado para atacar el Gobierno de un país que viene con grandes secuelas de racismo; hoy se levanta por grupos de izquierda y un sinnúmero de masas populares bien orquestadas globalmente, por organizaciones no gubernamentales que encienden las hogueras para quemar en el fuego la idea de nación, de gobierno y de libertades culturales de los estados nacionales.

10.

Nueva estrategia en las protestas

El periodo de transición del 2019-2020, con las manifestaciones mundiales, creo que sacudió las fibras de la población para entrar juntos al conflicto con otra consciencia, después de muchos años de guerras y conflictos. La nueva era enfrenta estrategias de cambios empoderados por los sistemas económicos globalizados con influencia, sobre todo, en los menos afortunados que es la población más alta del planeta, asimismo la más vulnerable por las heridas que les ha causado el sufrimiento. Por ejemplo, las protestas que ayer era el resultado de la insatisfacción frente al atropello de derechos humanos, desigualdades sociales, libertad de expresión religiosa, esas marchas fuertes con sentido y concientización masiva que marcó la historia de la humanidad, como lo fue el movimiento de Martin Luther King; todos estos movimientos ya no tienen la misma visión de humanidad que los unía.

En una sociedad dividida en desigualdades y resentimiento, la fuerza de grupos ha logrado permear en el ambiente para acrecentar tensión y divisiones en los gobiernos.

La caravana de migración que provenía de Honduras, Guatemala, El Salvador y México, con destino a la frontera de Estados Unidos, cubierta con exagerada publicidad por medios oficiales, conmocionó a muchas personas con fotos y drama. Pero la mayoría de las familias que salían de los vehículos de transporte levantaron la sospecha de que estaban bien financiadas por las organizaciones no gubernamentales (ONG).

Lo que en otros países alrededor del mundo fue un drama de dolor y repudio al presidente estadounidense del momento, no fue más que una manipulación mediática de un contexto parecido a una película de Hollywood.

Mis dudas sobre estos movimientos empezaron con la oleada de protestas que bañaba los cinco continentes, derribando presidentes y sin escrúpulos en la pérdida de seres humanos. Mientras acababa de cerrar en este libro el tema de videojuegos, que preparaba apresuradamente para cumplir con algunos viajes al extranjero y después emprender camino a la frontera donde se estaban realizando las protestas, con frecuencia recibía mensajes electrónicos con primicias que me enviaban amigos de diferentes clubes donde estaba registrada para obtener información. Los mensajes de contenido como este: "Connie, no se pierda el reportaje que te dije, porque en ellos se dice que las protestas en Latinoamérica están cayendo como piezas de un dominó en Medio Oriente".

Se decía que era la primera vez que la gente reventaba al mismo tiempo con tanto inconformismo al rededor del mundo.

Después de la caída de Saddam Hussein, se abre paso a otra de las movilizaciones más concentradas en la historia de Irak: la protesta del primero de octubre contra la corrupción del Gobierno que concluyó con la renuncia del primer ministro Adel Abdul Mahdi. Seguidamente, los libaneses sorprenden al mundo con otra protesta masiva: "La revolución del WhatsApp". El anuncio de un impuesto a las llamadas telefónicas hechas a través de WhatsApp y otras aplicaciones, lo que dio pie para el inicio de una fase de crisis que cobró con la renuncia del primer ministro Saad Al Hariri y la continuación de la protesta contra otros asuntos como el alto costo de la vida y sus efectos en la población, entre otros. En todo caso, el factor principal del inicio en la revolución del WhatsApp, fue exitoso, el Gobierno retiró el plan casi de inmediato. Aseguran expertos que de inmediato a la revolución se añadieron otros factores de resentimiento como el rechazo al entrometimiento de

Irán, por tanto, pareciera que se aprovechó la manifestación y se hizo más agresivo el conflicto y más largo.

La protesta de Hong Kong, el domingo 9 de junio, 2019, convocada por el Frente Civil de Derechos Humanos, tuvo cobertura de medios masivos mostrando un número aproximado a 103 millones de personas, junto a los diferentes grupos que se unieron organizados por hongkoneses y activistas locales, de lo que pude ser testigo aquí en el área donde vivo se veía a los chinos protestando con pancartas en la esquina de mi casa, por ser un sector turístico he podido observar de cerca muchos episodios que se van desarrollando para la historia.

Con razón se suspendió la extradición a China de hongkoneses fugitivos o criminales, para prevenir que impusieran leyes nuevas de la República Popular de China. Según la historia, no se veía algo así desde 2014 en la revolución de los Paraguas o Primavera Asiática, organizada por el movimiento "Amor y Paz", contra la reforma electoral del Congreso Nacional del Pueblo.

Continúa la crisis, inesperada, ni siquiera la pandemia de la covid-19 pudo intervenir para que Hong Kong se sacudiera en el medio de protestas defendiendo su independencia. El primero de julio de 2020, los hongkoneses se despiertan a una nueva realidad, los pasos agigantados del gobierno central chino se reflejaron el jueves 2 en los medios de comunicación, anunciando lo que dicen los críticos: "Hong Kong ha sido desposeída de su autonomía, preciosas libertades civiles y sociales, se empodera el Gobierno autoritario de Beijing sobre el territorio". Lo que desató la rabia de los manifestantes, pero rápidamente se vieron entre disparos de gas pimienta y despliegue de cañones de agua expuestos por la policía antidisturbios, con resultado de varios detenidos.

Para continuar el místico revuelo del mundo en los cinco continentes comparado con la caída de fichas de dominó, las publicaciones sobre estas protestas masivas crearon desestabilización total en el mundo actual muchas de ellas organizadas, con una dirección sincronizada con disciplina absoluta, políticamente diseñadas, como aquí lo relatan los hechos:

Connie Selvaggi

En el 2009, apareció en los medios estadounidenses la figura de George Soros, como el magnate que donó USD 2,5 millones a la organización "La Familia Latina Unida", en Chicago, con el fin de financiar las caravanas migrantes. Los datos los dio a conocer en Infobae, por Turning Point USA, encargada de la investigación en este caso, ante la percepción de una crisis humanitaria con antecedentes de ser programada dado al anuncio en la preparación de una masa de migrantes a las fronteras entre el cruce de Estados Unidos con Tijuana. Como consecuencia, la policía federal mexicana construye un muro mecánico en parte del acceso peatonal de la garita o estación de punto migratorio en San Ysidro como medida preventiva.

Efectivamente, en una semana llegaron 3000 centroamericanos a Tijuana, mientras otros grupos llegaban a Mexicali (Baja California), de donde fueron transportados en 15 buses o camiones, como se dice en la frontera, para unirse con la caravana en Tijuana en el 2019. La mágica organización y el costo de los gastos de dicho transporte acrecentaron la sospecha y el interés para continuar buscando pistas de quién patrocinaba a la masiva caravana. En el contexto apareció la figura de George Soros, el que había donado a la fundación, La Familia Latina Unida, la alta suma de dinero mencionada para financiar las masivas protestas.

Las publicaciones conmocionaron al mundo con el cierre repentino de las fronteras con México. Así fue como empezaron los episodios en el desenlace que se presta para que cualquiera pueda imaginar una película de Hollywood, donde el bueno y el malo llevan su propia dirección. En el clima de alta tensión y como en todo drama aparecen los protagonistas enfrentados, en este caso, Donald Trump y, por el otro, el enemigo oculto o camuflado George Soros responsable del manejo financiero con las conexiones en países donde se prepararon las caravanas. En ese ámbito, del desenlace de película, se necesitan rasgos, cualidades o circunstancias que marquen la manera de pensar y de actuar en la influencia de la mente colectiva, por parte de los protagonistas para confundir a los espectadores e involucrarlos todos hasta

222

despertar la curiosidad y la intriga necesarias, perfectamente contra el enemigo, fue lo que ocurrió y aún está en proceso.

Salió al contraataque el mandatario estadounidense con la estrategia de minimizar la ayuda a los países que permitieran el paso de la caravana, dejando ver sus rasgos de fortaleza y el temple decisivo que ya todos conocen y rechazan; las reacciones no se hicieron esperar y aparece el brote de medios a proclamar que el presidente de Estados Unidos ataca la migración. Dado a la medida del presidente para calmar las intenciones de encender el tizón de la discriminación planeada por el magnate Soros.

Entre el peligroso desorden masivo, aflora especulaciones falsas y otras verdaderas, y se enciende la controversia. Mientras al protagonista oculto de la historia, lo imagino a carcajadas celebrando el logro de despertar el odio que hasta el día de hoy es un vendaval sin precedentes. Seguían aturdidos los espectadores frente a la televisión en todo lado, yo me encontraba en un aeropuerto internacional frente a la misma pantalla, donde se encontraban pasajeros del mundo entero, bastaba con ver la imagen de un policía mexicano con la cabeza y el rostro cubiertos con sangre, supuestamente resultado del conflicto. Pude escuchar una joven que decía que el presidente de USA era de mente maniática por realizar todo este drama. Llamaron por altavoz a mi vuelo, pero mientras seguía aturdida por las imágenes, sobre todo, de los espectadores que con gestos manifestaban el repudio al presidente, todos por el momento ignorábamos quién era en realidad el protagonista que encendió el tizón de la discordia. Poco después de la medianoche, en la habitación del hotel cuando me puse cómoda, subí a la terraza para ver el paisaje de la ciudad y despejarme un poco. Sin darme tiempo para nada, lo único que seguía embelesada era mi teléfono encendido con las redes abarrotadas transmitiendo una sola cara en el conflicto. Pero detrás de bastidores se hallaban otros medios investigando en detalles la noticia, las discrepancias después de esa noche era otro cuento aún más escandaloso: circulaban los videos y las fotos de miles de migrantes en caravana recibiendo dinero de organizaciones relacionadas con el Partido Demócrata. El fotógrafo Gustavo Aguado, se hacía viral cuando reveló que la foto del señor con el rostro ensangrentado que pasaron en la noche, pertenecía a otro disturbio del 2012 en un enfrentamiento entre la policía y estudiantes en una escuela en Teripetio, México. En otra fuente apareció el hondureño que desafió la caravana porque no se le había pagado la actuación, y otros recibiendo el dinero. El vicepresidente de sopas Campbell, Johnson Kelly, acusó a la organización filantrópica Open Society, de "planear y ejecutar todo esto" (montar *show* mediático). La Fundación Open Society, respondió a Johnson Kelly, negando la acusación, señalando el argumento de historia falsa. Luis Assardo, periodista hondureño, publicó que habló con personas en Guatemala que le dijeron que tanto el dinero, el alimento y la ropa habían sido entregados por comerciantes del área local y recibieron USD 25,00 por persona.

Apenas tuve espacio me comuniqué al valle de Texas en busca de la verdad y encontré testigos reales y vívidas historias de la caravana que muestran la falsedad de ella. Las personas que a continuación relatan los hechos, son demócratas no afines con Trump; es gente honesta que reprocha el daño que se le puede hacer no solo a un mandatario, sino también a todos los involucrados y descontentos con el mundo de la información mediática que está destruyendo los unos a los otros, decidieron darle apoyo a este libro, *El robot de carne y hueso*:

Pastor Leal y Paul Villarreal: esta es, sin duda, una de las versiones mejor contadas de la polémica sobre el tema migratorio; por tanto, no permití decorar los hechos para que mis lectores entiendan la magnitud del daño que se le hace para lograr la desestabilización de las naciones. Miguel Leal nació en Washington; es un pastor reconocido por su descendencia en el seno de una familia con un legado de ayuda espiritual y material a la humanidad, así como también en cuna de cantantes y compositores de música para el alma, con una trayectoria en toda la Unión Americana, México, Centroamérica y el Caribe. Desde la edad de 11 años reside en McAllen, Texas, un área estratégica en los movimientos migratorios fronterizos y, por tanto, no solo conoce el desenlace de esta historia, sino que también ha vivido desde niño la realidad de las necesidades y mentiras que se ventilan en el ambiente migratorio. Miguel Leal cruza las fronteras casi una vez por mes, conoce perfectamente los caminos posibles para el cruce fronterizo de los coyotes o negociantes del tráfico de inmigrantes de todo el mundo cruzando Centroamérica para entrar a Estados Unidos.

El licenciado Paul Villarreal, por su parte, es ilustre en el área del valle de Texas, con un legado de honestidad en todo el condado y un bagaje de labores diferentes como inmigrante estadounidense, en Ohio, Idaho e Iowa. En Texas empezó su experiencia como contador en 1985, encargado del manejo de los *taxes* o impuestos en nueve condados de la región texana, hasta el presente.

Así que los dos licenciados conocen el tema de las caravanas migratorias, porque han vivido de cerca esta experiencia, no solo en el ambiente cotidiano en que se mueven, sino también entre la sociedad manipulada por intereses políticos, que son los encargados de mostrar al mundo las diferentes caras en hechos que marcan la historia maquillada de una verdad escondida.

Miguel Leal: el área donde cruzó la caravana de migrantes es Tijuana, Baja California norte; estamos hablando de que salieron supuestamente desde Honduras y hay que pasar de Honduras para Guatemala y luego de Guatemala hay que transitar todo México, o sea, salir de Tapachula, Chiapas, hasta Tijuana; estamos hablando de 3862 kilómetros, son 2400 millas de distancia, pero hay un área, saliendo de Culiacán, Sinaloa, tiene que irse a Ciudad de México y luego a Querétaro y de Querétaro a Guadalajara, de Guadalajara tienen que subir para Nayarit-Mazatlán-Culiacán, pero de Culiacán a la sierra de La Rumorosa es puro desierto y esta sierra es la carretera más peligrosa y más alta de toda la República Mexicana; es decir, que literalmente, siendo sincero, es imposible que una persona que no tenga condición física pueda caminar por todo ese desierto y subir la sierra de La Rumorosa para llegar hasta Saltillo. Entonces, no estamos hablando de personas con condición física, estamos hablando de hombres mayores, con sobrepeso, mujeres mayores, de jovencitos y hasta de niños, es imposible físicamente que hayan cruzado todo el desierto hasta subir la sierra de La Rumorosa y después subir hasta Tijuana, es tan imposible como una sentencia de muerte. Lo que pasa, Connie, es que aquí en Estados Unidos hay personas con mucho dinero, pero mucho dinero, que tienen intereses políticos; entonces, por detrás de bambalinas se usa a personas para desestabilizar o perjudicar a ciertos gobiernos. Yo platiqué con algunas personas que venían en caravanas, porque las caravanas se fueron a diferentes fronteras, en Ciudad de México, que es el centro del país, se dividieron: unos fueron a Matamoros, unos se fueron para Tijuana, otros para Juárez, Laredo; otros se fueron a Nuevo Progreso Tamaulipas. Entonces, la excusa que algunos dieron es que tenían miedo de la Guardia Nacional, porque estaban poniendo vallas aquí en los puentes del valle McAllen: Dona, Hidalgo y en Progreso, porque se esperaba que toda la caravana de México llegara solo a un puente. Pero también que tenían miedo de la violencia, por los carteles. En Progreso, cuando se cruza a México de regreso se viene caminando y la gente estaba en filas, y de hecho hay testimonios y noticieros que dieron fe de esto, que hubo grupos de personas de las caravanas que se cruzaban, calentaban veinte o treinta personas corriendo al mismo tiempo para lograr cruzar, por eso se pusieron muros de contención en los puentes y cercas, porque se amontonaban mucho las personas. Yo conversé con ellos, incluyendo cubanos, a los que me decían, "es que no veníamos caminando", se metieron de Ciudad de México hasta la frontera, yo crucé seguido estas fronteras y pude conversar con ellos.

El licenciado Paul Villarreal confirma lo siguiente:

Esto fue un acto organizado, algo que se organizó para que la gente llegara a la frontera, porque hay muchos beneficios para la gente política. Por ejemplo, la construcción del muro, mucha gente sacó beneficio, y creo que hay gente que financió esta caravana por la razón de que es imposible esa caminata, y la alimentación a los niños, pienso que a la gente la engañaron, les dijeron que se podían venir y aquí les iban a dar el asilo, les financiaron todo y les dieron dinero, pero no caminaron como lo presentaron, cuando llegaron aquí se dieron cuenta de que solo se necesitaba la gente, pero no era posible pasar. Y cuando ponían el video, pasaron las calles con gente caminando, pero no podían sostener por largo tiempo el video porque no era verdad que salían desde Honduras caminando, nunca se supo de dónde comenzaron, ni dónde dormían, ni qué comían; fue un plan muy bien organizado.

El pastor Leal añade:

Pienso que la caravana salió hoy de Ipiales, frontera entre Ecuador y Colombia, supongamos que la caravana sale de Ecuador y va para Venezuela, entonces usted vio en las noticias que cruzaron de Ecuador a Colombia y llegaron a San Juan de Pasto, se ve la caravana entrando y llegando a Pasto, y después ve la caravana en Cali y después de Cali ya no se vuelve a ver por dos días y después aparece en Medellín, pero no la vio pasar por Pereira ni por ningún lugar de conexión donde supuestamente tiene que cruzar y en tres días están en Valledupar, ya listos para cruzar a Maracaibo. Eso es lo que pasó en México, lo vimos en las noticias: no pasaron por Querétaro, no los vimos pasar por ninguna parte, lo que se hacía era que los bajaban unos kilómetros afuera de Guadalajara y ahí decían: "Mire, la caravana ya va llegando", cuando ya estaban cerca de donde era la llegada.

Paul Villarreal:

Fue algo muy manipulado para hacerle creer a las personas que se les iba ayudar, pero era solo para crear el caos, y poner en la mente de la gente alrededor del mundo la idea del muro, y crear la idea de que era para atajar la gente criminal y a todos se clasificaban como ilegales y criminales. Esas son las cosas que se quieren hacer creer para beneficio de los políticos, sí es cierto que estaban afuera, pero engañados por los que manipulaban la caravana. Paul se refiere a los líderes que fueron pagados por Soros para contratar la gente y financiar la estrategia de traerlos hasta la frontera y presentar el *show* discriminativo y ver la gente rechazada por la nación americana. La persona que organizó todo tuvo que pagar a gente en Honduras, Guatemala y México para reunir toda esa gente y traerla; pienso que nadie va a decir la verdad, pero la gente sabe que esto nunca ha pasado así y que fue financiado, qué bueno que estamos dando a conocer la verdad que mucha gente allá afuera no conoce, y así se pueda entender las cosas que el ser humano es capaz de hacer para beneficio de sus intereses.

Miguel Leal continúa:

Connie, el *Noticiero de la 72*, en Tabasco, México, anunció que en Ciudad de México se estaban llenando autobuses de gente para ese destino final, y allí fue supuestamente donde los encargados de la caravana tomaron la decisión de redireccionar la ruta. La idea era Tamaulipas y Matamoros, pero allí se dijo que se tomara la ruta más larga, la cual no tiene sentido, que de Centroamérica para cruzar tenga que ir hasta Tijuana. Hay personas que se les dice transmigrantes, son personas de Centroamérica que viven en Estados Unidos, la mayoría en California o Carolina del Norte, Georgia o Florida; ellos compran vehículos viejos, camionetas pequeñas y los conectan, y ellos traen de a dos y de a tres personas a la frontera del valle para no tener que cruzar por la vía más lejos; entonces, el invento de escoger la ruta más grande para la caravana es una mentira, para los que somos mexicanos y conocemos el mapa y lo que pasó, sabemos que fueron autobuses pagados que salieron de México, ninguno caminó. Rubén Figueroa, director del albergue de Tabasco, menciona los autobuses que se han llevado de Tabasco. De hecho, el Gobierno de México no le da de comer a su propia gente y menos va a financiar esos autobuses, entonces alguien tuvo que financiar todo esto.

La realidad de los problemas migratorios en el área del valle de Texas está totalmente distorsionada. Tuve la experiencia de entrar a uno de los albergues y analizar la situación, que coincide con la versión del pastor Leal:

Muchos aprovechan, y aparte les pagan; una mujer se quejaba de que la comida que le daban en el albergue era humillante porque le dieron fríjoles, yo en realidad pienso que una persona cansada de caminar días enteros bajo el sol ardiente y llega a un albergue con hambre y le dan fríjoles y algo de comer, se supone que está agradecida; todo eso es una mentira.

Otro factor que quiero compartir es el drama de la separación de familias en el valle de Texas, las madres llorando y hasta gritando por la separación. Resulta que yo también fui seducida en la ignorancia, al pensar que ese era el crimen más horroroso en la historia de casos migratorios. Después, en el área del valle entendí que habían preparado a las mujeres y parejas para que llegaran a la frontera con niños que no tenían ninguna relación de familia, porque con niños había la posibilidad de pasar más fácil; cuando se empezó a sospechar que eran niños utilizados, las autoridades empezaron a parar esta farsa, donde yo, como ser humano, alcanzo a entender el dicho de que "por uno pagan todos". Así que dejo con el tema de los niños a Paul Villarreal y al pastor Leal:

A una persona que estaba en una estación de buses le tocó ver cinco niños dormidos a su lado, esperando que los recogieran; se traían niños inocentes sin documentos, eso es muy duro para un niño o un familiar, se los entregaban a gente desconocida para poder entrar. Primeramente, eso era un *loop hole*, era un plan que se les entregaba con las estrategias de manipulación apropiadas, y se dieron cuenta de que un niño era clave para entrar, alguien tuvo que decirles: "Mira, esto es lo que tienes que hacer", porque no es posible que una persona que viene de Honduras tenga que saber que si no trae un niño no tiene la oportunidad de entrar a Estados Unidos, alguien les dio ese entrenamiento, eso es lo que pienso yo; lo pueden haber comprado hasta a un familiar, nunca sabemos con certeza.

Pastor Leal:

Connie, lo que sucede mucho es que hay muchos niños que fueron dejados por sus padres en su país natal mientras ellos se venían a trabajar a Estados Unidos, y es muy probable que se haya metido a esos niños en la caravana para que cruzaran y aquí los entregaran a los padres legítimos. Lo que le voy a contar, Connie, es porque lo he visto muchas veces aquí en McAllen; de hecho, tengo amigos políticos que trabajan para el Gobierno y ellos transportan niños de los centros de migración hacia el interior de Estados Unidos. Si usted llega al aeropuerto de McAllen o Hallinger, que son aeropuertos de la frontera de Estados Unidos, entonces un empleado del Gobierno se lleva a cinco o seis niños menores de edad y los llevan todos vestiditos con la misma ropa y los mismos zapatos, con una bolsita plástica con un *lunch*, se sientan en el avión, entonces los empleados de la aerolínea, como los que tienen preferencia en la aerolínea, se sientan en primera clase y los niños hondureños o centroamericanos van sentados en la parte de atrás y hacen conexión en Houston y van para Atlanta, Georgia, porque los van a reunir con los papás, porque ellos están en Atlanta, Georgia; y a otros para Chicago, otros para New York, y así a los diferentes estados de la Unión Americana. Casi todos los días los vuelos que salen de McAllen llevan niños que cruzaron la frontera, bien sea pidiendo asilo o indocumentadamente que pasaron por el río, son niños que los agarró Migración, los procesaron, los tuvieron en el centro de migración del valle de McAllen y luego los llevan con el juez, les dan un permiso de seis meses, les pagan el avión, entonces muchos de esos niños que no eran de ellos, o sea que pasaron con padres falsos, es muy probable que se les busque a los padres o los padres empiecen a preguntar por sus hijos que pasaron con desconocidos o familiares, algunos los pasaron hasta el puente y resulta que los reunificaron con sus verdaderos padres.

Esto es parte de la historia de la separación de niños, de separación de familias. Muchos de esos inocentes pararon en albergues solos y supuestamente separados de los padres. Yo, igual que el pastor Leal, fui testigo de niños indocumentados sin amparo o en un albergue, esperando ser conectados con los padres que ya desde hace años se encuentran en Estados Unidos trabajando y dejaron a sus niños recién nacidos en sus países, como lo cuentan los señores Miguel Leal y Paul Villarreal. La separación de familias ha sido un proceso en el que los más afectados son los niños indefensos usados para los medios de comunicación hacer política y sacar beneficio a todo lo que se mueve alrededor del dinero; por ejemplo, las aerolíneas es otro tema de negocio redondo donde no importa cuáles son los beneficios del niño, sino cómo se saca provecho financiero para los dueños de las aerolíneas. El pastor Leal nos confirma este otro episodio de intereses propios:

Una de las razones como las aerolíneas suben los precios en los aeropuertos de la frontera de McAllen y Hallinger es por la demanda de niños; por ejemplo, cuando yo viajaba de McAllen a los Ángeles, por 350 *round trip*, pero cuando empiezan a llevarse los niños en avión de McAllen al interior del país, el precio del *ticket* aumentó más del doble del costo normal, subió a $ 800. Los boletos de los niños no son *round trip* (doble vía); sin embargo, van llenos, y la aerolínea United muchas veces ofrece boletos gratis a las personas que voluntariamente quieran cambiar los vuelos a último momento para viajar más tarde o al otro día, para darle prioridad a los grupos de quince o más niños que pagan los boletos a un alto costo y por una sola vía, es decir, sin regreso; yo lo veía todos los viernes.

Y el señor Villarreal cierra con este comentario:

En cualquier parte del mundo, todo el tiempo se trata de hacer negocio, en este caso puedo ver al ser humano buscando beneficio propio a costa de los menos afortunados; las aerolíneas no hacen ningún descuento o rebaja a estos boletos, sino que se enfocan en cómo usar a esas criaturas y familiares para sacar el máximo provecho. "Para mí es de gran alegría poder mostrar al mundo a través de este libro la realidad que no se conoce, para despertar consciencia de todo el daño que hace el hombre a sus congéneres por intereses propios, pero, sobre todo, de un despertar hacia el respeto por las personas".

De la misma manera, estas dos personas sostienen que el caos actual que se ve en el país, con gente rebelde quemando estatuas y todo cuanto tenga que ver con la desestabilización de gobiernos, envuelve grandes intereses personales de quienes financian todo esto.

Fake News

Para defender la libertad del pensamiento, la buena intención me llevó a entender que es mejor el nacionalismo como mal menor, que el globalismo de mundo sin fronteras. Hace algunos años, leyendo a Deepak Chopra, plasmé en mi mente la palabra 'intención' para hacer uso de ella en forma apropiada; el científico dice que la intención es un camino que se escoge si se quiere seguir y que si proviene de un nivel profundo puede despejar el camino para actuar. ¿Por qué digo esto? Porque experimentando meditaciones entendí este concepto al que Deepak se refiere con "profundo nivel", la creatividad positiva del pensamiento nos ayuda a elegir correctamente en beneficio propio de toda propuesta en cualquier campo de la vida y para ello, se necesita la intención. No solo en la lectura de la sabiduría de Deepak Chopra, sino también en analíticos, científicos, físicos, médicos experimentados en diferentes materias, sostienen que hace falta proponer ideas nuevas que reemplacen las obsoletas, o intenciones positivas que reemplacen las negativas; por tanto, creo que el primer paso es entender qué es lo que queremos reemplazar. La clave de mi propuesta con el despertar de consciencia a la manipulación es "la intención". Intención de apagar la hoguera que derrama sangre de gente inocente, donde los más perjudicados resultan siendo las mismas víctimas del redil involucrado. ¿Por qué la intención en el orden mundial? Es un hecho que el cambio ha sido necesario a través de la historia evolutiva, no solo biológica sino también tecnológica, aunque afectados de manera incomprensible y repentina, es el medio eficaz para activar la consciencia y entrar en acción. El problema serio es que la luz no se puede ver para poder actuar porque se oculta detrás de la información y nos venimos moviendo por emociones tocadas desde el exterior como robots con consciencia ficticia. Sin embargo, en medio de la manipulación, la historia en desarrollo prueba que no somos los esclavos del ayer, la esclavitud existe pero en lo mínimo en comparación con los derechos que hoy todavía estamos aprovechando con la libertad que se refleja en las oportunidades de ser disciplinados, educados, en la influencia de ideas nuevas en equipos de trabajo para el progreso espiritual y material, elementos que al paso del robot de carne y hueso se intensifican para que todos entendamos el valor de la libertad, que aunque limitada tenemos que defender.

Las elecciones de gobierno, en este caso la reelección de Trump, es una inquietud que nos concierne a todos; sin embargo, son pocos los que se han puesto a la tarea de investigar en cómo nos puede beneficiar, porque no estamos aprovechando la libertad y como res al matadero nos dejamos llevar sumisos. Me conmueve que nadie se percata de esta frase del maestro: "Examinadlo todo, retened lo bueno". Por ejemplo, pocos se percatan de que Trump llegó a la Casa Blanca sin ninguna clase dirigente de su lado. Los bancos, la inteligencia, las compañías armamentísticas, el dinero del exterior, toda clase financiera camuflada está en manos de las grandes fundaciones, las abundantes ONG, manejadas con estrategias políticas entre árabes magnates, que usaron a Hillary Clinton como mediadora en este gran monopolio, que hoy mueve al mundo con medios masivos comprados. La imagen de Trump es expuesta al mundo casi encubierta,

porque se desconocía el gremio sociopolítico en que se mueve, po-

cos sabían del modelo de tela que ha tejido entre familias con poder y alto rango que bien supo ejercitar para escalar donde está. Pero, después del 8 de noviembre de 2016, empezó a destapar la caja del viejo baúl para mostrarle al mundo, poco a poco, la herencia de amistades que tiene en el poder político como es la descendencia de la familia Kennedy, la realeza británica, entre otras, malas y buenas, pero con poder igual que la otra élite globalista, que de ello no parece percatada.

Una de las pistas que me llevó a este caso fue mi cambio como ser humano, me hacía preguntas como esta: ¿Por qué la gente está tan enfocada en el cabello del candidato, solo hablaban de sus empresas y detalles insignificantes que no concordaban para ser presidente de potencia mundial? ¿Por qué lo ponen como un cómico en el andar comparado con la elegancia al caminar de Barack Obama? Esta sorpresa me puso a investigar, ya sabía sobre su trayectoria como motivador descubriendo el potencial. Lo había conocido a través de sus libros y de un juego que me despertaba la admiración por su creatividad: "Trump de Game", la ignorancia de sus obras en la publicidad, tales como *El secreto del éxito: en el trabajo y en la vida*, *Piensa como millonario*, entre muchas otras aportaciones para el desarrollo potencial del ser humano; delata el desconocimiento de él como persona, son detalles ocultos que no dejan ver las dos caras de lo que nos interesa, antes de emitir conclusiones.

Quería dar una conferencia sobre la importancia de la apariencia física que se le da a los seres humanos y el poco interés que hay en el conocimiento de intenciones ocultas de una persona. Me inspiré en la investigación del argumento una tarde que estaba relajada mirando un noticiero, había una periodista que se reía a carcajadas sin disimular mucho el glamur que se requiere en protocolos de medios en programas de televisión, protocolos que tengo bien marcados gracias al aprendizaje en el club Toastmaster y prácticas en diferentes programas por más de una década. Se me hizo extraño que la mujer presentadora como imagen de una cadena de televisión famosa se dejara seducir de esa manera ante los comentarios que se hacían entre tres hombres que ridiculizaban la apariencia física de Donald Trump. Sobresaltada entré al mundo de la manipulación mediática que ignoraba como buen robot de carne y hueso. Así, poco a poco, he entendido qué significa escalar niveles de consciencia, no podía quedarme allí en la parte física del magnate; las preguntas que surgieron después son las siguientes: ¿Por qué el discurso de él no encaja en conclusiones que todos desean escuchar? ¿Por qué se habla de la suavidad y la forma seductora del expresidente Obama que encantaba a mis amistades y a miles de seguidores?

La respuesta es latente, en los discursos políticos es necesario saber manejar el tacto y la demagogia y Donald Trump carece de estos elementos básicos en la política. Es lógico pensar que se trata de un hombre empresario que sabe y es consciente de lo que se necesita en una sociedad como empresa en progreso, los razonamientos expresados crudamente en sus discursos no dejan el sabor al algodón dulce, que es lo que le gusta a la mayoría de la gente, ha dejado claro que sabe lo que quiere y que no es político. El político de oficio tiene poder con la elocuencia más que con la acción, la demagogia propiciada en tiempo de tensión es la clave para inducir los objetivos en una mente manejada con características de psicología social-cognitiva, que es el estudio de las relaciones interpersonales y el conocimiento para formar conceptos y actitudes, con estímulos que se prestan para poner a la gente a actuar de acuerdo con lo que se desea escuchar. El líder político en campaña no tiene enfoque de si se puede cumplir o no con las promesas, el enfoque está en el entramado de la demagogia bien orquestada para hacer impacto en la mente seducida, que es la parte débil del menos informado.

Este es el motivo que pone en desventaja la popularidad del mandatario estadounidense alrededor del mundo; las intenciones del rival para dañar la imagen es fácil en el caso de Trump; los expertos han sabido aprovechar los estímulos sociales relevantes al exponer un hombre inexperto en temas de política, charlatán, indigno de desempeñar el cargo de mandatario; los señalamientos son ya una pauta negativa para las bases en la elaboración de un personaje, factor que alarma a las sociedades con cerebro codificado a orígenes tradicionales con preparación para seguir el patrón de una democracia que se ha venido idolatrando dentro de los partidos de acuerdo con la inducción de figuras estereotipadas. Es difícil modificar la mente por más de tres décadas, con fijación a un mundo sin fronteras, en la planeación de un estado único, con una sola moneda, sin ejércitos ni milicia organizada, sustitución de policías nacionales, atrapada en la idea de un paraíso irreal.

El ser humano de por sí, procesa, más fácil, conceptos repetitivos que una nueva información para desarrollarse con buenas intenciones; por ejemplo, si no se buscan datos sobre bases contundentes en el proceso de credibilidad de un líder en medio de tanta información global, sin notarlo, la repetición de una imagen inducida, automáticamente empieza a registrarse en el subconsciente del cerebro hasta completar la imagen que se quiere.

Lo que se puede concluir de la experiencia social en el proceso indecoroso y malintencionado en estas elecciones, es la imagen manipulada como cualquier publicidad de un producto altamente financiado. En ninguna parte se ha dejado ver algo positivo de esta imagen en particular; no hay conocimiento alguno de que en la cúpula de apoyo que lo posesionó, también hay personas que defienden la nacionalidad y la libertad, con amplio conocimiento sobre el daño que causaría un mundo sin fronteras con un control absoluto de personajes con mente desquiciada, que desean ver al mundo caminando entre la hambruna como zombis en sus manos.

Hoy en día, es fácil dar por sentado que una persona extranjera está marcada con la idea de que Estados Unidos es el dragón del mundo, el capitalista, imperialista, el que roba su nación, nos enseñaban a luchar contra el imperialismo y defender la soberanía propia, mientras también se beneficiaban los gobiernos de la gran potencia; por consiguiente, desde pequeña, estas eran las mayores acusaciones que me acostumbraron a escuchar hasta el cansancio. Al caminar del tiempo, empecé a ver diferentes aspectos de la historia contada, la respuesta natural a las perspectivas inculcadas sobre la nación norteamericana se empezó a esclarecer al vivir entre la cultura y fue así que entendí que la verdad no es perfecta en apariencia. Los cursos básicos de historia y gobierno del país poderoso del mundo ayudaron también un poco a despertar de la ignorancia. Infortunadamente, la historia no ha cambiado a favor del líder de las barras y las estrellas (*Stars and Stripes*). Se recrudece la rabia, y tal parece que, aunque abundan los señalamientos, la gente de hoy entiende que Estados Unidos es el líder de Occidente. Lo más probable es que yo pase por ignorante con el siguiente comentario, pero es que me he puesto a pensar que llegó el tiempo donde los países que han añorado que la primera potencia norteamericana renuncie a las responsabilidades extranjeras como líder democrático en el mundo, se pongan a celebrar la idea de nacionalismo en el que se enfoca Trump (*American first*). Sin embargo, las encuestas señalan que, en lugar de celebrar, muchas naciones se encuentran estremecidas con el nuevo giro. Y como si esto fuera poco, el líder estadounidense está de acuerdo con que Putin tome las riendas del liderazgo, causando un revuelo en países europeos y aliados a los que se perciben asustados. Hay una mayoría de gente que, frente a la desmesurada violencia, inseguridad y corrupción en América Latina, consideran que sería un absurdo prescindir del apoyo extranjero, y lo ven con candidez.

Hoy en día, ante la amenaza de una globalización deformada, es preciso olvidarnos de partidos políticos, que si es demócrata o republicano o cuál es el presidente que más ha robado la nación, no podemos seguir echando leña a la hoguera para encender las cenizas de la esclavitud y atizar el carbón en el tema de la discriminación, porque nos vamos a ver todos unidos sin voz para protestar por estos dos factores que se salen de control, pero la humanidad no se da cuenta que estamos perdiendo la libertad si se sigue dando el voto por egoísmo partidista.

Mientras esperamos con optimismo el desenlace de los efectos estáticos, que se mantiene hasta el 3 de noviembre, para el Gobierno de turno abrir fronteras y celebrar su idea globalista o para celebrar el triunfo con la libertad que se le ofrece a la nación confederada, que, aunque corrupta, se puede vivir en libertad de pensamiento con esperanza de un cambio, mejor que en la dictadura global genocida que es la que se perfila. Por tanto, no podemos permitir el enfoque en el poco tacto y el alarde que se hace por el odio percibido hacia el presidente, es necesario expandir juntos una sola voz de alarma para evitar el peligro que se acecha. No es la época propicia para el resentimiento hacia el mandatario porque no habló suave a las mujeres o porque se dirige a los medios de comunicación rechazando sus preguntas, aquí lo que está en juego es algo más que eso, nuestra libertad, no solo el derecho de propiedad se ve amenazado, sino también la libertad de pensamiento, este derecho es el que debemos defender.

11.

El nuevo orden mundial

La convivencia inteligente de todos en el cambio del nuevo orden mundial del que nos están hablando constantemente, lo tenemos que entender para poder actuar. La frase no es algo nuevo; el primer uso lo hizo el presidente de Estados Unidos, Woodrow Wilson, después de la Primera Guerra Mundial, en un documento de catorce puntos para la creación de la Sociedad de las Naciones, la misma que se expone en capítulos previos (Organización de las Naciones Unidas [ONU]). El nombre del nuevo orden se ha utilizado para referirse a nuevos períodos y cambios drásticos en las ideologías políticas y en el equilibrio de poderes; también, fue empleado por George H. W. Bush para tratar de definir la pos-Guerra Fría y el espíritu de cooperación que se buscaba materializar entre las grandes potencias.

En fin, el fundamento del nuevo orden mundial es instaurar un Gobierno único o totalitario. Son muchos los caminos en la preparación hacia ese destino, por ejemplo, el régimen populista; comunismo, socialismo, liberalismo, conservadores, demócratas, republicanos, progresistas, cualquier nombre que escojas como excusa para justificar a dónde vamos, hoy no parece ser tan relevante, ya que, como pudimos ver en capítulos anteriores, las élites que lograron el poder adquisitivo tenían o querían otro rumbo para nuestro destino; mientras, por otro lado, la tecnología aceleraba el camino diseñado por seres humanos que escogieron ser monstruos destructores de su misma especie. Y como si esto fuera poco, la historia distorsionada, que por medio de la narración y las películas de ciencia ficción encarna héroes de la Antigüedad, que no deja ver la masa gris de nuestro cerebro pensante, debería haber hecho perceptible que el entramado de ficción era para destruir sensiblemente y a largo plazo el valor humano.

Sin embargo, la forzosa situación de incertidumbre que da la sensación de estar a un paso del nuevo orden mundial, ha salpicado aquella masa gris para profundizar y encontrar culpables o, por lo menos, ver la verdad de este desastre global. Es también preciso acentuar la ambivalencia emocional que ha trastocado la consciencia de muchas personas que han decidido ponerle fin a su existencia. Tal vez, aquellos de mis amigos que tomaron esa decisión en el 2020, no lograron superar el instante de inconsciencia para acatar la sabiduría que ofrece el milagro de la vida, ni el apoyo de la música que es la compañía que despierta los sentidos; como dice estas canciones: "No escuchaste nada de lo que canté ni entendiste nada de lo que escribí" y "Pero un día la verdad escondida aparece, lo que menos se espera sucede...". Mientras tenga vida, yo cantaré y escribiré por ellos.

En uno de tantos momentos de madrugada, que me sorprendí a mí misma llorando mientras escribía en tiempo de confinamiento, recibí la noticia de que un buen amigo, Frank Rincón, quien patrocinó mi programa en el canal ESPN, falleció por la picada de una avispa; muy poco antes, el editor de la Universidad Sergio Arboleda en Colombia, Jaime Barahona, se había quitado la vida y, seguidamente, otro amigo ingeniero, y no solo conocidos, es mucha la gente que no ha soportado la incertidumbre de esta delicada situación.

Por consiguiente, a pesar de lo que estamos viviendo, seguimos cantando a la libertad, y para defenderla necesitamos apoyo de gente comprometida con la vida, para despertar consciencia y no permitir que el dinero, fuente necesaria de sustento para todos, sea un mal necesario tan destructivo y corrupto en la mente de quienes parece que se están divirtiendo a causa del sufrimiento humano provocado.

La encrucijada, una señal

Cada vez que entro en una de mis vigilias para experimentar paz y encontrar claridad entre la confusión en este despertar de la encrucijada globalista, no puedo negar que a pesar de la serenidad y confianza que experimento todos los días, al final de cada argumento en los diferentes temas he llegado a momentos de aflicción. En las últimas dos décadas de conocimiento, en el desarrollo de ideas para proporcionar a mis lectores realidades que ignoramos por las diferentes circunstancias que hemos diseñado cada uno en la vida cotidiana, he llegado a conocer no solo nuestro descuido, sino también la ineptitud o la complicidad de los gobiernos en la violación de derechos y libertades que habíamos dejado en sus manos. Para algunos, vivir como un robot de carne y hueso puede serles atractivo, porque se acostumbraron al camino de Vicente: "¿Para dónde va Vicente?, para donde va la gente". Otros, en pleno desarrollo del conocimiento, con una tecnología interesante y sofisticada, subrayan la importancia de escuchar y de leer adecuadamente, más allá de conceptos políticos, argumentos de personas preparadas o analistas que hoy se preocupan por la seguridad en la planificación de un nuevo mundo construido a nuestras espaldas. Somos muchos los que queremos seguir en control de nuestro plan de vida, responsables de la planificación financiera que por años hemos trabajado con capacidad y empeño, construyendo una vida sana y honestamente merecida. Pero hay un origen corrupto en todo este proceso de cambio que debemos conocer para no caer en sus manipulaciones, porque es bien sabido que una vez en sus manos, ni tú ni yo tendremos acceso a su nivel de vida.

Sin embargo, no solo en la vida hemos visto caer imperios y producirse transformaciones económicas, sino también el triunfo del potencial humano celebrando sus batallas. Por tanto, no es momento de consejos o publicar un libro para acaparar protagonismo; de hecho, esto nunca lo he buscado. En lugar de eso, lo que aquí entrego es un largo camino de sacrificio en la búsqueda de referentes: abogados que entienden leyes de gobiernos; periodistas con trayectorias impecables, algunos censurados, que perdieron sus trabajos porque no se han prestado a la manipulación; libros en los que se ve el odio y reflejan la energía del racismo que no les deja ver la realidad entre otros que buscan la verdad, viajes sacrificados para sacar del fondo de cada individuo su experiencia con la vida, su cansancio y fracaso porque no tuvieron la tenacidad para luchar. Mi fe y mi esperanza es que usted no tenga que arrepentirse por ser un fracasado viviendo en la miseria, de acuerdo con lo que aquí expongo.

La buena noticia es que, para recorrer el camino de la encrucijada, traigo voces de expertos, como Marcos Jaramillo, profesor de derecho internacional, que empezó por alentarme con su bagaje de experiencia, cuando le escuché decir: "Lo que estamos viviendo hoy ya no es conspiración, porque no estamos viviendo treinta años atrás, cuando no había Internet". Las Naciones Unidas, con sus argumentos izquierdistas y el empoderamiento de las decisiones que se atribuyen para dominar los países, son la prueba de que más allá de la conspiración había un plan diseñado que tomó fuerza con el tema del coronavirus, para la encrucijada que está viviendo Norteamérica y la amenaza sobre los países de perder el control de su soberanía. Muchos son los analistas que se han atrevido a destapar la caja de Pandora o la tinaja descrita en la mitología griega, que contenía todos los males del mundo y escaparon al abrirla; al tratar de cerrarla, quedó en su interior solo el espíritu de la esperanza, único bien que los dioses habían metido en ella. Pues bien, el secreto de la caja de Pandora que estamos viviendo hoy estaba en la ONU, con la intención de destruir los Estados del mundo sin ningún derecho. Lo que estamos viendo es el resultado de ideas que se venían maquillando en la mente de los descendientes de la familia Rockefeller, Bill Gates, los miembros de la ONU y sus ONG. El abogado Marcos Jaramillo lo define para que todos podamos entender la gravedad de la encrucijada, así:

Muchas de las organizaciones internacionales están sobrepasando su competencia jurídica, están saliéndose de lo que el tratado constitutivo de esas organizaciones les señala como límite para actuar. Por ejemplo, en el caso de las Naciones Unidas, el artículo 2.7 de la Carta de la ONU señala que esa organización no puede entrometerse en los asuntos internos de los Estados, lo que es esencialmente interno de los Estados, y vemos que la ONU está completamente en la actualidad entrometiéndose en nuestros Estados en todo el mundo, pero de una manera total. Eso es totalmente contrario a lo que la Carta señala.

El profesor expresa que uno de los asuntos internos de los países es el tema de inmigración, que ahora quieren manejar las Naciones Unidas alrededor del mundo, y especifica lo que se ha discutido entre varios analistas sobre el artículo 2.7: las Naciones Unidas no puede entrometerse en los países, especialmente en los asuntos que son juridicialmente internos de los Estados, son los Estados los que han creado esas organizaciones internacionales para su uso, pero no para que esas organizaciones se vuelvan en contra de sus propios generadores.

Entre diferentes opiniones escojo la forma más fácil para que todos podamos explorar nuestro sentido común. Entiendo que los líderes de los países no se toman la responsabilidad de entender cuáles son los límites de actos que deliberan las organizaciones internacionales que estamos viendo actuar ilegalmente. Un abogado advierte: estas organizaciones internacionales emiten miles de recomendaciones, hacen visitas a terreno, están con códigos de conducta, emiten estándares a los países, emiten leyes modelo; nos llenan de diferentes documentos en que los países no tienen claro lo que significa, simplemente los colocan en práctica. E insiste casi con frustración para que entendamos que ninguno de esos documentos es obligatorio: no tiene ninguna obligación jurídica de colocarlos en práctica, es un sistema de compromisos u obligaciones internacionales que los interesados no consideran vinculantes, pero que igualmente lo hacen propio; eso es lo grave, en el fondo es una simple recomendación que hace una organización internacional, pero quizá por la ignorancia de las autoridades o quizá por la connivencia de esas autoridades, esa simple recomendación se transforma en un documento obligatorio; en Chile puede ser una ley, puede ser un decreto, o quizá finalmente un reglamento, pero no tiene ninguna validez, y eso pasa en todos los países.

Por consiguiente, aquí podemos ver la influencia que se le ha dado a estas organizaciones que han sabido aprovechar la ignorancia de algunos gobiernos, o como lo dice el abogado: tendríamos que preguntarle a las autoridades por qué lo hacen, puede ser que por ignorancia de las autoridades, que piensan que porque lo dice las Naciones Unidas así tienen que hacerlo; es una de las suposiciones, que por ignorancia se le esté entregando soberanía de una forma tan barata a una organización internacional a la cual ni siquiera hemos elegido.

El segundo punto destacado por el experto coincide con el de muchos otros entrevistados, incluyendo gente del común: la existencia de intereses personales de líderes en cada país, como lo venimos sosteniendo en esta obra, para manipular nuestra consciencia, como se refleja el sentido comunista en casi todo América Latina, Estados Unidos, Europa. Lo cierto es que se está viendo caer la soberanía de los países por las exigencias de la ONU. Hay que destacar también la imponencia del secretario de Seguridad de Naciones Unidas exigiendo que se aplique un plan globalista con sus ideas, camufladas bajo el Plan Mundial de Respuesta Humanitaria, haciendo énfasis en los grupos de población más afectados y vulnerables, donde antes del virus no se ha visto otra cosa que el crecimiento inmensurable de la hambruna y la violación de los derechos humanos.

El plan que exige el señor Antonio Gutiérrez en conjunto con otras organizaciones y las ONG aprovechando la pandemia, no es otra cosa que el plan para la encrucijada que tomó por sorpresa a Trump, quien por no decirlo acorralado se encuentra en un dilema, pues bastantes analistas aseguran que la crisis provocada fue la zancadilla para borrar la imagen que estaba construyendo con la próspera economía que traía sorprendidos a los especialistas, a la que hoy lograron situar en la crisis más grande de los últimos tiempos. El fenómeno que aquí se le armó a Trump cuenta con grandes desventajas, ya que en su gabinete no hay en quién confiar; por ejemplo, entre las importantes órdenes ejecutivas que emitió, una de ellas fue la coordinación de la resistencia contra pulsos electromagnéticos y he podido escuchar, con frecuencia, que los departamentos de Energía y Seguridad hacían caso omiso de proteger la red eléctrica nacional y otras infraestructuras que garanticen la seguridad de la población.

Pese a que la humanidad está consciente de que Estados Unidos es una nación abierta, que goza de información sofisticada y es poderosa económica y tecnológicamente, es la más vulnerable del mundo a cualquier ataque de toda índole; por tanto, se podría considerar que estos descuidos en zonas estratégicas para la seguridad de su población son una confabulación en esta encrucijada.

De hecho, desde 1996, China viene amenazando con un 'ataque sorpresa' a los sistemas de información estadounidenses, y no creo estar equivocada, la amenaza está vigente.

Seguidamente, el diseño del plan para acabar con la economía estadounidense actual tiene un desarrollo psicológico que muchos analistas comparan con el del año de disturbios (1968), el cual tuvo su pico de curvatura en la guerra de Vietnam y hoy está presente en este creciente desorden contracultural.

Otro de los factores que dejan ver la cara de una encrucijada programada son las declaraciones del jefe del Centro Antiterrorista de la Comunidad (CEI), Andres Novikov, en una entrevista con la agencia de noticias TASS: mientras los gobiernos están tratando de garantizar la seguridad de la salud, enfocándose en proteger la vida y la salud de su gente, los reclutadores de grupos terroristas internacionales no solo se están aprovechando de la difícil situación para reclutar más "soldados Jihad", están llamando a miembros infectados para propagar la covid-19 lo más posible en lugares públicos, agencias estatales.

Los factores independientes con carácter psicológico son las piezas claves que expanden el pánico entre la población, es el bastón del que más se agarran las organizaciones internacionales para presentar una nación debilitada frente al problema de salud. La sociedad y la infraestructura estancadas por el confinamiento era el escenario diseñado perfecto que buscaba China para sacar ventaja, reemplazar a la primera potencia mundial y así cerrar el cuarto de siglo de lucha esperando para derrumbarla con un ataque de pulso electromagnético y cibernético. Con el arma biológica y un virus informático, se podría llevar la victoria el gigante asiático.

Entre la encrucijada y Anthony Fauci

El trabajo que se hizo en esta encrucijada muestra características de un grupo de apoyo bien sofisticado, con la idea de globalidad clave para atacar y posesionar a China en el orden mundial con su Partido Comunista Chino (PCC$_H$). Incluso, no me es posible ver cómo una persona inteligente como Trump puede caer en manos de personajes extremadamente controversiales, como el caso del director del Instituto Nacional de Alergias y Enfermedades Infecciosas, el doctor Anthony Fauci, quien se tomó el poder de enfrentar la crisis sanitaria entrometiéndose en asuntos de la Casa Blanca, desautorizando al mandatario estadounidense en cualquier opinión, actitudes que son aplaudidas entre los enemigos de Trump y representan un desafío peligroso para sembrar la desconfianza de la población hacia el presidente.

Seguí viendo con frecuencia las acciones de Fauci en las presentaciones junto al mandatario estadounidense y no sé cómo es que la gente celebra el drama del doctor ante las cámaras sin ningún disimulo y con arrogante cinismo ridiculizando a Trump; no sé si lo hizo con toda la intención o no, pero la reacción de los televidentes y de las presentadoras me dejó alucinada: por la forma en que fue analizado el contexto, una de las presentadoras manifestaba su apoyo; resaltó que es el más respetado, admirado y escuchado por todos, con 79 años de edad y más de treinta años de experiencias en crisis sanitarias. Lo peor es que parece que la gente no se pregunta qué hace el doctor Fauci tres décadas metido en los laboratorios de la China. Una eminencia debería saber cómo tratar una gripe infecciosa, la menos letal comparada con las que él lleva años estudiando en los laboratorios. No tiene sentido que él no acepte ninguna medida antes de que salga una vacuna.

Anthony Fauci, el doctor, ataca al presidente Trump con palabras de desaliento y alta dosis de cizaña: "Si se hubiese actuado antes, se hubiesen salvado más vidas en Estados Unidos", frase que se recibió con júbilo, porque podría ser la última gota del vaso para acabar de poner en el piso la popularidad del líder de la Casa Blanca. El doctor Fauci ha tomado un empoderamiento preocupante, destacando a como dé lugar su conocimiento científico: "La evidencia científica se inclina muy, pero muy poderosamente, a que esto no se pudo haber manipulado deliberada o artificialmente", la defensa obvia para ocultar cualquier implicación contra China, mientras que otros científicos sostienen fuertes argumentos de que el virus se originó en Wuhan.

Las acciones del doctor para ganarse la confianza de la opinión pública preocuparon, porque aquí lo que está en juego es la vida de millones de seres humanos. Eso me llevó a indagar entre estudios científicos y poder sacar conclusiones que no sean simples acusaciones, sino de sentido común para entender la encrucijada.

Desde hace veinte años, en varios laboratorios del mundo se estaban estudiando estos virus, como el síndrome respiratorio agudo grave (SARS, por sus siglas en inglés), para ser utilizados en una presunta guerra biológica, pero en Estados Unidos se suspendió el enriquecimiento del virus o ganancia de funciones en varias oportunidades. Dada la curiosidad por tener idea de cuál es el desempeño de Fauci en los laboratorios durante tantos años y la credibilidad cada vez menor en el estudio de los virus, me fui adentrando en el tema y me encontré con que existe una gran parte del gremio de científicos que apoya la idea de cerrar la ganancia de función, pues hay muchas razones que implican la bioseguridad, por ejemplo, como la de ser usados con fines perversos como bioterrorismo y otros incluso más peligrosos.

Empecemos por entender qué significa enriquecimiento del virus o ganancia de función. Pues bien, después de un recorrido por varios laboratorios para extraer información confiable, centré mi sentido común en el Laboratorio Bioseguridad 4 (fuente: Organizaciones Reguladoras de Servicios de Seguros Canadienses [CISRO, por sus siglas en inglés]) y en expertos como el doctor Joseph Mercola:

"«Ganancia de función» se refiere a experimentos en los que se altera un patógeno para darle una funcionalidad nueva o agregada; por ejemplo, la capacidad de infectar a los humanos, cuando antes era imposible, o un aumento en las infecciones o la letalidad". "Trabajar con un organismo para que este sea potencialmente más peligroso, parece una mala idea".

Se señaló en el documento "Gain-of-Function Research: Ethical Analysis", de 2016, que, aunque la investigación de ganancia de función pudiese crear medidas de control mejoradas y efectivas, accidentes de laboratorio o alguna "acción malévola" en la que los patógenos mejorados se liberen, podría causar millones de pérdidas.

Otro documento de 2013, también expuesto por el doctor Mercola, dice: "La capacidad de controlar los eventos de escape no está garantizada y esto representa una grave amenaza para la salud humana debido al aumento tan rápido de los laboratorios de bioseguridad en todo el mundo". De hecho, es muy grande el riesgo de que se escape un virus de un laboratorio. Según la evaluación de riesgos del Departamento de Seguridad Nacional para la Instalación Nacional de Bio y Agrodefensa en Kansas, las posibilidades de que un virus escape son del 70 %.

Si el SARS-CoV-2 es un virus creado por el hombre, como siguen sugiriendo las investigaciones, es una prueba de que la investigación de ganancia de función plantea muchos riesgos para la humanidad, los cuales superan con creces cualquier ganancia potencial. Prácticamente, todas las demás amenazas para la humanidad (toxinas ambientales, pesticidas, transgénicos, contaminación genética) son insignificantes en comparación con el peligro que representa la investigación de biodefensa/armas biológicas.

Francis Boyle, quien cuenta con una licenciatura en la Universidad de Chicago, un título en Leyes de Harvard y un Ph.D.

en Ciencias Políticas, durante décadas se ha opuesto al desarrollo y uso de armas biológicas. De hecho, Boyle fue quien solicitó la creación de regulaciones al respecto en la Convención sobre Armas Biológicas de 1972 y redactó la Ley Antiterrorista de Armas Biológicas de 1989, que fue aprobada de manera unánime por ambas Cámaras del Congreso y promulgada por George Bush.

Ahora, el científico Boyle sospecha que el coronavirus podría estar relacionado con las armas biológicas. Desde la administración Regan ha monitoreado alrededor del mundo los brotes misteriosos de enfermedades en los animales y en los humanos, y dice:

> Antes de que ocurriera esta situación, el SARS ya se había filtrado dos o tres veces, y parece que estaban acelerando la potencia del mismo, que es lo que parece manifestar la covid-19. Esta es una nueva generación de armas biológicas que no habíamos observado antes.

Encontré también en el recorrido de opiniones científicas a muchos genios que coinciden en que el origen del SARS-CoV-2 es proyecto llamado "Armas biológicas peligrosas" que, si bien supo escapar de algún laboratorio, se ha sabido aprovechar.

Continuando con el artículo, a pesar del peligro a que se expone la humanidad con esos experimentos, esto es lo que dice sobre Fauci:

> Hace una década, el doctor Anthony Fauci defendió y promovió la investigación de ganancia de función en los virus de la gripe aviar, y dijo que valía la pena tomar el riesgo de tal investigación, ya que eso les permitía a los científicos prepararse para las pandemias.

Yo le pregunto, amigo lector: ¿Estaba preparado el doctor Fauci para esta pandemia después de tres décadas en observación del SARS?, ¿cómo es posible que sí puede advertir con exactitud que viene otra pandemia más agresiva, encontrada en China, el virus del cerdo, y que comparte rasgos con la gripe porcina del 2009 y la gripe pandémica de 1918?

A mi juicio, al doctor Fauci le gusta jugar con la vida de los seres humanos y le gusta los altos riesgos, como lo manifiesta todo al que le agrada la exageración de adrenalina, igual a quienes les gusta el juego en la bolsa de valores aun sabiendo que pueden perder millones de dólares (a muchos de este tipo de millonarios los he visto en la bancarrota), es algo así el riesgo en la ganancia de función, la diferencia es que la una es material y la otra es el juego de la vida con careta de prevención.

El Gobierno de los Estados Unidos invirtió 100 000 millones de dólares en programas de armas biológicas, entre el 11 de septiembre de 2011 hasta octubre de 2015, en laboratorios bajo la dirección del director del Instituto Nacional de Alergias y Enfermedades Infecciosas.

No podemos estar tan ciegos para no entender cuál es el objetivo de esta gran encrucijada. Sin embargo, vemos al redil de ovejas sumisas pensando que el doctor Fauci está del lado de la humanidad, parece más bien que va en contravía de esto.

También, él arriesga su credibilidad, si para la mayoría es un virus diseñado y ha sido financiado.

De todos modos, en los documentales que he visto se dice que existe un alto porcentaje de posibilidad de que el coronavirus es un virus artificial. Pero aquí el que tiene la razón es el que investiga para salir de la manipulación.

Francis Boyle tiene una conclusión: "No es necesario que repasemos la larga historia de importantes farmacéuticas involucradas en el tema, ya que hay grandes beneficios económicos de por medio".

Esta información se puede verificar en el artículo "La cortina de humo alrededor del virus de Wuhan", de Mercola (16 de junio de 2020). Entre mis opiniones, las referencias que deja el artículo son las pruebas de ser un virus diseñado, e incluyen los artículos de investigación antiviral "Furin, a Potential Therapeutic Target for covid-19", publicado en febrero de 2020, y "The Spike Glycoprotein of the New Coronavirus 2019-nCoV Contains a Furin-Like Cleavage Site Absent in CoV of the Same Clade", publicado en abril de 2020.

En la era moderna, esta guerra fría, no declarada, que para muchos es la encrucijada con arma biológica sofisticada, que se va fortaleciendo de manera inteligente hacia el mal, agrupando con un llamado a toda clase de organizaciones y movimientos internacionales, con la ONU a la cabeza, la Organización Mundial de la Salud (OMS), la Organización Internacional para las Migraciones (OIM), el Programa de las Naciones Unidas para el Desarrollo (PNUD), el Fondo de Población de las Naciones Unidas (UNFPA, por sus siglas en inglés), Hábitat para la Humanidad, el Alto Comisionado de las Naciones Unidas para los Refugiados (Acnur), el Fondo de las Naciones Unidas para la Infancia (Unicef) y organizaciones no gubernamentales (ONG) unidas a la Open Society de George Soros y a las de Melinda y Bill Gates, han dejado mucho a la imaginación, la integración de jóvenes radicales de ambos lados en la división política y los delincuentes que se han infiltrado a los disturbios derrumbando estatuas y promoviendo incendios; todo enseña la imagen programada para que las potencias puedan notar una debilidad en la democracia americana. Los enemigos potenciales: China, Rusia, Corea del Norte, Irán, y los terroristas internacionales, han acatado la sutileza del secretario general de la ONU, Antonio Gutiérrez, para tomar ventaja y desarrollar con gran carrera la agenda globalista. A pesar de los esfuerzos de Trump, en su defensa de las acusaciones por la trama rusa, que se probó fue una trampa montada por los demócratas que no se ventila en ningún medio informativo, salir de esta encrucijada no parece fácil, dicen los expertos; se percibe a China y Corea de Norte aprovechando el momento de pandemia para imponer la dictadura y finalmente acabar con la democracia.

Sin embargo, hay que dar gracias a Dios que son ya muchos los que pueden identificar un complot en el modelo desarrollado para entrar a infectar con vandalismo los estados americanos, aprovechando que el presidente tiene poderes limitados y los estados cuentan con suficiente autonomía para debilitar la máxima autoridad. Los gobiernos y los alcaldes en la mayoría de los estados han acatado la voz de estas organizaciones para permitir el desorden y así mostrar al mundo un país incapaz de manejar asuntos como la pandemia. Hemos observado claramente la desestabilización de una nación que iba en desarrollo, estas son pautas claves para un golpe de Estado con alcances de tecnología, es lo que puede provocar la encrucijada que busca socavar la soberanía de la nación estadounidense.

Adicionemos a ello el mal de rabia que ha despertado Donald Trump entre los enemigos por haber podido comprobar que todas sus sospechas hacia China son verdad, incluyendo los posibles ataques que desactivan los sistemas electrónicamente. En la actualidad, son muchos los casos de espionaje de China sacados a la luz, con testimonios bien verificados; por ejemplo, el caso del chino condenado debido a que se hizo pasar por investigador médico, interesado en trabajar en la Universidad de San Francisco. Wang confesó a las autoridades que lo entrevistaron, ser oficial del Ejército Popular de Liberación Chino y empleado en un laboratorio militar universitario. Manifestó a las autoridades que "recibió instrucciones de sus superiores en China para observar la disposición del laboratorio de la UCSF [Universidad de California, San Francisco], y sustraer información sobre cómo replicarlo en Xi'an, entre otras declaraciones" (publicadas originalmente por *El Comercio*. Si está pensando en hacer uso del mismo, por favor cite la fuente y haga un enlace hacia la nota original de donde usted ha tomado este contenido. ElComercio.com).

Otro factor que desató la rabia del enemigo es la demanda que los republicanos de la Cámara presentaron contra los comunistas chinos por interrumpir la respuesta al coronavirus; se consideraba bipartidista, pero se desintegró porque muchos decidieron apoyar al PCC_H y dejar al mandatario estadounidense solo.

Una cadena que domina

La ignorancia en este campo es tan normal para nosotros; hace apenas dos décadas nadie pensó que detrás de la filantropía venía una avalancha de sufrimiento, contraria a la promesa de nobleza, paz y libertad que escondía el abanico de mentiras y maldad que hoy se ventila sin ningún escrúpulo. A diferencia de hace pocos años, cuando solo nos preocupábamos por elegir el candidato del partido tradicional de preferencia, el curso de esta guerra biológica ha alterado la consciencia para apenas empezar a entender que los reales dueños del poder adquisitivo son los que eligen a los mandatarios de la nación en que vivimos y tomar el rumbo de nuestro destino. Hasta poco antes del período de Barack Obama, en Estados Unidos, no se había oscurecido tanto las expectativas de una elección presidencial, al punto de considerar las elecciones con el método que se usó en las de Venezuela, donde la filantropía fue, entre otros, el motor financiero.

En Latinoamérica, hace muchos años los padres de la filantropía estaban tejiendo la red en las sombras, pero lo que nadie pensó que sucedería era la despoblación masiva anticipada, ni menos que tuviéramos que pagar con creces el conformismo que produce la ignorancia.

No entenderemos bien la conexión de la filantropía en la financiación y el desarrollo de su rebrote moderno como influencia en el plan de orden mundial, sin antes mencionar a uno de los padres del negocio.

Andrew Carnegie

Andrew Carnegie invirtió en ferrocarriles, coches-cama para trenes, puentes y torres de perforación de petróleo. También hizo fortuna como vendedor de bonos para financiar empresas angloamericanas en Europa. Como lo conocemos todos, "El hombre de acero", otro emigrante escocés que en los Estados Unidos conoció para qué sirve el acero, con él empezó su fortuna y su caudal financiero fluyó con gran fuerza a la filantropía, convirtiéndolo en un *think thank*. Intelectual, amante de la educación, fundó el Instituto Carnegie, el Fondo para la Paz Internacional. Considerado el "gran magnate de la industria", la idea de un mundo global no estaba lejos de la visión de Carnegie; la evolución de su descendencia enmarca sus intereses, que atraviesan regiones geográficas y las relaciones entre los gobiernos, negocios, organizaciones internacionales y la sociedad civil, centrándose en las fuerzas económicas, políticas y tecnológicas que conducen al cambio global: la seguridad global, la estabilidad y la prosperidad, acto que requiere una presencia internacional permanente y una perspectiva multinacional como base de sus operaciones.

No puedo negar cómo me ha sorprendido la conexión en la estrategia de los genios para dominar a la población mundial. Nos enfrentamos a la ambición de quienes construyeron su imperio a costa de monopolios. Desde entonces fue este el diseño en el proceso de los eslabones que derivó con la filosofía de Carnegie. El hombre de acero entró con la fuerza de un ciclón, arrasando con todo lo que le estorbaba en el camino para construir su imperio. La alegoría que presenta a Carnegie es la de "incinerar todo lo que estaba en el camino". A mi entender, se refería a quemar todo lo viejo en las vías ferroviarias para emprender con proyectos novedosos en la industria, lo cual es de un genio. Pero, a medida que fui entrando a analizar sus intereses, me di cuenta de que entre estos genios se trata de preparar el terreno para construir los monopolios sacando del medio a todo el que se interponga a sus proyectos. Fue un sistema dedicado a eliminar por completo toda idea de empresario pequeño en la industria, nadie tenía acceso a ella porque se le presionaba a vender sin opción; de igual forma que la familia Rockefeller, quien agarró para sí la industria del petróleo, aseguró la cadena de los monstruos que enfrentamos hoy. Este fue el comienzo del árbol que se fortalecía para cobijar a las figuras mencionadas. Por consiguiente, la retórica de los genios con la filantropía logró calar hasta convertirse en una red mundial que nos asfixia. El compendio del nuevo auge del monopolio es el engaño de la "sociedad libre", *open society*.

De particular relevancia es la forma mediocre en que vivieron los esclavos de Carnegie; no veo necesidad de citar este tema, porque se encuentra en cualquier libro o documental que cuente la historia del hombre de acero. La máxima de Carnegie que lleva la delantera en este estándar de vida filantrópico es: "Las personas que no pueden motivarse deben contentarse con la mediocridad, sin importar cuán impresionantes sean sus otros talentos".

Sin quitar el mérito que se merece Carnegie por su potencial intelectual, infortunadamente el precio de su poder y del dinero lo pagaron esas mentes a las que se les robó el derecho a la motivación y a la prosperidad. Es mucha la gente que pierde la capacidad de motivarse cuando se le quita el derecho de propiedad o cuando sus derechos como ser humano son violados.

Dada la confrontación de esta línea de poder, al pensar en el futuro es inevitable considerar la siguiente lista de magnates, portavoces de la oligarquía que representa el sistema político, económico y cultural, que entraría junto con las otras élites mencionadas a manejar el mundo sin fronteras del nuevo orden mundial. Ninguna de estas élites tendría intereses para los ciudadanos de cualquier nación, carecerían de sensibilidad para las necesidades del mundo actual, así que las élites no son creíbles para dejarles en sus manos nuestro destino.

Jeff Bezos, el creador de Amazon, dueño de la compañía aeroespacial Blue Origin, que ejecuta vuelos suborbitales y orbitales con sus innovaciones constantemente desarrolladas, ocupa uno de los primeros puestos entre los hombres más ricos del planeta. Larry Ellison, otro magnate destacado, cofundador de Oracle, una de las empresas técnicas más importantes a nivel mundial, a sus 71 años es el empresario mejor pagado del mundo, de acuerdo con un informe de Headsem. Yendo más allá de estas fortunas, está el mundo del deporte; asiáticos, están los rusos como Roman Abramovich (ha gastado casi 900 millones de euros en Chelsea y compró este club por 140 millones en el 2003), o Mansour Bin Zayed Al-Nahyan, de los Emiratos Árabes Unidos.

Me inspiran todos los magnates para compartir con el mundo esta pregunta: ¿Por qué son tan poquitos? En lo particular, sin esfuerzo, afloran algunas respuestas: la mayoría de las personas sumisas caen en la masa de robots de carne y hueso, donde muchos se ven atrapados detrás de líderes llenos de resentimientos e incapaces de reinventarse para construir un mundo sin odio y sin miedo a ellos mismos. No tenemos una educación en el campo político, ni amplio conocimiento en las diferentes culturas para entrar en el desarrollo del potencial humano. Esto lleva a la paralización del potencial debido a la falta de respeto en las ideas creativas de quienes no se atreven a actuar por miedo al más fuerte.

Otra razón que carece de importancia, pero que les estanca a algunas personas su talento y su seguridad, es la de los orígenes, o sea, los apellidos destacados: aunque parezca inconcebible, en varios libros de historia colombiana encontré dominios de propiedad intelectual en los apellidos tradicionales. Recientemente, cuando le pregunté a un amigo abogado y con máster en Diplomacia por qué emigraba, sabiendo que el país necesita nuevos líderes, la respuesta me dejó perpleja: "Aquí, el apellido no me favorece para nada, no quiero perder el tiempo peleando con los dueños de Colombia".

Estos motivos son significativos para despertar consciencia y entender que en el mundo de hoy lo que se necesita es educación política de los ciudadanos, sin selección de grupos o edades; para incursionar en cambios positivos hay que conocer la historia y los orígenes de los errores que no han permitido alejar la corrupción y desmantelar los gobiernos que se han convertido en narco-Estados porque así lo hemos permitido

Los monopolios juegan con la vida

Dejando por ahora de hablar del monopolio de las filantropías, genocidio, instrumentos de control, inteligencia artificial, China y la gran cantidad de amenazas contra nuestra libertad; resurge un grupo de personas que desean jugar con la vida a través de vacunas, "los nuevos vacunadores". No me asusté con la lista de mesías que salvarán al mundo de las epidemias y pandemias, porque hablaremos del padre de las vacunas que estremece al mundo con sus ensayos en la humanidad. Sin embargo, esta lista me la envió un amigo para dar a conocer quiénes se suman a los magnates que desean experimentar con los humanos en el juego de azar a través de la vacuna contra el coronavirus.

Stéphane Bancel, Moderna

El francés CEO (director ejecutivo) de Moderna está desempeñando un papel importante en el experimento de la vacuna. Acaba de patentar su vacuna contra la covid-19, de modo que su patrimonio se multiplicará exponencialmente. De hecho, según las últimas noticias, Moderna va adelante en la carrera por la vacuna.

Pascal Soriot, AstraZeneca

Al frente de AstraZeneca, una de las empresas líderes mundiales en biotecnología, se encuentra Pascal Soriot, CEO (director ejecutivo) de la firma y uno de los hombres más ricos de Francia.

Según los últimos comunicados, AstraZeneca se encuentra empezando la fase iii de la vacuna, por lo que su valor no deja de crecer; tal es así que España ya ha adquirido treinta millones de dosis de AstraZeneca.

Yin Weidong, Sinovac

Sinovac es una de las empresas biotecnológicas chinas más pujantes de la actualidad. Su vacuna, CoronaVac, ya está en una fase avanzada de ensayos, por lo que su valor se disparará de llegar a buen término. Weidong es presidente y director ejecutivo de Sinovac, con sede en Hong Kong. La firma china ha trabajado en la creación de vacunas desde sus inicios y Weidong ha sido investigador en varios programas financiados por el Gobierno chino. Junto con Sinopharm y CanSino Biotech, lidera la carrera china por encontrar la vacuna contra la covid-19.

Albert Bourla, Pfizer

Al frente de una de las mayores farmacéuticas del mundo (si no la mayor) se encuentra Albert Bourla. Pfizer, conocida por ser la creadora de la archifamosa Viagra, también está detrás de la carrera por la vacuna. Griego de origen, bajo su mandato Pfizer ha suscrito un acuerdo millonario con Estados Unidos por la futura vacuna: el Gobierno de Trump pagará a su empresa casi 2000 millones de dólares por 100 millones de dosis.

Alex Gorsky, Johnson & Johnson

Más allá de ser una farmacéutica de primera línea, Johnson & Johnson es una de las multinacionales más conocidas (y gigantes) a nivel mundial; como no puede ser de otra manera, está en la carrera por la vacuna. Alex Gorsky no tiene dudas de su rentabilidad, tanto así que la empresa ha invertido 1000 millones de dólares en su desarrollo.

Emma Walmsley, GlaxoSmithKline

La única mujer en esta lista. De 51 años, esta súbdita inglesa dirige un imperio de 107 000 millones de dólares, y por supuesto, Walmsley no podía fallar a su cita con la vacuna: ya ha vendido 60 millones de dosis al Reino Unido y 100 millones a Estados Unidos, y eso que aún están en la fase i.

Adar Poonawalla, Serum Institute of India

Con todos ustedes, el futuro hombre más rico de la India. Adar Poonawalla es el actual ceo del Serum Institute of India, la farmacéutica que más vacunas vende en el mundo: alrededor de 1500 millones de dosis, pero esto no es nada con lo que está por venir, un patrimonio que se multiplicará cuando la vacuna desarrollada junto con la Universidad de Oxford, sea una realidad. Los planes de Adar Poonawalla son muy simples: vender la vacuna a todo el mundo, a bajo costo (*low cost*).

La covid-19 del miedo al pánico

No tengo duda de que el universo ha conspirado con esta crisis, como ejercicio para la preparación oportuna de acción concerniente a la ignorancia en que muchos hemos vivido para actuar en medio de un conflicto. Hoy no solo de magnitud biológica, sino también de colapso económico mundial; mañana, no sabemos. Como sociedad, estamos expuestos a cualquier decisión que pueda tomar este uno por ciento de pirañas contra nosotros. De acuerdo con la polémica que se ha desatado con el brote del coronavirus, la lección que nos da es entrar a la batalla con armas de inteligencia y no biológicas.

Lo cierto es que esta corona de proteínas con forma de espiga superficial, es un patógeno viral que ha venido a destruir la humanidad; sin embargo, no es tan peligroso como las intenciones de personajes que ya están anunciando el otro coronavirus de la misma familia y más mortal.

Si miramos la trayectoria del coronavirus, lo que estamos viviendo es la prolongación del reino de los virus en una de sus clasificaciones; por ejemplo, el GammaCov ataca aves grandes, mamíferos y animales marinos; el DeltaCov solo ataca aves; Alfa y Beta Cov atacan ganado bovino y porcino, animales de compañía, murciélagos y al ser humano, y es el que desarrolló la covid-19, aumentando la lista de los más peligrosos.

Para comprender cómo controlar el pánico, recordemos que en 2012 el Beta Cov, que apareció en Arabia Saudí, es el mismo virus de origen chino del 2002 (SARS), hoy controlado; es la misma neumonía típica de Arabia Saudí que aún sigue activa. Cabe resaltar que en este caso el coronavirus se puede identificar, y mientras la mayoría de los científicos están investigando o tal vez experimentando con este del presente para formar el otro que anunció Bill Gates días atrás, la gente del común ha ido tratando el virus y son muchas las personas que han sobrevivido a esta arma mortal con métodos alternativos.

No hay la menor duda de que la tecnología ha podido unir al mundo para aprender la lección que desde diferentes perspectivas deja este enemigo global en la sociedad. Por tanto, es importante tomar consciencia para ayudarnos todos y vencer el miedo que nos ataca por las condiciones negativas que produce la falta de educación e información apropiada en el tema de salud, es un hecho que detrás de este virus hay muchos intereses y que nos quieren aislar. Pero, desarrollando un sistema beneficioso para todos en cuanto a la calidad de vida, sin perder el contacto familiar y social, podemos sobrevivir a esta guerra; de hecho, hay familias que no han dejado perder el vínculo social, conservando los protocolos.

Por ejemplo, investigar sobre los beneficios de productos en el mantenimiento del sistema inmunológico es una forma de hacerle frente a la situación.

Mientras se viva en la ignorancia como robots de carne y hueso, seguiremos colaborando en esta clase de amenaza contra la salud; este confinamiento es un simulacro con la población, simplemente una prueba de control absoluto para lograr estrategias de manipulación y lograr que tenga efecto el proyecto global.

El engorde de los bancos financieros para los bolsillos de los corruptos sin medir las consecuencias en la destrucción de la economía, de la vida humana y animal, forma parte del entramado de la filantropía, de la misma manera como es usada en el flujo financiero para cubrir el mal manejo de la tecnología manipulada en cualquier sistema de gobierno.

12.

El velo de los dueños del planeta se perfora

La historia del mundo ha sido tan polarizada y cruel que mantiene sus reacciones bien sea de rechazo o emociones encontradas en cada individuo, con un factor a nuestro favor bien importante, la curiosidad entre los humanos de controvertir cada época marcada por los héroes. La capacidad de controversia nos enfrenta a todos para superar las peores expectativas de los enemigos que algunos ven con buenos ojos. En términos generales, la curiosidad nos tiene a todos hoy más que nunca con la lupa encima de grupos selectos, que se están comportando peor que un arma nuclear. Con esto no quiero indicar que los aquí mencionados sean culpables.

Jeff Bezos, CEO de Amazon; Bill Gates, fundador de Microsoft; Warren Buffett, Mark Zuckerber, FaceBook, George Soros, Elon Musk, Anthony Fauci, entre otros, nos dejan ver las tinieblas que se mueven para controlar los hilos de la manipulación a través de la política y del control mental en la humanidad. De ellos se conocía poco, porque no era conveniente para ellos que buscáramos en diferentes redes la otra cara que delata sus intenciones. Por ejemplo, Soros, se mantenía resguardado influyendo silenciosamente en el poder totalitario, acrecentando la ventaja en la manipulación de la mente de los hombres que domina. Claramente, ha demostrado que aprovecha la ignorancia en los países del tercer mundo, donde con su fortuna alimenta a los títeres, les induce sus acciones hábiles y malintencionadas haciéndoles creer que ellos son parte de la élite de los dueños del planeta, logrando en la mentira que entreguen la soberanía y riquezas de sus territorios al mejor postor. Estas mentes seducidas al poder se convierten en peones, a través del poder político falsean con la copia de argumentos a las sociedades y es así como engañan al mundo entero. Todos ellos son conscientes de que la mayoría, sumisos y mal informados, nos convertimos en dependientes con mente programada a las distracciones materiales para no discernir la realidad de que nos movemos en un ambiente con vía a una dictadura mundial.

Mientras tanto, ante el engaño, a todos nos dejan ver la hambruna pasearse en multitudes alrededor de un mundo de clases sociales desiguales, hasta hacer creer que ellos son indispensables. Un mundo apropiado para desafiar los verdaderos sentimientos entre poderosos que aprovechan circunstancias e incursionan en el ambiente sensible de la humanidad para presentarse como redentores. Asombrosamente, se desplazan con el ego "hinchado" y con cautela, mientras a su paso van construyendo su propio mundo sobre la nobleza e ingenuidad que envuelve siglo tras siglo a la raza humana. Sin embargo, hay mayoría que se embelesa destacando la inteligencia de estos seres que se convierten en genios o en verdaderos samaritanos con la influencia del dinero. El mal necesario que enfrentamos es que a algunos se les ha caído la careta, pero ya han calado en el sistema social, amenazan la libertad y la evolución de nuestra consciencia. Entre buenos argumentos para salir del redil que adora a sus amos, la condición de mi cuñada Nelly, una mujer que admiro por su forma incondicional o el espíritu libre de percibir y analizar las diferentes circunstancias de la vida; entre una de esas charlas antes de finalizar mis argumentos en política, me dice: "Connie, es que tenemos que entender que para los gobiernos somos un número más en sus intereses políticos". En esa conclusión recordé, además, que despertar consciencia es la clave para cambiar el rumbo de nuestra historia manipulada y defendernos del engaño.

En los próximos capítulos hay algunas reseñas documentadas de la historia que rompe el velo y deja ver con claridad la otra cara de los que esconden la insensatez.

Por ello, hay que mostrarle al mundo cuál es la realidad de su nobleza.

Bill Gates

Mi método de trabajo da prioridad a la velocidad del tiempo; por tanto, no me detengo en la biografía del magnate que aparece en todas partes, sino que voy a conclusiones específicas que puedan despertar el sentido común hasta aquellos que viven levitando entre la idea de un mundo de propiedad y derechos iguales para todos, bajo el amparo del gremio del poder adquisitivo.

En las altas esferas del dinero, se fragua el relevo en dirección al sentimiento de la mente dócil que convierte al ser humano en un cordero.

La carta anual de Bill y Melinda Gates de 2019, refleja la coherencia o forma para desarrollar la planificación de los proyectos y entrar con fuerza en el ambiente de la filantropía:

Hace veinticinco años, leímos un artículo en el que decía que cientos de miles de niños de países pobres morían de diarrea. Esta información sorprendente nos ayudó a materializar los valores que tenemos. Creemos en un mundo donde la innovación es para todos y donde ningún niño muere de una enfermedad que es posible evitar. Sin embargo, nos dimos cuenta de que el mundo estaba aún marcado por las desigualdades. Este descubrimiento fue una de las etapas más transcendentales del viaje que nos llevó a la filantropía. Primero, nos sorprendió, luego fue la indignación y después manos a la obra. Ha habido buenas sorpresas también. Cuando empezamos a estudiar sobre la malaria, pensamos que el mundo nunca podría avanzar verdaderamente en la lucha contra esta enfermedad, hasta que alguien inventase una vacuna de acción prolongada. No obstante, gracias a los mosquiteros y a otras medidas, los decesos por malaria se han reducido un 42 % desde 2000. En esta carta anual, hacemos hincapié en otros nueve temas que nos han sorprendido a lo largo de este viaje. Algunos nos preocupan, otros nos inspiran. Todos ellos nos impulsan a actuar. Esperamos que tengan el mismo impacto en ustedes, porque así es como el mundo se va volviendo un mundo mejor.

Evidentemente, los Gates tenían que hacer una pausa en el redil de robots de carne y hueso, para presentar las fibras de la nobleza y elevar su prestigio ante la miseria humana. En efecto, se inspiraron en la salud y las vacunas que es el tema más viable para canalizar actividades en planes de megadonaciones. Sin embargo, la generosidad con los importantes aportes en las vacunas ha confundido a la mayoría de los seres pensantes, porque, con sus propios argumentos, Gates ventila sentimientos que ponen en tela de juicio su compasión por la humanidad; muchos perciben una tendencia genocida inspirada en expertos, por ejemplo, la exposición que dio en la famosa Conferencia de Tecnología, Entretenimiento, Diseño (TED):

Tienes una cosa que se tiene que reducir a 0 —refiriéndose al CO_2—, está basada en la cantidad de personas, es solo en algunos cambios económicos que se ha logrado aplanar. Así que debemos ir desde crecer rápidamente a decrecer, y decrecer todo el camino hasta llegar a cero. La ecuación tiene cuatro factores y un poco de multiplicación: $CO_2 = P \times S \times E \times C$. P = gente $\times$ S = servicios por persona $\times$ E = la energía en promedio para cada servicio $\times$ CO_2 = en promedio para cada servicio. Entonces, miremos cómo podemos bajar a 0. Probablemente uno de estos números tendrá que acercarse a 0. Primero tenemos la población: hoy, el mundo tiene 6800 millones de personas y pronto puede llegar a 9000 millones. Ahora bien, si hacemos un buen trabajo con las nuevas vacunas, el sistema sanitario y el sistema de control de los nacimientos, podríamos reducir la población en un 10 % o 15 %. Si tenemos éxito, habrá beneficios, como la reducción del crecimiento de la población.

El enfoque en la reducción de la población lo manifiesta en varias ocasiones y se encuentra documentado en todas partes para que el lector tenga acceso a los argumentos de las conferencias y pueda analizar su nobleza.

De modo que aquella naturaleza con la que se expresa el niño que nació en cuna de oro es herencia de una familia brillante y muy admirada en la alta cúpula del poder social: su madre, Mary Maxwell, fue muy activa en el campo de la filantropía, presidente de United Way of America, la primera mujer gerente del First Interstate Bank; su padre abogado y filántropo. Hoy, Gates nos enseña la capacidad en el desarrollo de su potencial en el mundo empresarial herencia de sus padres. Un goliat en el mundo del negocio que ha sido capaz de cambiar la era moderna. Muchos lo comparan con John D. Rockefeller y Andrew Carnegie, hombres que transformaron una era. Sin embargo, la preocupación de sus padres por la conducta difícil de su hijo en la infancia, que reflejaba tendencia adictiva con las computadoras, le causaba serios conflictos con su madre. Por otro lado, sus biógrafos dejan claro que desde pequeño sabía lo que quería, tenía que relacionarse con ordenadores porque se les parecía a los juegos que usaba de pequeño, por ejemplo, uno de sus juegos preferidos era Risk: The World Conquest Game, cuyo objetivo era manejar el mundo, así como los monopolios para convertirse en un magnate. El día que estaba esperando Gates para entrar en el mundo donde podía materializar el juego acerca de la dominación mundial, llegó con la tecnología de su ingenio: Microsoft.

Una de las preocupaciones de su madre fue confirmar su presentimiento cuando se ve el retoño de la semilla de su descendencia tomar fuerza en forma desproporcionada o desviar la energía poderosa negativamente.

La nueva era de Gates comienza a manifestar las intenciones en su primer computador donado. En *Camino al futuro*, Gates dice:

> Las madres decidieron utilizar los beneficios de una gran liquidación de cacharros que sobraban en las casas para instalar un terminal y comprar tiempo de computadora para los estudiantes. Éramos demasiado jóvenes para conducir vehículos o para realizar todas las actividades que parecían divertir a

los adultos, pero podíamos dar órdenes a esta gran máquina y siempre nos obedecería".

Tan pronto como empieza el camino en el mundo de los ordenadores, el joven se da cuenta de que su PC estaba conectada a una red nacional, y decide lanzar su primer experimento, consistente en un programa que se copiaba en otros programas y estropeaba su información; entonces, se asalta la red, se instala el programa virulento y, luego, se envía a otras computadoras haciendo que todas fallen, esto causó el primer virus de ordenadores nunca antes visto, donde se dijo que fue el propio Gates culpable. Motivo que lo tuvo ausente por un tiempo. Después se reencuentra con su compañero Paul Allen, y así es como los dos continúan el camino decisivo en el mundo de los ordenadores y tiene lugar la era del Microsoft. En 1986, cotiza en la bolsa de valores, con Gates como único jefe o la cabeza de Microsoft, debido a la enfermedad de su amigo Paul, un cáncer que lo obligó a retirarse. Pero, en 1999, la reputación de Microsoft siembra la duda con las acciones deshonestas. El juez Thomas Penfield Jackson señaló que Microsoft estaba actuando con "posición de monopolio" y que la actitud de la empresa "daña la innovación tecnológica". Por otro lado, de ese conflicto quedó claro que ninguna firma que intente buscar iniciativa que pueda competir en el mercado no podrá hacerlo porque no se ajusta a los intereses de Microsoft, que está aprovechándose de su prodigioso poder en el mercado; vale la pena destacar que mantener el monopolio por buen mercado no es malo, sino la estrategia con que se hace. También se vio lastimada la imagen de Microsoft por una investigación que abrió la Unión Europea (UE) en su contra, coincidiendo con la opinión de que abusa de su prestigioso poder en el mercado informático. Son numerosas las acusaciones que ponen en duda la transparencia de Microsoft, debido a las estrategias de bloqueo a empresas rivales; el comunicado de la UE expone que Microsoft "pagó la mayor suma de multa en la historia de la Unión Europea (497 millones de euros) por abuso de posición dominante. Además, aparece que varias empresas que apoyaban la demanda contra

Gates, la retiraron tras recibir fuertes compensaciones económicas de Microsoft". Incluso, las versiones menos válidas coinciden con un desarrollo de estrategias manipuladoras en la empresa de Gates, para derrumbar el esfuerzo y la iniciativa de otras compañías. De hecho, en el presente la *suite* de productividad Slack investiga a Microsoft. Según Rodrigo Orellana (Fundación Universitaria de Popayán, 22 de julio de 2020), "Slack acusa a Microsoft de abusar de su dominio del mercado para extinguir a la competencia, vulnerando la ley de competencia de la Unión Europea". Igualmente, en secciones de tecnología, el artículo de Claudio Portilla (*La Tercera*, 22 de julio de 2020): según explica Slack, Microsoft ha "enlazado ilegalmente Teams-equipos junto a la *suite* Office, obligando a su instalación a millones de usuarios y ocultando los verdaderos costes [costos] a los clientes empresariales".

Bill Gates descubre otra vocación

Como es evidente, por su inteligencia, Gates pronto se dio cuenta de que los trucos y la astucia no son suficientes en medio de la competencia con Microsoft, porque tiene que rendir cuentas a varios miembros del mundo empresarial; no le iba a ser fácil lograr la fantasía de conquistar al mundo, mientras la filantropía no necesita rendir cuentas a nadie, más que obedecer a ciertas normas y derechos, que con el poder de las ideas y la fortuna se pueden manipular. Por tanto, Gates buscó apoyo en las ideas de la familia Rockefeller, exsocios de su padre, con una amplia experiencia en el negocio de las fundaciones filantrópicas, que fue otra de las puertas grandes que abrió la familia para conectar con la economía y política del mundo, la clave de influencia en el campo científico y de la salud para ampliar la enorme fortuna. En cuestión de años, Gates eclipsa con su poder y fortuna la vieja élite de la filantropía, para continuar con nuevas estrategias más codiciosas y transformar las normas de la caridad para realizar su plan.

En el 2000, nace la Fundación Bill y Melinda Gates, con el mismo objetivo de los descendientes de la filantropía: "el bienestar y la salud del mundo", con matices del trabajo de Gates, en la innovación tecnológica, empieza la prosperidad y afloran beneficios e intereses a su favor, como la donación de gran parte de acciones de su empresa Microsoft a su propia fundación, que le sirvió de trampolín para evadir al Tío Sam y ver sus ingresos libres de impuestos.

Con la donación de fortunas, logró anclar en la élite científica y el amplio mercado de la biomedicina, a través de la política y de la Organización Mundial de la Salud (OMS), de la que desde 2010 se convirtió en uno de sus mayores e indispensables financistas. Conformando alianzas en los negocios y su equipo de magnates, como George Soros y Anthony Fauci, ha logrado limitar políticas e interferir en decisiones de todos los países, para implantar su propio modelo en el campo de la medicina, política, educación, programas de alimentación, salud pública y privada.

El goliat de la tecnología encontró a la industria farmacéutica y a la biotécnica como el engranaje perfecto con la filantropía, bases firmes en el desarrollo del nuevo mundo. Los privilegios mencionados le otorgan no solo el nombre de prohombre, sino también la escalada para ganar confianza y construir laboratorios ambulantes; es decir, practicar sus ideas en vastos territorios de miseria para usar a los humanos como conejillos de Indias.

Cada vez que me detengo en su bagaje, creo que la esencia del niño que desde pequeño diseñó el mundo a su antojo, no muestra en su trayectoria ningún sentimiento por la hambruna en poblaciones desnutridas y desamparadas, sino, por el contrario, me recuerda a Andrew Carnegie, otro padre de la filantropía, que según se dice "construyó su imperio de acero a través de su fusión característica de brillantez y destrucción despiadada de cualquier cosa que se interpusiera en su camino".

La Fundación Gates puso la mirada en la inocencia de la población en países en vías de desarrollo. Fue allí, precisamente, donde su ambición, que empezó jugando con un computador, afloró con más fuerza para jugar y experimentar con la vida. Sus primeras aventuras fueron en la India, con la excusa de erradicar la poliomielitis, con su prueba de vacuna a niños de menos de cinco años; la sorpresa fue que el "doctor" Gates infectó 490 niños con la enfermedad, la asociación de médicos de este país lo señaló culpable, y en 2017, se dijo que el presidente de la India retiró toda relación con la Fundación Gates; sin embargo, con el tiempo, los medios que tocaban este tema fueron censurados.

A pesar de que la Fundación Gates llame a las vacunas "una de las mejores compras en salud global", una investigación del Gobierno de Pakistán ha encontrado todo lo contrario.

En 2011, *The Express Tribune* Islamabad (https://www. librevacunacion.com.ar/articulos/artindiabillgates.html y https:// tribune.com.pk) afirmó:

> Una investigación del Gobierno ha encontrado que las vacunas contra la poliomielitis para los niños financiados por la Alianza Global para la Vacunación están causando muertes y discapacidad en países de la región, entre ellos Pakistán. La sorprendente revelación es parte de un informe de investigación elaborado por la Comisión de Inspección del Primer Ministro (PMIC [por sus siglas en inglés]) sobre el funcionamiento del Programa Ampliado de Inyecciones (PAI). El PMIC, dirigido por Malik Amjad Noon, ha recomendado que el primer ministro Yousaf Raza Gilani suspenda de inmediato la administración de todos los tipos de vacunas financiadas por Gavi.

Según *The Express Tribune,* las principales vacunas en cuestión eran la vacuna contra la poliomielitis y la vacuna pentavalente (5-en-1), que se dice que es responsable de la muerte y la discapacidad de niños en Pakistán, la India, Sri Lanka, Bután y Japón.

Las vacunas fueron financiadas por Gavi Alliance, una organización patrocinada por el programa de vacunas para la infancia de la Fundación Gates, la Federación Internacional de Asociaciones y Fabricantes de Productos Farmacéuticos (IFPMA, por sus siglas en inglés), la Fundación Rockefeller, el Fondo de las Naciones Unidas para la Infancia (Unicef), la oms y el Banco Mundial (bm).

Según el informe oficial, hecho en exclusiva para *The Express Tribune*: *"El informe afirma,* «las vacunas adquiridas no se prueban en los laboratorios para confirmar su eficacia y autenticidad. *Esto deja espacio para el uso de vacunas adulteradas y falsificadas»"*. Si esto es cierto, una vez más la Fundación Gates se ha vinculado a las iniciativas de vacunación masiva, utilizando vacunas inseguras y no probadas.

En 2012, otro artículo titulado "Fundación Gates, la oms, path, Gavi, Unicef detrás del desastre de la vacuna de Chad" afirmaba: "En el pequeño pueblo de Gouro, Chad, África, situado en el borde del desierto del Sahara, 500 niños fueron encerrados en su escuela, y se les amenazó con que, si no estaban de acuerdo de ser vacunados contra la meningitis, ellos no recibirían más educación".

Estos niños fueron vacunados sin el conocimiento de sus padres. El medicamento era un producto sin licencia que no había pasado a través de la tercera y cuarta fase de pruebas. En cuestión de horas, 106 niños comenzaron a sufrir de dolores de cabeza, vómitos, convulsiones incontrolables y parálisis. La espera de los niños por un médico demoró una semana para que un doctor llegara, mientras que el equipo de inoculadores procedió con el resto de la población. Cuando la ayuda médica llegó finalmente, no pudo hacer nada por salvar a los niños. El equipo de vacunadores, al ver lo que había sucedido, huyó de la aldea por miedo.

El informe original escrito en un pequeño periódico local llamado *La Voix,* el único diario que lo ha publicado, declaró que 40 niños fueron finalmente trasladados a un hospital de Faya y luego llevados en avión a dos hospitales de Yamena, la ciudad capital de Chad.

Después de ser transportados como ganado, muchos de estos niños enfermos fueron finalmente dejados de vuelta en su pueblo sin un diagnóstico y a cada familia se le dio una suma no confirmada de 1000 libras por parte del Gobierno.

Son innumerables las voces levantadas en estos países en desarrollo que no tienen un Gobierno que los defienda, por el contrario, acallan voces porque los gobiernos se venden a sobornos sustanciosos. Por ejemplo, hagamos honor a la voz extraordinaria del importante historiador y periodista KP Narayana Kumar, ya que a muchos nos atrapaban sus historias; su interés por hacer notar el olvido de culturas usadas por los más fuertes es uno de los trabajos que dejó registrados para la humanidad e inspirarnos a no perder la moral y la ética. Las denuncias de las pruebas que se hicieron con la vacuna del virus del papiloma humano (VPH) nos lo dejó en uno de sus espacios en *The Economic Times* (India), hoy hace mérito a su memoria:

En 2009, las pruebas (VPH) se han realizado sobre 16 000 niños de las escuelas tribales en Andhra Pradesh (India); un mes después de recibir la vacuna, muchos de los niños cayeron enfermos, y para 2010, cinco de ellos habían muerto. Otros dos niños fueron reportados muertos en Vadodara (India), donde se estima que 14 000 niños de las tribus fueron vacunados con otra marca de la vacuna contra el VPH, Cervarix, fabricada por GlaxoSmithKline (GSK). Sorprendentemente, el informe indica que muchos de los formularios de consentimiento utilizados para vacunar a las niñas se firmaron ilegalmente, ya sea por los guardianes de los albergues, donde muchas de las chicas residían, ya sea usando huellas dactilares de padres analfabetos.

The Economic Times expresó que SAMA, una organización especializada de salud de mujeres, se interesó en la investigación de las vacunas y descubrió que 120 niñas enfermaron gravemente con variedad de síntomas, como ataques de epilepsia. Y continuó:

El rol de la Fundación Gates de financiar estudios controversiales, sin embargo, ha llevado a muchos activistas de la salud en India a levantar la voz manifestando sus temores. "Fundación Gates tiene que asumir toda la responsabilidad porque PATH está financiado por ellos. Tampoco es ético cuando las personas que defienden la causa de las vacunas son los mismos que también están invirtiendo en el desarrollo de vacunas", dijo Rukmini Rao

V, uno de los activistas que presentaron una petición escrita ante el Tribunal Supremo en relación con los estudios de la vacuna contra el VPH.

Absolutamente, y esta no es la primera vez que estas organizaciones han sido pilladas *in fraganti* probando vacunas en los países en desarrollo. La indagación de este artículo concluye: "Es difícil creer que, a pesar de la creciente evidencia esbozando los muchos crímenes de lesa humanidad que se han cometido por la Fundación Gates, la Alianza Gavi, Unicef y PATH, Bill Gates sea retratado como un héroe entre muchos".

Las voces que se han levantado contra esta filantropía organizada por la Fundación Gates no es otra cosa que abrir la puerta de los laboratorios ambulantes de ensayos para ver de cerca crímenes de lesa humanidad. Por ello, es que hay similitud entre las ideas de Gates y Carnegie, están ligadas con quitar del camino cualquier piedra que interrumpa el desarrollo de sus propios intereses.

La filantropía no es mala, mala es la falta de ética y moral en algunos que la practican. La revolución moderna de la filantropía tiene hoy sus nuevas estrategias para hacer que el mundo funcione de acuerdo con quien la maneja. En el pasado de la megafilantropía, la familia Rockefeller entró en el mundo entero como redentor después de la Segunda Guerra Mundial. El auge de sus megadonaciones sintoniza con el esplendor de la lucha contra el comunismo.

Curiosamente, la época dorada de la filantropía Gates, para entrar a socorrer al mundo, destacando a América Latina, es en esta "guerra fría" de armas biológicas, con la crisis de salud y su esplendor en apoyo al globalismo, que busca un mundo sin fronteras. La filantropía Rockefeller a lo largo del mundo, con miras a América Latina, no fue otra cosa que asuntos políticos, con mínimos beneficios para la población.

También, el Banco Chase Manhattan, parcialmente de propiedad de la familia Rockefeller, fue un factor decisivo, como lo es la Reserva Federal, para Gates hoy.

Gates y su influencia

Es un hecho que los nuevos megafilántropos George Soros, Bill Gates, Warren Buffett, Mark Zuckerberg, han cambiado las reglas del juego en este campo. Para mucha gente, las nuevas fundaciones de esta élite como entidades de caridad han quedado en el limbo. El resurgimiento de la filantropía en la época dorada de Gates es el arte de planear y dirigir los asuntos; sin embargo, no se cuestiona su inteligencia para lograr el enorme monto de sus ganancias, sino la forma en que lo ha logrado.

Bill y Melinda Gates son los encargados mayoristas de las decisiones en materia de salud, política y medioambiente en el mundo, aunque con muy poco conocimiento en ella. Con el patrocinio de la Fundación Gates a las Naciones Unidas (ONU), él ha logrado los derechos de socios en las decisiones del plan de la agenda global. El poder que buscaba para dominar la OMS, ya lo vimos, absolutamente controlado con las donaciones de su fundación y el apoyo de su mejor amigo Anthony Fauci; de hecho, con su influencia, hoy lo tiene en la Casa Blanca a como dé lugar, desacreditando cualquier oferta o intento de medicamento o vacuna para la covid-19. En una entrevista que se le hizo a Gates sobre su visita a la Casa Blanca, el magnate cuenta que el presidente Trump le preguntó en dos ocasiones que, si las vacunas podrían hacer mal, por qué estaba considerando investigar sus efectos con ayuda de Robert F. Kennedy, quien lo está asesorando. Gates manifiesta en la entrevista lo que le dijo al presidente: "No, eso sería un callejón sin salida, ¡no lo hagas! Eso es malo". Pero parece que Trump le hizo caso a las dudas y cuestionamientos sobre las vacunas de la filantropía de Gates, fuertemente criticada por Robert F. Kennedy, abogado ambientalista y escritor, sobrino del expresidente John F. Kennedy. El abogado ambientalista publicó en Instagram que las vacunas de la filantropía Gates "alimenta todos sus negocios relacionados con estas, incluida la ambición de Microsoft de controlar una empresa global de identificación de vacunas con un microchip".

El presidente Trump ignoró la respuesta de Gates sobre las vacunas y abrió la investigación con su asesor Robert F. Kennedy; el presidente lo mencionó en el discurso del 7 de agosto de 2020, donde habló de una reforma en el mercado farmacéutico. Se pudo percibir en el discurso, que estaba en la búsqueda de una solución a la covid-19, de forma más segura que la filantropía Gates. El mandatario manifiesta, de manera contundente, en el discurso, el empeño y esfuerzo que se está haciendo para una reforma en la fabricación de medicamentos, que podrían ser más económicos de lo que ofrece el monopolio farmacéutico del momento en complicidad con China. Trump afirmó:

Como hemos visto en esta pandemia, los Estados Unidos deben producir equipos, suministros y productos farmacéuticos esenciales, no podemos confiar en China y en otras naciones del mundo que podrían algún día negarnos productos en un momento de necesidad. No podemos hacerlo [...] tenemos que ser inteligentes. Y hablando de productos farmacéuticos, hemos instituido cuatro medidas: reembolsos, naciones favorecidas y otras cosas, como comprar a otras naciones donde tienen el producto, la misma píldora idéntica, hecha en la misma fábrica, por una fracción, solo una pequeña fracción del costo. Compramos a otros países, en lugar de comprar a través de este ridículo atascadero de estafas políticas, que hemos estado atravesando durante muchos años, y lo que he hecho, en términos de naciones favorecidas, sí, como ejemplo, Alemania, que tiene una píldora por diez centavos y nosotros tenemos una píldora por dos dólares. Si aplicamos "naciones favorecidas" en la compañía farmacéutica, obtendremos la píldora por el mismo precio, igual al precio más bajo del mundo. Y eso podría reducir el precio de los productos farmacéuticos, de las medicinas, medicamentos recetados, podría reducir su precio un 50 %, 60 % [...] tal vez más que eso. Esto es algo que ahora tengo que decirles, nunca he visto tantos malos comentarios sobre mí, como en los últimos tres días desde que hice esto. Así que recuerden cuando vean este horrible anuncio de que soy un *socialista*, me llamaron socialista por primera vez en mi vida. En realidad, lo que estoy haciendo es usar países socialistas, que compran nuestro producto por mucho menos de lo que se nos permite [...] pero me han llamado de todo en el libro, y lo que digo —lo dije el otro día—: cuando veas una compañía farmacéutica diciendo que Donald Trump es un mal tipo, recuerda que los precios de tus medicamentos deben estar bajando mucho. Bajando a lo grande [...] acabaremos con la dependencia de China, como ya hemos hecho [...], fabricaremos nuestros productos aquí de forma segura, hermosa y económica [...] y permitirá a las empresas estadounidenses competir en el escenario mundial. Tengo gente que conozco que va a Canadá a comprar medicamentos recetados, van allí, porque el precio es más bajo que el de Estados Unidos, sin embargo, es hecho por la misma compañía, a menudo en la misma planta. Es una vergüenza, y los políticos permitieron que esto sucediera durante muchas décadas. "Tienen gente llamada intermediarios", no sé quiénes son [...] son tan ricos, son tan ricos, nadie tiene idea de quiénes son o qué hacen, ganan más dinero que las compañías farmacéuticas. Así que tengo muchos enemigos ahí afuera. Esta puede ser la última vez que me vean durante un tiempo. Un montón de enemigos muy, pero muy ricos, pero no están contentos con lo que estoy haciendo [...] pero me imagino que tenemos una oportunidad de hacerlo [...] ningún otro presidente lo va hacer, nadie, hay mucha gente infeliz, y son gente muy rica y están muy enfadados.

Es notable la importancia de todos estos acontecimientos precipitados, que han forzado a tomar decisiones que pueden costar la vida del mandatario estadounidense. No se trata de juzgar a nadie, pero se está planteando ponerle freno al monopolio más grande del mundo, donde se mueven interés de dinero más allá del aprecio por la vida humana, la farmacéutica mundial.

Por tanto, los acontecimientos en el ámbito de la salud, en la crisis que tiene al mundo paralizado, sí están dentro del plan de intereses de algunos personajes, con máscara de la oms. De todos modos, para nosotros, los espectadores del mayor vuelco político en nuestra historia, sabemos que los protagonistas principales en esta crisis de salud, nunca antes vista, son Anthony Fauci y Fundación Gates; sin duda, los enemigos de la Administración Trump se manifiestan en todas partes. De manera que, continuando con el tema de las influencias, es faraónico el momento de cambio que decidió hacer en nuestra vida el magnate de la tecnología, es monstruosa la estrategia de dominar todo lo que toca a su alrededor: Monsanto, agencia de Estados Unidos para el Desarrollo Internacional (USAID, por sus siglas en inglés); el financiamiento al Instituto Pirbright en el Reino Unido es otro enclave en su diseño global, la entidad está unida a Inovio Pharmaceuticals, establecida por la Fundación Gates. Inovio y Ology Bioservices son encargadas de buscar la vacuna contra la covid-19. Por su parte, Wistar Institute, también fundada por Gates, y la Administración de Alimentos y Medicamentos de los Estados Unidos (FDA, por sus siglas en inglés) tenían un plan llamado ID2020. Sin embargo, después de una crítica a las declaraciones del magnate sobre el ID2020 (alianza digital por la humanidad), de inmediato se publicó que es un programa desarrollado por la ONU, con organizaciones públicas y privadas desde 2016, lo cierto es que son patrocinadas por su fundación.

Creo que la forma como nos están manipulando es falta de ética, con el entramado de confusión; la excusa del ID2020 es darle el derecho de una nueva identidad a todo ciudadano, para tener acceso a la vida, desde su nacimiento hasta su muerte. Pero las inéditas e inexplicables circunstancias con el coronavirus nos han mostrado una cara diferente de este proyecto. La aventura hacia el ID2020 es simplemente entregar nuestra esencia a los planes e intereses de la tecnología Gates, conectar nuestras huellas digitales, para que ellos nos limiten aún más la libertad, controlando la educación, viajes, tarjetas de crédito, cuenta bancaria y den el permiso de qué comer o qué comprar.

Una de las grandes ventajas para Gates es imponer todo lo que propone en el control de los "animales sociales", como así se refiere a su población, puesto que tiene en su poder todos los importantes laboratorios del mundo, en conjunto con Anthony Fauci. Además, el importante cargo que se le ha dado a Gates de sentar los cimientos para el registro y control biométrico de la población global, en extensión de la potente Fundación Rockefeller.

Lo más impresionante en todo este cambio, es que la humanidad le ha dado nuevo nombre a Gates, el "gurú de la covid-19".

¿De la filantropía a la eugenesia?

Como bien queda demostrado, el método de filántropos, sus fundaciones millonarias y todo el poder de las organizaciones no gubernamentales (ONG), se promueve para incursionar en la salud humana en el planeta; las ONG han sido el vehículo para idealizar una imagen de amor, progreso y bienestar a la humanidad con careta desinteresada.

Pero hay mucha gente, como el caso del doctor Antonio Camuñas, que apenas se percata de que detrás de toda esa dulzura hay un buen entramado de inventos con poder para amasar fortuna e invertir y continuar con el proyecto que en su tiempo propuso Thomas Malthus. No sé qué causa más vértigo, si ver las ideas de Gates, heredadas del malthusianismo, o la enorme fortuna que ha invertido en biotecnología.

Thomas Malthus proponía propiciar la muerte de la especie humana para reducir la población, basado en que el ritmo de crecimiento de la población responde a una progresión geométrica, mientras que el ritmo de aumento de los recursos para la supervivencia lo hace en progresión aritmética. También sostiene, en su teoría, que el nacimiento de nuevos seres aumenta el empobrecimiento de la población, el facilismo de este último argumento confunde a mucha gente que se debate entre la hambruna y frente al caos de pobreza que desespera y se suman a las ideas de despoblación masiva que proponen Malthus y Gates.

No es necesario dañar la imagen de ninguna persona, ni dejar de reconocer la inteligencia que se merece un ser humano en levantar su fortuna, pero no se puede ceder a los caprichos de personas como Gates y su esposa, que van más allá con su impresionante tecnología, abriéndose sin escrúpulos a experimentar en el vasto laboratorio en que han convertido al mundo.

De acuerdo con lo investigado, percibo que estamos bajo alerta de un monitoreo involuntario más profundo en acciones y pensamientos, aunque ya estamos adentro de la encrucijada con la tecnología de base de datos para controlar la mente, donde todos caeremos consciente o inconscientemente en la trampa de los invasores de nuestra vida privada. No sabemos hasta dónde pueden llegar las intenciones de Gates con la creación, porque hasta hoy se perfila ese camino.

No obstante, ya hemos vivido tantas calamidades debido a la perversa visión de los gobiernos hacia la población, que se facilita considerar cómo ha sido el desarrollo de la eugenesia en todos los tiempos. Históricamente, ha sido una práctica de discriminación disimulada y violación de derechos humanos por los sistemas políticos.

El manifiesto de la "Ideología racista y de leyes de la eugenesia" se implantó en 27 de los estados americanos, junto con Alemania antes de la Segunda Guerra Mundial. Luego, la familia Rockefeller financió las investigaciones eugenésicas que fueron llevadas a cabo en la Sociedad Kaiser Wilhelm en la Alemania nazi, donde se practicaron algunas de las más horripilantes investigaciones "científicas" de tipo eugenésico.

Podríamos pensar que la enorme fortuna que Gates ha invertido en biotecnología es, en parte, la inspiración para ampliar su conocimiento en la reducción y el control de la raza humana. Que nuestros ojos y la percepción no nos engañen, pero esta crisis de *plan-demia* brotó milagrosamente y nos puso de frente, para poder ver a los gigantes de la biogenética como motores del eugenismo, de la misma forma fueron los experimentos de modificación genética que construyó la familia Rockefeller; importante dinastía poderosa, reconocida por el mundo, especialmente en el sector petrolero, que con maniobras y manipulación se apoderaron del 95 % del petróleo estadounidense.

Hace algunos meses me llamó un amigo para que me detuviera en una de esas entrevistas que le hacen a Gates sobre la covid-19, tuvo que insistirme porque veo muy poco televisión; sin embargo, fue de mi interés haberla visto, puesto que sus palabras y la satisfacción con la que habla sobre el tema no me dejan duda de que esta pandemia está siendo aprovechada para reducir la población;

lo digo abiertamente aprovechando que todavía tenemos algo de libre expresión. A Gates, no solo se le nota, sino que se le ve en la expresión un sentido de satisfacción cuando habla de la expansión de la infección de la covid-19. Dijo: "Bueno, digamos que tiene 100 casos de infectados y digamos que no cerras [sic] todo, entonces el contagio crece 33 % por día, entonces de 100 pasas a 1000, de 1000 a 10 000, es un crecimiento exponencial". Faltó solo que dijera expresamente que se siente feliz, para poder, amigo mío, decirte con certeza que

pérdidas humanas es lo que desea.

Me parece oportuno y esencial repasar el plan que escribió Gates en 1995 sobre el nuevo mundo, ya que son muchos los medios de comunicación que día a día salen a defender sus ideas, un fenómeno que no se puede ocultar. No hay que inventar, tampoco idear palabras, para describir las intenciones, él mismo lo dice en su libro *Camino al futuro*:

Todo lo que está a punto de ocurrir me parece emocionante; cuando tenía 19 años tuve una visión del futuro y basé mi carrera en ella. En cierta época pensé que me gustaría graduarme en economía en la universidad, finalmente cambié de idea, pero en cierto modo mi experiencia con la industria informática ha constituido una serie de lecciones económicas; me he visto impresionado, en primera instancia, por los efectos de las espirales positivas y de los modelos empresariales inflexibles. He visto el modo de cómo evolucionaron los estándares de la industria. He visto la importancia que tienen en tecnología la compatibilidad, la retroalimentación y la innovación constante, pero no estoy utilizando estas lecciones para limitarme a teorizar sobre la nueva era. Estoy apostando por ella. Estamos construyendo el *software*, las instrucciones dicen al *hardware* qué tiene que hacer, lo que permitirá en todas partes obtener el poder de comunicación de este universo conectado. Parece como si nos fuéramos a conectar de una diversidad de dispositivos, incluyendo algunos que parecen televisores, otros como PC, como teléfonos y algunos del tamaño y casi la forma de un monedero, y en el corazón de cada uno de tales dispositivos habrá una poderosa computadora de manera invisible conectada a millones más. Casi ha llegado el día en que podemos dirigir los negocios fácilmente, estudiar, explorar el mundo y las culturas, y disfrutar de un gran espectáculo, hacer amigos, ir a mercados locales, enseñar fotos a los parientes, sin importar el lugar donde se encuentre, sin abandonar nuestra mesa de trabajo o nuestro sillón.

En medio de mucho asombro, se me hace interesante preguntarle a mi lector: ¿Si en este momento donde se encuentra, no está en una charla virtual, o encerrado con miedo de salir o tal vez con su máscara en cualquier lugar?

Una vez que esta nueva era esté en pleno apogeo, no abandonaremos nuestra conexión a la red en la oficina o en el aula. Nuestra conexión será más que un dispositivo que hemos comprado o un objeto que portamos. Será nuestro pasaporte para un modo de vida nuevo y transmitido. Las herramientas de la información son mediadoras simbólicas que amplifican el intelecto más que un músculo de quienes las utilizan.

Antes de continuar con las ideas del magnate, vale aclarar que la psicología moderna sostiene argumentos como el que explica Edward de Bono, psicólogo que se asocia con la palabra pensar: "La mejor manera de entender el cerebro no es comparándolo con un ordenador, se trata de un entorno especial que permite que la información se organice en patrones. La mente se autoorganiza, incorporando información en términos de lo que ya sabe". Goleman, psicólogo bien destacado en este libro, presenta una investigación hecha a 120 empresas, en busca de lo que requiere el éxito, el resultado es destacar habilidades en los trabajadores como la escucha, la comunicación y la empatía. Por otro lado, estudios han demostrado que en las últimas dos décadas el nivel de inteligencia ha disminuido según la vuelta del efecto Flynn. Una decena de nuevas investigaciones en algunos de los países más desarrollados muestran el cociente intelectual (CI) de los jóvenes en declive. "La historia es rica en ejemplos y muchos libros de George Orwell, de Ray Bradbury (*Fahrengeit 451*) han contado cómo todos los regímenes totalitarios han obstaculizado siempre el pensamiento, mediante una reducción del número y el sentido de las palabras". Observemos que estas nuevas tecnologías están aportando negativamente el desarrollo intelectual en las nuevas generaciones.

Siguiendo la exposición de Gates:

De la misma manera que una palabra puede representarse con una serie de letras, estas herramientas permiten que la información de todo tipo pueda representarse en forma digital en una computadora de impulsos eléctricos que son fáciles de manejar por las computadoras. En un futuro próximo nos ayudarán a acceder a casi toda la información que haya en el mundo. La metáfora de la autopista no es del todo acertada. Sugiere paisajes, geografía, distancia entre puntos, y ello implica que tienes que viajar, ir un lugar a otro. Pero, de hecho, esta nueva tecnología eliminará las distancias; en Microsoft hablamos de "información en la punta de los dedos", lo que realiza el beneficio en lugar del medio.

Mi metáfora preferida es el mercado. La red interactiva será el mercado final en donde los animales sociales, comprarán, venderán, comerciarán, invertirán, regatearán, adquirirán bagatelas. Discutirán, conocerán a nuevas personas y estarán conectados. Cuando piense en la red interactiva, imagine un mercado o una bolsa de valores en lugar de una carretera; piense en el ajetreo y en el bullicio de la Bolsa de New York o en el mercado de los granjeros o en una librería llena de gente que busca fascinantes historias e información, todas las actividades tendrán cabida en la red. Desde negocios de miles de billones de dólares, hasta coqueteos, muchas de las transacciones implicarán dinero presentado en forma digital en vez de moneda, el mercado de la información global cambiará todas las formas de intercambiar los bienes humanos, los servicios, las ideas y lo que significa ser culto se transformará quizá de manera que nadie pueda llegar a reconocerlos. Nuestro sentido de la identidad de quiénes somos y a dónde pertenecemos puede ampliarse considerablemente; en resumen, casi todo se hará de manera diferente.

En el mismo libro *Camino al futuro,* el autor sugiere que a través de la red estaremos más seguros, por tanto, más protección a la familia. Estos argumentos son la radiografía del control de la humanidad. Valga la redundancia, pero no me cabe duda de que la idea de encerrar a todos en esta crisis de salud es un simulacro estrechamente relacionado a las condiciones que describe en el plan que diseñó a sus 19 años.

Con el cinismo que plantea este robo de libertad, nos pregunta a "los animales sociales", del redil en el que él no se incluye: "¿No está usted seguro de creerlo? ¿Quiere creerlo?". Hay dos factores que me llamaron la atención. No creo que una persona que desea aislar a los seres humanos e invita a huir del bullicio, le sea de agrado los viajes que hace a los países en desarrollo, donde se tiene que mezclar con todos esos "animales sociales" que hacen tanto ruido o bullicio, el llanto, el mercadeo. El segundo factor, ¿disfrutará Gates de esos momentos donde lo pasan los medios de información como el redentor aplicando vacunas a los indígenas y las multitudes de gente pobre? Si de lo que nos está privando es de hablar o dar un abrazo, definitivamente está buscando el aislamiento social.

Para sorpresa, el magnate antes de la crisis de salud donó una considerable suma de dinero a Hollywood, para la producción de la película *Contagion* (2011), del director Steven Soderbergh.

Ahora bien, el 'simulacro 201', realizado por la Universidad Johns Hopkins, Gates y el Foro Económico Mundial el 18 de octubre de 2019 en Brasil y en Nueva York, consistía en la prevención de una pandemia con las mismas características que estamos viviendo. A pesar de que la tecnología nos dio la oportunidad de ver y leer las conferencias a través de la red, donde se expresaba la preocupación en prevenciones para lidiar la posible pandemia a nivel global, los autores del simulacro parecen haberse preocupado de que la población supiera que esta pandemia estaba siendo estudiada. La información en redes no se hizo esperar: "El simulacro sí existió, pero se basó en un modelo de virus inventado, con características que no son exclusivas del nuevo coronavirus y que también coinciden con epidemias de años anteriores, causadas por otras cepas" (*Diario16*, 13 de marzo de 2020). Pero lo que fue un hecho está documentado, quince expertos mundiales en el ámbito de los negocios, gobiernos y salud pública participaron en la simulación de lo que hoy se está viviendo. Los puntos que subrayaron fueron cómo comenzar la crisis, la forma en que evolucionaría y cómo resolver con voluntad política, inversión financiera, información y convencimiento de la sociedad.

De manera que, para poder entender los planes de Gates con la humanidad, podríamos agregar un poco de conocimiento elemental en biogenética, que es en lo que más apuesta el magnate. De hecho, acaba de invertir 120 millones de dólares en un proyecto que hace *copy and paste* de ADN.

El término *biogenética* es muy mencionado en nuestra era moderna, es la combinación de la biología y la genética, que entendemos como ingeniería genética. La ingeniería genética reúne el conjunto de métodos, estrategias, técnicas y aplicaciones prácticas necesarias para modificar a algún ser vivo de manera intencional y planificada. Es decir, es la ciencia dedicada al estudio de cómo cambiar los genes y genomas de los individuos. La biogenética nació cuando fuimos capaces de tomar un ADN específico de un organismo, clonarlo y propagarlo, o expresarlo en otro. En otras palabras, la biogenética nace gracias a la tecnología del ADN recombinante a principios de la década de 1970.

La actividad que define esta rama del saber es la del clonado molecular. Una vez que contamos con enzimas de restricción (tijeras moleculares) y ADN ligasa (goma de pegar) pudimos cortar y pegar a conveniencia. En casi todos los casos, los pasos básicos del clonado molecular se llevan a cabo en bacterias. En estas se propaga el ADN clonado y se produce la molécula de ADN recombinante, que luego puede ser transferida a otros organismos más complejos. En biogenética, se puede igualmente hacer uso de virus como vehículos para diferentes propósitos.

Actualmente, podemos hacer ingeniería genética (biogenética) no solo de bacterias, sino también de hongos, plantas y animales, los denominados organismos genéticamente modificados (OGM).

Dentro de este grupo tenemos a los transgénicos, que no son otros que los OGM que han sido modificados por la integración de genes provenientes de otras especies.

Recientemente se ha puesto en práctica métodos de edición del ADN que permiten alterar el "texto biológico" de la molécula de la herencia. De esta manera, ya no solo somos capaces de "leer" el ADN por medio de la secuenciación de genes y genomas, sino que también podemos corregir el texto o alterarlo para contar otra historia. Por consiguiente, esta es la relación millonaria de Gates con el doctor Fauci, en que el interés en el estudio de los virus y la forma de cambiar y manipular nuestro ADN es evidente.

Alimentos transgénicos: otra fascinación de Gates

Los alimentos transgénicos son aquellos que han sido producidos a partir de un organismo modificado mediante ingeniería genética y al que se le han incorporado genes de otro organismo para producir las características deseadas.

Desventajas de los alimentos transgénicos:

- Incremento de sustancias tóxicas en el ambiente
- Pérdida de la biodiversidad
- Contaminación del suelo
- Tóxicos desarrollados para su contención
- Las cosechas transgénicas en todo el mundo contaminan a las naturales

A pesar de que los transgénicos también tienen propiedades benéficas, es un tema controversial; al primero que se le ha preguntado su opinión al respecto es a Gates, quien dijo que es seguro su consumo. La postura de varias organizaciones estadounidenses y europeas más famosas del mundo, algunas financiadas por el magnate, dan un punto de vista positivo para el libre consumo.

Hace algunos años leí *Primavera silenciosa*, de Rachel Carson, una bióloga marina que en 1962 despertó la consciencia sobre el uso generalizado de pesticidas. Su objetivo era demostrar que los venenos que se utilizan en el medioambiente son perjudiciales para la salud y que se acumulan en los alimentos causando graves enfermedades a los seres humanos, en ocasiones la muerte, así como las graves consecuencias en la flora y la fauna. Este libro me despertó el interés por saber si el magnate también tenía acciones en los pesticidas, que son de tanta importancia en la agricultura. Casualidad que me llevó a la compañía Monsanto de Gates. Pero ¿cuál es la relación entre los pesticidas y Monsanto? Resulta que Monsanto distribuye el herbicida más vendido en el mundo, el famoso Roundup, que su ingrediente activo es el glifosato y según los científicos es un agente cancerígeno para los humanos. La compañía ha tenido varias demandas no solo en los Estados Unidos, sino también en Francia, México, y otros países, donde los manifestantes protestan porque la compañía es uno de los mayores contaminadores de la industria alimenticia; pero no es solo eso, también por querer controlar la cadena alimenticia en el mundo. De hecho, Monsanto controla el 90 % de las semillas genéticamente modificadas, por ejemplo, soja, maíz, canola, etc., son algunas de las patentes que menciona un documental de Brasil que habla de la influencia de Monsanto en la región con el cultivo de soja y de la forma en que los socios de esta compañía desplazaron a los campesinos en regiones del país, personas que se quedaron sin empleo y sin tierra porque esos campos se necesitaban para inmensos cultivos de soja, propiedad de China y de accionistas de Monsanto. Sin embargo, hay que preguntarse cuáles son las intenciones reales de Monsanto, compañía del Club Bilderberg, el club reconocido mundialmente por su reunión anual de 130 miembros, aproximadamente, y por ser los magnates del mundo los únicos que tienen acceso al *meeting*, sin ningún medio informativo. Pues bien, la finalidad de Monsanto es monopolizar y convertir la producción agrícola y alimentaria del mundo en un gran experimento genético, totalmente dependiente de sus semillas patentadas; patrocinio de Gates, quien es, en la actualidad, el terrateniente más importante en tierras agrícolas en la unión americana.

Matthew Herper, en la revista *Forbes*, dice:

Hace cuatro años, la proteína llamada CRISPR-Cas9, una enzima que las bacterias usan para atacar a los virus que los infectan, era desconocida por los seres humanos. Hoy, es omnipresente en los laboratorios de ciencias como la forma más eficiente de hacer copiado y pegado de ADN inventada hasta ahora. La revista *Wired*, en un artículo de portada, simplemente lo llamó "el motor del génesis», pidiendo a sus lectores "abrocharse el cinturón" ya que la facilidad con la que CRISPR permite editar el ADN cambiará el mundo.

Los aportes en beneficio de la humanidad de la Fundación Gates, que se perfilan ante el mundo, muestran un entramado de mentiras y engaños que dan vértigo.

La palabra *tecnología* ha sido la clave para hacer creer que con ella sacará al mundo de la hambruna, especialmente a África, donde su discurso es que los mercados no funcionan por falta de ella. Hay otro aspecto para los que nos tienen acostumbrados los medios de comunicación y es escuchar las megadonaciones que hace en todas partes en proyectos del sector agrícola y ofreciendo mejor nutrición; por ejemplo, se ventiló por mucho tiempo la inversión de 52 millones de dólares en acciones de CureVac, una compañía biofarmacéutica alemana. Sin embargo, la hambruna y los desplazamientos de miles de seres humanos sin empleo y sin tierra no se menciona.

El ascenso al poder de Gates, que tiene al mundo político y científico de rodillas, ha sido su ambición con la que formó un abanico colorido de intereses: sus ONG, compañías Monsanto, Bayer y su filantropía absorben al mundo como un pulpo comparado con China.

Gavi: la madre de las vacunas

Alianza Gavi para las Vacunas, es una coalición entre la Fundación Gates, la OMS y las principales compañías de la salud farmacéutica que desarrollan vacunas. La alianza es con el fin de que los nuevos documentos de identificación personal se difundan con un chip legalmente a través de las campañas masivas de vacunación. Por ejemplo, los experimentos inducidos en humanos por Gavi, a través de programas de concientización política y científica de tecnología avanzada, se usan a su propia discreción, violando los derechos fundamentales de las personas. De entrada, prometen el progreso en la buena salud de nuestras sociedades, aunque la decisión resulta no de los individuos, sino mayormente por imposición. Por ejemplo, mucha gente en Pakistán considera que las vacunas son una conspiración de Occidente a través de Gavi para esterilizar a los niños, en vista del caos de muertes por vacunas que vivió la población y en respuesta a los ataques de los Estados Unidos con drones. Según el periódico *El País* del 19 de febrero de 2020:

> La verdad es que la lucha contra el virus de la poliomielitis, causante de la parálisis infantil, ha sido un éxito en todo el mundo. La enfermedad se ha erradicado prácticamente en todos los países excepto Pakistán y Afganistán. El año 2019 tenía que haberse convertido en el año de la victoria, el primero tras dos décadas y media de campañas y esfuerzos intensivos para deshacerse de esta dolencia vírica altamente contagiosa en los dos países asiáticos.

Lo cierto es que la desregularización de la OMS nos pone hoy en la tarea de investigar por nuestra propia cuenta este tema de las vacunas. En cierta ocasión, alguien pidió mi opinión sobre si la OMS era creíble o fiable con la forma en que maneja los intereses de la humanidad. Mi respuesta fue que no lo sabía, pero que desde mi discernimiento consideraba que no es nada fiable, igual que para mucha gente que perdió la credibilidad en la Organización; desde cuatro décadas atrás venía perdiendo ayuda financiera de algunos países aliados, hasta que la rescató Gates, en el presente encargado de nuestra salud. Es decir, la OMS que antes era privada y se encargaba de velar por los intereses exclusivamente de la salud de la población, ahora vela por los intereses políticos y económicos de compañías como las de Gates y Coca-Cola, entre otras. Hoy, en el mundo hay una gran división y dudas sobre cualquier vacuna, más por el interés de esta élite que busca desesperadamente reducir la población.

En Instagram, Robert F. Kennedy deja un amplio conocimiento sobre aquellas vacunas que han existido toda la vida, de las que bien recuerdo eran necesarias para ser admitidos en la escuela, las mismas que fueron obligatorias y que como maestra revisaba para dar acceso a mis pupilos, las cuales parece que también han evolucionado de acuerdo con los avances tecnológicos. Así que hoy la vacuna es más peligrosa que las anteriores.

Los planes de conducta que se han elaborado como excusa de esta pandemia hacen que nos veamos expuestos a los caprichos del más fuerte y mientras tanto valoramos los aportes de expertos, para que no nos tomen por sorpresa en la próxima jugada del control digital, sobre la raza humana. Extraigo algunos puntos del artículo de Instagram de Kennedy de abril de 2020: "La obsesión de Gates con las vacunas parece alimentarse de una convicción mesiánica de ser el elegido para salvar el mundo con tecnología y de una voluntad divina para poder experimentar con las vidas de los seres humanos inferiores". En 2010, Gates se comprometió a aportar 10 000 millones de dólares a la OMS para reducir la población, en parte, mediante nuevas vacunas. Un mes después, Gates dijo en una charla de TED (tecnología, entretenimiento, diseño) que las nuevas vacunas "podrían reducir la población". En 2014, la Asociación de Médicos Católicos de Kenia acusó a la OMS de esterilizar químicamente a millones de mujeres kenianas, que no estaban dispuestas a ello, con una falsa campaña de vacunación contra el tétanos. Laboratorios independientes encontraron una sustancia química que provocaba esterilidad en cada vacuna probada. Tras negar las acusaciones, la OMS finalmente admitió que había estado desarrollando las vacunas de esterilidad durante más de una década. Acusaciones similares llegaron de Tanzania, Nicaragua, México y Filipinas.

Un estudio realizado en 2017 por Morgensen, demostró que la popular vacuna contra difteria, tosferina y tétanos (DPT) de la OMS está matando a más africanos que las enfermedades que pretende prevenir. Las niñas vacunadas sufrieron una tasa de mortalidad diez veces superior a la de los niños no vacunados. Gates y la OMS se negaron a retirar la vacuna letal que se aplica anualmente a millones de niños africanos.

Diversos defensores de la salud pública en el mundo acusan a Gates de secuestrar el programa de la OMS para apartarlo de los proyectos que han demostrado frenar las enfermedades infecciosas, promoviendo así el uso de agua limpia, higiene, nutrición y desarrollo económico. Según afirman, ha desviado los recursos de la agencia para servir a su fetiche personal: que la buena salud solo se sirve en jeringuilla.

En 2010, la Fundación Gates financió un ensayo de la vacuna experimental contra la malaria de GlaxoSmithKline (GSK), que mató a 151 niños africanos y causó graves efectos adversos, como parálisis, espasmos y convulsiones febriles a 1048 de los 5049 niños.

Durante la campaña MenAfriVac de Gates de 2002 en África subsahariana, sus equipos vacunaron a la fuerza a miles de niños africanos contra la meningitis. Entre 50 y 500 niños desarrollaron parálisis. Los periódicos sudafricanos se quejaron: "Somos conejillos de Indias para los fabricantes de drogas". El profesor Patrick Bond, antiguo y principal economista de Nelson Mandela, describió las prácticas filantrópicas de Gates como *despiadadas* e *inmorales*.

Además de utilizar su filantropía para controlar la OMS, Unicef, Gavi y PATH, Gates financia a empresas farmacéuticas privadas que fabrican vacunas y a una red masiva de grupos industriales farmacéuticos que difunden propaganda engañosa, desarrollan estudios fraudulentos, realizan vigilancia y operaciones psicológicas contra la indecisión en materia de vacunas y utilizan el poder y el dinero para silenciar la disidencia y forzar el cumplimiento. La pandemia de la covid-19 le conviene a Gates, ya que le da la oportunidad de utilizar nuevos programas de vacunas del tercer mundo para aplicarlos en niños estadounidenses. La OMS admitió a regañadientes que durante la explosión mundial de la poliomielitis predominó una cepa proveniente del programa de vacunas de Gates. Las epidemias más espantosas en el Congo, Filipinas y Afganistán están relacionadas con las vacunas de Gates. En 2018, tres cuartos de los casos de polio en el mundo provenían de estas.

Referente a este tema de las vacunas, el doctor Joseph Mercola sobre el origen del SARS-Cov-2 habla sobre el riesgo de la vacuna contra la covid-19, que todos sabemos de la alta posibilidad de ser un virus provocado; de hecho, el doctor admite que

> [...] existen muchas preguntas válidas y se plantean más sobre la posibilidad de que se trate de un virus artificial. Los investigadores identificaron secciones en la superficie de la proteína Spike que permiten que el SARS-CoV-2 se adhiera a las células humanas. También advierten que los esfuerzos actuales para desarrollar una vacuna contra la covid-19 tal vez fracasen porque no se conoce la etiología del virus. Señalan que ya han elegido un adyuvante tras haber completado el diseño de una vacuna inicial, que es la forma en que se realiza el desarrollo de la vacuna, lo que puede ser otro grave error que podría hacer que la vacuna contra la covid-19 sea realmente peligrosa.

Ahora, la vacuna es la *cura* más codiciada para la covid-19, pero la creciente evidencia sugiere que una campaña de vacunación masiva podría terminar con el dogma de la vacuna al causar millones de muertes. Sin embargo, a pesar de toda la investigación, las protestas, las controversias y la polarización, Mercola señala que Bill Gates declaró en su blog que "la vacuna contra la covid-19 podría formar parte del programa de vacunación de rutina para los recién nacidos". Como podemos ver, la seguridad con la que se manifiesta el dueño de las vacunas en la actualidad, no da más para pensar que la conquista de su mundo no tiene paso atrás; pero, confiando en Dios, le puede desviar el plan de robotización que tiene para la mente humana.

Digitalización del dinero

Hace pocas semanas me vi frente a este fenómeno al ir de compras de rutina a uno de los supermercados del área de Houston: cuando fui a pagar en efectivo, me llevé una gran sorpresa cuando el cajero me dijo que no podía pagar más de cincuenta dólares en efectivo, que el resto tenía que hacerse con tarjeta de crédito. Me acordé de Suecia, que desde 2017 se convirtió en la población con menos efectivo en el mundo, un factor que muchas personas ven con orgullo por el auge de la tecnología. Visa lanzó una campaña que prometía 10 000 dólares a cada negocio que no recibiera efectivo y la propuesta no se hizo esperar, afloraba la emoción de los dueños de pequeños negocios en el país nórdico colocando el aviso: "No aceptamos efectivo". La gente se ve feliz pagando con su teléfono o con el reloj. Me di a la tarea de investigar por qué están tan felices con el sistema digital y en efecto, la admiración por la innovación fue la primera impresión que me llevé, de ahí fueron surgiendo otros factores, como la protección del dinero, la excusa de los ladrones callejeros, entre otros. La gente no se da por enterada de que los beneficios son para Mastercard, Visa, PayPal y las demás. Por cada transacción de pago que hace el consumidor, según un estudio del periodista Brett Scott del libro *Hackeando el futuro del dinero*, estas tarjetas se pueden ganar más de un billón de euros al año: el poder de los bancos sobre el cliente es absoluto. Las desventajas del sistema son incalculables y un riesgo sin precedentes en caso de quiebras bancarias. En primer lugar, se estaría haciendo la transacción a un sistema de vigilancia disimulada. La limitación obvia de un dinero manejado por intereses de los bancos, no por voluntad del dueño. Brett Scott señala que el pago digital favorece la vigilancia y el control económico. Los usuarios que escogen este sistema de pago quedan expuestos a riesgos, como que los intermediarios puedan ver las transacciones y recoger información sobre las actividades económicas cotidianas, atentando contra la privacidad del usuario. "El sistema financiero está apuntando por el sector bancario, y si uno tiene que utilizar el sistema digital, entonces depende totalmente del sistema bancario". Lo contrario para los que no dan la bienvenida a este sistema. Pero, para lograr este gran paso en el plan de Gates, se creó la alianza que conocemos como Better Than Cash Alliance (alianza mejor que el dinero), instituida por la Fundación Gates y el Citibank.

Así que varios países del mundo ven con buenos ojos el nuevo sistema y son muchas las sociedades que le han dado la bienvenida. En cierta ocasión me preguntaron si hay algo que podamos hacer para evitar que nos maneje el dinero. Mi opinión es que en todo esto hay un claro mensaje de las predicciones que estaban por venir con la tecnología, cuando tras la influencia de la Internet nos vimos atrapados o también cuando sus estrategias nos hicieron insignificantes ante los grandes monopolios; en ese entonces, ya había empezado el conflicto "defiéndase quien pueda", porque nadie estaba preparado. En la historia de la humanidad, es bien sabido que necesitamos un líder o un gobierno. Aristóteles, el gran filósofo que indagó con su sabiduría todos los ámbitos, desde la lógica hasta la ciencia, desde su época nos responde:

> ... los hombres no son naturalmente iguales, unos nacen para la esclavitud y otros nacen para la dominación...

> ... los esclavos lo pierden todo en sus cadenas, hasta el deseo de liberarse de ellas. Aman su servidumbre como los compañeros de Ulises amaban su embrutecimiento...

> ... si existen pues esclavos por naturaleza, es porque los ha habido contrariando sus leyes, la fuerza hizo los primeros, su vileza los ha perpetuado.

Las palabras sabias del genio, sin duda, son el principio para entender de qué manera entramos a este sofisticado dominio inevitable. Aunque siempre se ha vivido entre la ley del más fuerte, hoy la conquista del intelecto y la moneda deja ver de cerca la *vileza* a la que se refiere Aristóteles; la dependencia de la humanidad en la tecnología arrasó con la voluntad individual para asegurar su caudal monetario. La evidencia del más fuerte en una época incierta, de fronteras en peligro, pérdidas humanas, conflictos bélicos adelantados, o "la llamada del riesgo y de la incertidumbre", como le dice Scott a la época del dinero digital, ha permeado el velo de las presiones de Gates y otros que aprovecharon la pandemia para acelerar y asentar la era de la manipulación global. Las campañas masivas por Internet para usar toda transacción por teléfono móvil o por cualquier medio de Internet con la excusa de no contacto para evitar la contaminación, es otra partida que ha tomado gran auge con la influencia de la Fundación Gates.

Como borregos estamos cayendo en su otra encrucijada para poner fin al efectivo, falta tomar consciencia para entender que el dinero es nuestro y que podemos hacer con él lo que a cada quien le parece conveniente. Según Scott, el *cash* o efectivo es una gran competencia para los bancos. El interés de Gates es terminar con el efectivo, convertir el dinero de los ciudadanos en otro de sus monopolios administrativos. Scott dice que pasar por el Gobierno con nuestras finanzas es importante, pero hay otras cosas más interesantes para hacer con las finanzas, como "tipos de inversión alternativas". Scott, desde 2008, a través de libros y documentales, ha enviado una señal de alerta al consumidor para que proteja sus intereses financieros. Pero más allá de eso lo que importa es nuestra libertad, acorde con la confianza de cada individuo, no solo según lo que proponen los futurólogos de la tecnología de punta.

Otra de las excusas en este tema, según Gates, es ayudar a que los pobres se integren a un mundo moderno y tecnológico que les dé la oportunidad de pertenecer a un sistema rico y financiero compartido. ¿Usted cree en esta última bondad de la tan mencionada Fundación Gates si la mayor demanda contra Microsoft es por trucos usados para que nadie compita en sus negocios en redes?

Pues bien, entremos ahora en otro proyecto de la agenda global de Gates, aplicado en los títeres de su juego tecnológico: el famoso microchip. Nunca imaginé que después de seis años de escuchar la palabra *microchip humano*, del que hice alarde cuando lo escuché por primera vez en 2014 en las palabras de una amiga que me invitó a un Starbucks, uno de esos sábados antes de entrar en el ensayo del coro donde canto, después del delicioso café, me pasé casi todo el tiempo pensando en los avances tecnológicos e imaginando cómo me sentiría con un artefacto subcutáneo, si no resisto una inyección o una aguja cuando es necesario una prueba de sangre, o ¿qué sentirá una persona con este? Ahora, esas preguntas que me hice se convirtieron en una amenaza a la libertad de escoger si lo hago o no. Los dueños de estas patentes lo estaban probando con otras intenciones. En ese tiempo, se estaba ventilando en todas partes la primera prueba de un microchip programable y controlado por la mujer, última innovación de la Fundación Gates, que financiaron a una compañía de biosensores implantables; pues creo que fui la última en enterarme. Se usa como fármaco anticonceptivo regulador hormonal milimétrico y se inserta en la piel, con anestesia local, está hecho de titanio y platino, con duración de dieciséis años, que se controla en forma remota para suministrar diariamente las dosis de "levonorgestrel". Hoy, a pesar de que el microchip humano lleva una ventaja enorme en la concientización de la humanidad y que mucha gente lo usa en varias partes del mundo, para mí no deja de ser una innovación innecesaria. En principio, la autodeterminación me hizo ver que no me puedo oponer a las palabras de Aristóteles, "unos nacen amos y otros esclavos", y cuando entré en el mundo de las conferencias y el desarrollo del potencial humano, pude entender tal concepto. Sin embargo, en la práctica, no es si usted desea desarrollar su potencial, pese a las reglas que se crean para la subyugación.

La palabra *vértigo*, una de mis preferidas en esta aventura de la manipulación, no podría ser más precisa, si es que no he podido reducir el vértigo en cada tema de avances tecnológicos. Ahora, resulta que las empresas han optado por implantar microchips subcutáneos a los empleados para acelerar el paso a la rutina, como si no fuera poca la prisa que trae el ser humano en la vida cotidiana. Las razones que manifiestan las empresas es una mayor rapidez para empezar la rutina de trabajo, el individuo con implante del artefacto no "pierde el tiempo", no se atasca en abrir y cerrar la puerta de la casa o de la oficina, no tiene que abrir con código ningún sistema de fotocopiadoras y no necesita códigos para abrir la computadora de la oficina, todo está codificado en su microchip subcutáneo en la mano, para evitar olvidos de tarjetas electromagnéticas o códigos innecesarios. El sistema es realmente novedoso, se trata de pasar la mano codificada para dar acceso a cualquier actividad necesaria en su oficina de trabajo. Pero el vértigo me da cuando paso de la realidad a esa tecnología que parece divertida, los borregos del futuro, o los "animales sociables", caminando más acelerados por conveniencia de los jefes, con toda su información sensible conectada a una computadora que en cualquier momento puede ser hackeada. La esclavitud del sistema sofisticado en el que vivimos puede acariciar las cadenas de esclavitud, pero hay mucha gente que desea conservar la privacidad. El modelo diseñado es el mismo que describe Gates en el libro *Camino al futuro*, todos conectados a su voluntad.

Tras la aceptación del microchip en países como Alemania, Nueva Zelanda, Australia, con Suecia a la cabeza, las demás sociedades sienten la demanda como un reto en el desarrollo tecnológico; por otro lado, las presiones de los interesados en el sistema del redil globalizado hacen creer a los empleados que es solo para abrir y cerrar puertas y tener acceso a su rutina, es simplemente pasar los datos que tienen guardados en la base de datos de un empleado a su microchip subcutáneo, para ellos no implica más que eso. Sin embargo, son muchos los científicos que han mostrado gran preocupación y cuestionamientos sobre la privacidad y la seguridad de la información en este microchip, por el daño que puede causar la piratería a los usuarios del sistema; pero no es solo eso, el peligro a la salud es algo también cuestionable. De todos modos, los dueños de la tecnología lo tienen todo calculado y conocen las reacciones de los oponentes, entonces ya están los anillos con la misma tecnología, pero no son implantados para no asustar al redil de carne y hueso. Pero ¿cómo se puede esquivar a la presión de la manipulación? Si una compañía te pregunta si aceptas un implante y si la respuesta es no, estás corriendo el riesgo de perder el empleo, así que la ética es otro factor en juego con las estrategias tecnológicas.

Biohackers

El microchip es algo más que un simple control de información de rutina, es un implante que va en contra de la naturaleza humana.

Desde mi punto de vista, la enorme exigencia de la tecnología que pone en juego la vida podría ser el punto de partida para conocer cuáles son, en realidad, los métodos en la implantación de cualquier microchip.

Según Dave Asprey, el *biohacking* es el hecho de cambiar el medio fuera y dentro de nosotros para tener un control total sobre nuestra biología. También es conocido como el arte y la ciencia de transformarnos en superhumanos. La epigenética, en el sentido de las intervenciones realizadas en nuestro cuerpo y nuestra mente para modificar la expresión de nuestros genes, podría formar parte del concepto de *biohacking*.

Sarah Romero, experta y dedicada al estudio científico de estos artefactos, los describe así:

> El *biohacking* comprende la gestión de la propia biología, utilizando una serie de técnicas médicas, nutricionales y electrónicas con objeto de ampliar las capacidades físicas y mentales del sujeto. Circadia es solo un pequeño ejemplo, estos nuevos *hackers* de la materia viva se mueven en todos los campos imaginables de la biología genética (como la extracción de ADN en casa con fines didácticos), pero, por interesantes e idealistas que sean estas prácticas, los problemas de bioseguridad que plantean son palpables.

De acuerdo con Pawel Rotter, ingeniero biomédico:

> Gasson tenía un chip RFID (identificación por radiofrecuencia implantado) en su mano izquierda en 2009 que manipuló un año más tarde y le permitió introducir un virus informático. Él cuenta que subió una dirección digital a la computadora vinculada al lector, lo que le daba la capacidad de descargar algún

malware cuando estuviera conectada a Internet. En realidad, fue una experiencia sorprendentemente violatoria. Me convertí en un peligro para los sistemas del edificio. Mientras que las tarjetas regulares de entrada al trabajo pueden ser también hackeadas, el atributo que hace conveniente a un implante RFID (el hecho que no se pueda olvidar o dejar en casa) es también su mayor desventaja. Cuando un artefacto subcutáneo funciona mal, la experiencia puede ser más angustiosa. La tecnología de implante no se puede retirar fácilmente o, incluso, ni siquiera apagarse. Sentí que el implante era parte de mi cuerpo, así que había un verdadero sentimiento de impotencia cuando las cosas no andaban bien.

El caso de Aaron Traywick, CEO (director ejecutivo), de la compañía de biotecnología Ascendance Biomedical, parece que también desafiaba los métodos de *body hacking*. Tenía solo 28 años cuando lo encontraron muerto en un tanque de aislamiento sensorial en un *spa*. Traywick le apostaba a experimentos a través de "edición genética" para curar su herpes. Era un defensor de las terapias génicas, por lo que se ha dicho que la pérdida de su vida pudo haber sido con cualquiera de sus ensayos de *biohacking*.

La mejor protección ante este fenómeno tecnológico que ha permeado todos los campos de la privacidad, es tener consciencia de qué intereses van en contra de nuestra libertad y cuáles están detrás de las innovaciones y de la caridad que nos ofrecen.

13.

George Soros

A qué sombra se arrima

Una brillante tarde regresé de Memorial Park con un fuerte entusiasmo para continuar con mi proyecto, pero al mismo tiempo procesando la conducta de Bill Gates reflejada en sus acciones, que no fue fácil de contar, pero sobre todo de creer. Me había propuesto contar mucho más de la reseña que escribí aquí sobre él, pero son tan parecidas las aplicaciones prácticas de su manipulación comparadas con el caso de George Soros, su socio, que por ser igual de villano o tal vez más mezquino, he decidido complementar la historia con la sombra a la que Gates se arrima.

Puede ser más peligrosa la sombra que nos arropa que los rayos solares que nos queme, es así la historia de estos dos cortocircuitos cerebrales. George Soros, más que una sombra, es tiniebla del infierno que destruye y carcome la sociedad a nivel mundial sin que nadie lo sospeche. Para descubrir más fácil la cueva del lobo al que hoy le tiemblan las economías mundiales, entremos por la puerta de Wikipedia:

Gyorgy Schwartz, húngaro de 90 años de edad, de origen judío. Con el ascenso del fascismo, cambió su nombre por Soros y durante la ocupación nazi estuvo al frente de una operación para ocultar su identidad y la de otras familias judías, lo que les permitió sobrevivir a la II Guerra Mundial. En 1946, la familia aprovecharía un congreso de esperanto celebrado en Suiza para escapar de la ocupación soviética. De allí se trasladó a Londres y se graduó en Filosofía, siendo *alumno de Karl Popper*, filósofo de la ciencia más importante del siglo xx. En el discurso político, es conocido por su vigorosa defensa de la democracia liberal y los principios de crítica social que creía que hacían posible una floreciente sociedad abierta.

Ahora, George Soros puede patentar el dicho, que desde pequeña escuché en el rancho de la familia, "de tal palo tal astilla", de Popper; Soros heredó su ideología liberal, que aboga por un mundo "más abierto". Como cualquier inmigrante, llegó a Estados Unidos en 1956, sin duda en busca de ese sueño americano codiciado por muchos de los enemigos del país que los acoge. La similitud que encuentro con otros inmigrantes estadounidenses es que el pobre adolescente venía con un trauma tras vivir en su tierra natal (Hungría) en la invasión nazi, donde asesinaron más de 500 000 judíos húngaros; de tal holocausto, él confiesa haber sido uno de los que confiscaban propiedades a los judíos.

Entrevista a Soros

En la entrevista del programa *60 minutos*, la reseña de Soros es que nació en cuna de familia pudiente; su padre, un abogado exitoso, que sabía lo que se venía para los judíos, decidió dividir la familia, él le compró papeles extranjeros a George Soros y sobornó a un oficial del Gobierno para que se llevara al niño de 14 años y que jurara que era su hijo cristiano. Mientras miles de judíos húngaros eran enviados a los campos de la muerte, George Soros tuvo que acompañar a su padre falso a la labor de confiscar las propiedades de los judíos.

Una de las preguntas en *60 minutos* fue cómo le afectó ese episodio, y Soros dice: "Eso fue lo que formó mi carácter".

—¿En qué forma?

Soros:

—En pensar y comprender y anticipar a los eventos; y cuando fui amenazado, fue una tremenda amenaza de maldad, fue una experiencia muy personal de maldad.

Soros, es acusado de haber provocado la crisis financiera en Tailandia, Indonesia, Malasia, Japón y Rusia (Wikipedia, complementado de bbc.com/mundo/noticias/ y *60 minutos*).

Después de algunos años en el campo financiero, se arrima a la sombra de John Rockefeller Jr., quien le iluminó el camino de la filantropía con antifaz de caridad para amasar fortuna y alcanzar el poder: igual que Gates, le pegó a la yugular de todo ingenuo con las tres armas psicológicas de manipulación mundial que usan estas megafilantropías: proteger el medioambiente, igualdad de género y derechos humanos, insertando al plan la nueva ideología: encontrar la paz a través de un mundo sin fronteras. Notablemente, con esta sombra de nobleza logró grandes donaciones para inaugurar su propio banco, Quantum Mutual Fund, con el que puso la mira en la Unión Europea (UE) para permear el poder legislativo y lograr la unificación de una sola moneda en todo el continente europeo. Cabe aclarar que los fondos de cobertura (*hedge funds*) Quantum funciona solo en países extranjeros, no en Estados Unidos, para evadir regularidades, esa es una estrategia de George Soros que los especialistas ven como una forma de incrementar la fortuna; en otras palabras, sus fondos no tienen control, no son escudriñados por la Comisión Internacional de Seguridad. Los expertos coinciden en que Soros manifiesta que los fondos deben ser regulados para detener las crisis globales, pero él evade las reglas.

A lo largo de la historia los redentores no cambian nada, al contrario, echar leña al fuego es la vía para encender los ánimos con los discursos humanitarios que ofrece la filantropía orquestada.

Lo cierto es que la primera vez que escuché de Soros fue siete días después de mi cumpleaños, un miércoles 16 de septiembre de 1992, declarado el Miércoles Negro; en todo noticiero se hablaba del hombre que quebró al Banco de Inglaterra con una gran jugada calculada, o como dicen los expertos, "especulación financiera".

Diego Alonso Ruiz, en sus redes, describe la odisea que vivió la economía de Inglaterra debido a la jugada estratégica malintencionada del hoy magnate George Soros:

El famoso especulador George Soros precipitó la devaluación de la libra esterlina en una operación en la que ganó más de mil millones de dólares. Para ello, Soros movió ese día diez mil millones de libras. Básicamente, un ataque a una moneda consiste en endeudarte en esa moneda y luego ejecutar un plan para devaluarla y así disminuir tu deuda conservando el valor de los activos, aunque obviamente se tiene que cumplir la condición de que la moneda ya esté en sí sujeta a una tensión de devaluación, como era el caso de la libra esterlina.

> Aquel miércoles negro tuvo un costo de más de 3000 millones de libras esterlinas para el Banco de Inglaterra, ese día el Gobierno conservador británico se vio obligado a retirar la libra esterlina del mecanismo europeo de cambio, debido a las altas pérdidas. Luego de quebrar al Banco de Inglaterra con esta operación, Soros se ganó la fama de especulador.

Sin embargo, quienes defienden la estrategia de Soros, analizan su actitud como una jugada inteligente, magistral como inversionista, al haber podido manipular la venta de muchas libras, y lo consideran el chivo expiatorio genial de ese histórico episodio en Inglaterra. Lo cierto es que, la acusación formal que se hacía, en el desarrollo de los hechos, era que la crisis fue creada por Soros, con entramado planificado; pero no por eso seguí de cerca lo que sucedía en el mundo con el deterioro creciente que ha sufrido la economía mundial, menos imaginar el descrédito que cada día aumenta más sobre la imagen de Soros, que se veía tan normal. Esa imagen de hombre genio ya se iba convirtiendo en un monstruoso peligro para la humanidad. La confusión que provoca en las economías mundiales se engendró en el hecho de que nadie sabía que ya era un intruso acaudalado con tendencia a controlar las comunicaciones, partidos políticos, educación, migración. Un individuo proclive a la degradación mundial global en todos los ámbitos, que nadie vio y que ahora con la crisis de salud se rompió entre una población ya dividida con la influencia del protagonista George Soros, solo cualquiera que haya seguido de cerca sus movimientos oscuros tiene claro que sus alcances eran una infamia con antifaz de redentor para efectuar cambios negativos a la humanidad. De mi discernimiento, entiendo que ese cambio programado se basaba en aprovechar la tecnología de su amigo Bill Gates, para juntos entrar con la política a transformar la economía en una globalización mundial. Aplicando solo intereses favorables para los dos magnates y a la élite de poder adquisitivo. Entonces, una enseñanza clara que nos deja es que la globalización política tiene que ver con la globalización económica. Es, simplemente, libre comercio o libre mercado, que favorece a todos, aumenta la productividad y beneficia el estándar de vida de la población, con la oportunidad de reducir la pobreza. De hecho, en varios libros encuentro que este sistema de libre comercio funcionaría mejor con menos influencia gubernamental o sin ella, y que nunca podría tener éxito con la fijación de George Soros en igualar la competencia o controlar el mercado mundial fortaleciendo el Fondo Monetario Internacional con la idea de prestarles a los países en desarrollo.

El contrario del modelo, globalismo o globalización política, el diseño de Soros y Gates en connivencia de las élites burócratas, políticas, no es otra cosa que un plan político implantado para lograr el control de los "animales sociales" que diseñó Bill Gates. Que hoy se refleja en la manipulación miserable a la que nos tienen sometidos, mientras esperamos con bozales callados a que se determine de forma radical cuál será la trama para continuar con una sociedad biotecnológicamente construida, más controlada en sus relaciones sociales que abarque control del conocimiento. Los dos magnates exponen sus ideas abiertamente y de manera tan clara que no dejan espacio para confundirlas como pruebas en su contra. Soros habla de que vivimos una economía global con demasiada competencia, que hay un incremento de darwinismo social, o sea, lo que se busca en el darwinismo, la selección o eliminación de especies, que ellos consideran inconveniente. El mundo de sociedad abierta que Soros propone implica el control de la información que ya la tiene, eliminar los derechos inherentes como el autocontrol de nuestro cuerpo y la mente, controlar el valor y la moral de las personas a través de la educación modificada por él, Bill Gates, entre otros y el control de la propiedad privada. Soros busca la implantación del modelo de la familia Rockefeller, con presiones y sobornos, como se dice en mi país, Colombia, para tomar control en el campo financiero, incluyendo modificaciones tecnológicas del momento, o sea, la criptomoneda, el área de la ciencia, la política, el dominio del poder ejecutivo y legislativo. Durante varias décadas, Soros se ha dedicado a buscar la dictadura perfecta con la mira de ser él, el estado de poder mundial. Para lograrlo, cuentan analistas que es el especulador financiero con poder iniciado en el JP Morgan, que es el banco de inversión Rockefeller, y que sus inversiones son apostadas a sus propios fondos, fundaciones e inversiones.

Open Society Foundation tiene organizaciones a nivel mundial que responden por todos los intereses de Soros en las diferentes divisiones mencionadas. De hecho, el órgano de gobierno que promueve para los bancos del futuro es la misma idea que le funcionó en la Unión Europea, o sea, una sola moneda con regulaciones replicadas para el mundo. El poder de su fortuna es históricamente una película de ficción hecha realidad; las revelaciones del exalcalde de Nueva York, Rudy Giuliani, es otro episodio que permite entender por qué la humanidad permanece levitando con las ideas disfrazadas de "sociedad abierta" de George Soros, con las que manipula el mundo. Rudy Giuliani sacudió la consciencia de mucha gente que dudaba de las maniobras estratégicas del magnate; Giuliani afirmó que "Soros, archienemigo del actual presidente, Donald Trump, usó su influencia para imponer a cuatro embajadores estadounidenses en Kiev". "George Soros, está empleando a los agentes del FBI". Dejó claro que la embajadora Marie Yovanovitch, estaba manejada por Soros, y que "presionaba a las autoridades ucranianas para que cerraran las investigaciones anticorrupción que salpicaban a una organización no gubernamental dirigida por George Soros", la investigación de los ucranianos se basaba en un estudio que reveló que "faltaban 5300 millones de dólares en ayuda extranjera". De acuerdo con el informe de Internet de *New York Magazine*, Barack Obama en su administración cerró la investigación. Giuliani concluyó: "De repente, miembros de la embajada de Estados Unidos, bajo el control de Marie Yovanovitch, llegaron y les dijeron a los ucranianos: «No hay necesidad de hacer esto, estamos de acuerdo con ese gasto»". Sin embargo, Giuliani informó a través de medios: "El dinero desviado de la ayuda humanitaria terminaba en las ONG de Soros y sus hijos". En el 2019, Yuri Lutsenko, fiscal general de Ucrania, "acusó a la diplomacia estadounidense de intentar ejercer presión sobre el ejercicio de sus funciones", había intentado influir sobre "un caso de malversación de fondos del Gobierno estadounidense". Por otro lado, cualquier persona medianamente informada sobre la influencia de Soros en Ucrania, tiene advertido que los hijos del magnate y las ONG en ese país tienen más poder político que el mismo mandatario, como el mundo lo pudo comprobar, con palabras del mismo Soros, cuando en el 2014 propuso que el relevo del poder en Kiev fuese Arseni Yatseniuk, y Ucrania no lo pensó dos veces para honrar al magnate.

A mi entender, las actitudes maliciosas de este magnate en la economía y política de cualquier país en vías de desarrollo o no, son las mismas artimañas de Bill Gates cuando empezó con Microsoft, un monopolio controlado, y las mismas comparadas con el daño que le han hecho a la humanidad a través de su filantropía.

Volvamos al 16, Miércoles Negro, porque es quizá el día más importante en que los medios empezaron a sacar de las sombras a Soros. Las alteraciones que produjo en Europa, la desestabilización del marco en Alemania, y la relación entre el marco y la libra esterlina, fue el punto clave para Soros acrecentar su fortuna y para muchas economías sospechar la avalancha que se venía. Pero mis argumentos no pueden ser tan claros como los análisis de un politólogo o analistas que navegan en el tema; ahondemos un poco en el análisis que saqué del blog de Gustavo Godoy, un escritor de literatura, reportero independiente y articulista de opinión:

Se creía a principios de 1992 que el tipo de cambio de la libra, en particular, era muy alto, y la devaluación era inminente debido a la delicada situación interna del país y a la del continente. Todos estaban devaluando sus monedas para armonizar los desequilibrios que Alemania había ocasionado. Sin embargo, Inglaterra tenía problemas de desempleo y, tarde o temprano, debía estimular su economía con políticas monetarias. Desde la primavera de 1992, Soros pudo ver esto y comenzó a obtener préstamos en libras para acumular marcos alemanes. Luego, el miércoles 16 de septiembre, el Gobierno británico se vio obligado a retirar a la libra esterlina del Mecanismo Europeo de Cambio (ERM [por sus siglas en inglés]) debido a la presión. Ese día, la libra perdió más de 15 % de su valor en relación al [con el] marco y 25 % en relación con el dólar. Soros ahora podía devolver todo el dinero prestado con un gran descuento. Se calcula que con esa movida George Soros obtuvo una ganancia cercana a los mil millones de dólares. El Banco de Inglaterra no tuvo otra opción que comprar su divisa por montones para evitar un desangre total y parar el pánico. Se estima que el banco perdió aproximadamente 3000 millones de dólares con esto.

Esos datos, sin embargo, no pueden apuntar del todo a George Soros como único culpable de esta crisis; de acuerdo con las personas que tuve que contactar para entender el asunto. Entendemos que fue una jugada inteligente de un genio inversionista. Sin embargo, detrás de otras maniobras, el financista ha dejado caer la careta del engaño. También podemos dar por hecho que la experiencia con la quiebra del Banco de Inglaterra la aplica en el campo económico de todo país donde se mete. Su método es parecido al sistema de la nueva Ruta de la Seda, donde China presta altas sumas de dinero a países extranjeros para empezar a realizar sus ambiciosos proyectos y cuando se concluye el plan el país iluso queda con una deuda que no le deja salida; por tanto, tiene que entregar el proyecto a China y también parte de los recursos naturales. No solo la representación coherente de los procesos en los que aparecen las estrategias iguales de Soros y Xi Jinping como inversionistas, es la que ha puesto en alerta los intereses de otras potencias, sino también los acuerdos billonarios de George Soros con China en laboratorios de Wuhan. Así es, Wuhan otro eslabón que une los mismos intereses del trío Bill Gates, Soros y Xi Jinping, una relación que aflora sospechas según los expertos: falta de confianza en los magnates, recelo y gran misterio que oculta malas intenciones en el sistema de cuarentena en que se tiene sometido al mundo bajo la influencia del miedo a morir.

En el libro *Rompiendo España*, Juan Antonio de Castro nos deja un umbral de conocimiento sobre este peligroso personaje, absolutamente no conspirativo en el tema. Juan Antonio de Castro, no solo tiene doctorado en Ciencias Económicas, sino que también ha sido durante más de veintitrés años funcionario permanente de alto nivel de la ONU en la Conferencia de Naciones Unidas para el Comercio y Desarrollo (Unctad), en Ginebra (Suiza), y especializado en economía del conocimiento y desarrollo sostenible. Así que, después de mucho tiempo indagando sobre George Soros, no he leído un mejor libro de la realidad de este, escrito por Aurora Ferrer y Juan Antonio de Castro. La palabra de Juan Antonio la tomo de documentales, entrevistas y, obviamente, del libro que hoy señalan los medios de conspirativo, de acuerdo a las presiones políticas.

Gates, en el 2015, en una conferencia TED, describe claramente que va a venir una pandemia y hay que prepararse. Unos meses después, el señor Gates patenta una variación del coronavirus, para enfrentarse justamente a este problema, y tres años después le dan la patente y está a punto de lograr la vacunación. Al mismo tiempo, Soros ve que esto está ocurriendo y que Bill Gates está enterado de todo este proceso, invirtiendo a través del Instituto Pirbright; el Gobierno inglés también está financiando Pirbright, lo que busca son vacunas, trabajos sobre los virus del coronavirus, porque todos predecían que se estaba acercando la pandemia.

Agrega que todo el mundo está preparando "unas colaboraciones en Wuhan, con el Instituto de Biología de China, que son asombrosas". El doctor Juan Antonio nos pregunta en esta entrevista: "¿Por qué desde el 2012 hasta el 2019, tiene que haber este proceso de colaboración de Harvard, Universidad de Carolina del Norte, con el Instituto de Virología y todo al final ocurre en Wuhan?".

Agregó el experto que existen muchas teorías, pero lo que podemos asegurar es que "ha habido inversiones tanto de Soros como de Gates en todo este proceso para preparar vacunas, y que se ha venido preparando desde el 2012, y esto ha ocurrido en el 2020". De esta intensa investigación, dice:

> El señor Soros invierte en su empresa Wuxi en Wuhan, precisamente para producir vectores virales, y crea un laboratorio de bioseguridad y colabora en el laboratorio de bioseguridad para acabar trabajando sobre una vacuna en estos temas, esto lo hace en el 2011. Soros empieza a invertir en Wuhan en laboratorio de bioseguridad en 2011.

> Las pruebas de esta investigación aparecen en la Securities and Exchange Commission, Estados Unidos, que reflejan la inversión del señor Soros en Wuhan. (Entrevista a Juan Antonio de Castro, por Cristina Seguí. *Estado de alarma*)

La relevancia de la estrategia adoptada por los magnates que menciono en el campo de la filantropía, es hoy un tema que en Norteamérica es pan de cada día, pero parece que en Cataluña, a los autores de *Rompiendo España*, les ocurrió lo mismo que a mí, cuando empecé a descubrir el entramado de mentira y engaño que adormece la consciencia, se refleja en la manipulación de una población a la que duele ver inmersa en la utopía de encontrar paz y prosperidad derrumbando fronteras y terminando con las soberanías. Pero, es de gran valor para el robot de carne y hueso, encontrar aliados que sirven para despertar consciencia, como la vivida en la investigación y el esfuerzo de estos dos autores que reflejan su amor incondicional por Cataluña. En el libro describen el modelo sofisticado de Soros de destruir soberanías, así:

Es difícil captar plenamente las actuaciones de este personaje, sin entender antes que sus motivaciones se sustentan en "ideas madre" surgidas de una auténtica sociología del caos. Soros "violenta" a las sociedades, de la misma forma que lo hace con los mercados financieros, reconfigurando equilibrios sociales y políticos en favor de sus intereses. Las sociedades percibidas, a fin de cuentas, como fluctuaciones con las que interactúa en nombre de su "sociedad abierta". (pp. 17-18)

[...] Su modelo ha logrado, a golpe de talonario, infiltrar su ideología en la izquierda liberal europea, especialmente a través de *lobbies* e instituciones en Bruselas. Y lo mismo ha ocurrido en Norteamérica mediante el apoyo a las campañas presidenciales de aquellos que escoge como aliados. Lo cierto es que, detrás de una apariencia progresista, las ONG no son más que organizaciones liberales. (p. 37)

Este libro cuenta la historia de un sujeto sobre el que se desvelan hechos y evidencias contrastadas y concordantes que, hiladas las unas a las otras, le convierten en "instigador de la rebelión en Cataluña". Es exactamente el mismo modelo que estamos viviendo en Norteamérica, la fuerza del mismo instigador, que pretende derrumbar la soberanía con sus aliados del Partido Demócrata; debo aclarar que yo no pertenezco a ningún partido político, me inclino a la conveniencia de intereses como ciudadana, un número más en el juego de las élites. De hecho, el intento de Soros, mantener en la Casa Blanca un presidente títere a sus intereses, como Barack Obama o Hillary Clinton, a quien le apostó una millonada (11,8 millones de dólares) a su campaña; lo intentó de nuevo este año 2020 contribuyendo a la fallida campaña presidencial de Kamala Harris, y se puede pensar que pudo haber tenido alguna influencia en que Joe Biden la eligiera como su vicepresidenta, compañera de fórmula.

La otra estrategia de George Soros, en anuncios publicitarios, es presentar a Kamala como mujer negra, para mover las fibras del sentimiento en una sociedad donde el mismo Soros ha motivado e impulsado el movimiento Black Lives Matter. No estoy en contra de ninguna raza o color, pero es interesante que la población se mueve ahora por el sentimiento racial y no por las responsabilidades de consciencia individual y razonable. Bill Selvaggi, admirado y reconocido por su gran experiencia en la movida de valores de Wall Street, New York, y miembro activo en la compañía Morgan Stanley (1988-2002, IPO - Syndicate Coodinator for Inicial Public Offering, during the hot internet bubble period of the late 1990s), "siete años con Open Hammer", en el presente en Herold and Lantern Investments, con la misma disciplina y pasión que le mueve este sube-y-baja de la economía mundial, en compañía de Bruce Reed, me ha mostrado que la política, que trata de la organización de las sociedades humanas, especialmente de los Estados, para solucionar asuntos que afectan a la humanidad, no es otra cosa que una careta donde lo que hay detrás es el interés del dinero y el poder, lejos del bienestar de los ciudadanos de a pie de una nación. Tal vez estoy aquí describiendo esta situación de tal manera por el desequilibrio emocional y económico en que se encuentran los humanos a nivel mundial, bajo gobiernos que no se percataron o tal vez por connivencia permitieron que un solo hombre manejara el poder del mundo entre las sombras, es decir, que permeara las economías hasta quedarse con Wall Street.

Soros, en su trayectoria de noventa años con una selecta élite de magnates, se compraron los Estados mundiales, y todos estos hombres que entregaron su vida manejando la economía mundial son los títeres de los partidos que compró George Soros, marionetas disponibles a las jugadas financieras que se le antoja; igual como maneja el Partido Demócrata estadounidense, que no tiene líder, sino títeres manejados con dinero, como abiertamente estamos viviendo con el representante Biden, candidato que de llegar a la victoria en la Casa Blanca es simplemente la ficha perfecta de Soros, en el juego para dominar sus intereses. Así que, la metamorfosis que está viviendo el mundo es el resultado de la violencia financiada y la desestabilización de la moneda en cada Estado provocada por George Soros. Las revoluciones de color que hemos vivido, provocadas en los estados vulnerables por el racismo en Norteamérica y alrededor del mundo, puede ser intento de golpe de Estado al líder de la primera potencia mundial; algo que he destacado en varios temas de este libro y aquí lo refuerzo por la forma desafiante en que Soros se dirige al mandatario estadounidense. No me extrañaría que dentro de los planes de la mente pervertida de este hombre la revolución de colores sea un simulacro mundial para probar una transformación forzada, con golpe a la nación, si la victoria es de Trump el 3 de noviembre. Debo reconocer que durante veintiséis años de casada con Bill Selvaggi, después de los primeros siete años insistiendo para retirarlo de esa vida de altibajos y estrés constante, nunca hubiera podido escribir este análisis de manipulación política, porque evidentemente para un apasionado de Wall Street la experiencia en la política se respira por los poros, y eso es algo que conozco por él.

Retomando el libro de Juan Antonio de Castro:

> Las dos últimas décadas del siglo xx fueron épocas marcadas por las preocupaciones atlantistas del momento. Guerra Fría y caída del comunismo sobresalían especialmente. Soros intervino intensamente en esta última. (p. 19)

> [...] A partir de ahí, son todo señales que delatan. Debilitar hoy Europa es hacer de ella un conjunto fragmentado de regiones, rompiendo soberanías estatales. No podemos olvidar que, fragmentando España, se fragmenta Europa. (p. 21)

Una de las observaciones principales a través de mi investigación en capítulos anteriores acorde con la situación de Europa, es precisamente la estrategia de Soros, "la culebra se mata por la cabeza"; la piedra en el camino de Soros es Donald Trump, fragmentar su Gobierno significa fragmentar América Latina, donde tiene fija la mirada China. Así que Soros lo apuesta todo por el poder global, incluyendo a quienes considera una amenaza para su sociedad abierta, como lo sería China.

Curiosamente, hace apenas siete días, el 12 de agosto de 2020, estoy escribiendo sobre George Soros, mientras él celebra sus 90 años con la misma lucidez y convicción de convertir el mundo en una sociedad abierta. Después de analizar su entrevista relevante en medios europeos aliados de LENA, también publicada en *El País*, en ningún momento me quedó más claro que la influencia, por décadas, de George Soros, en desestabilizar la economía mundial, logrando el resultado de su ambición. El comentario contra el mandatario estadounidense, cuando empieza llamándolo "embaucador" y muy peligroso para Occidente, es la imagen que ha vendido al mundo a través de todos los medios financiados por él. Al igual, manifestó su antipatía por el primer ministro de Hungría, Viktor Orbán, quien le destruyó el imperio que estaba construyendo en su propia tierra; al líder de ley y justicia en Polonia; también contra Mateo Salvini, a quienes señala de oponentes de los principales valores de la Unión Europea. Todo lo contrario de lo que en realidad estos países rechazan, los tres se niegan a ver su población sometida a la ideología de sociedad abierta inducida por Soros, que se basa en el caos social y el levantamiento del odio entre las diferentes organizaciones creadas por él. En lo que dice y sus acciones, se muestra un hombre consciente de la situación de caos que vive el mundo hoy, más que listo para enfrentar lo que venía. Cuando le preguntaron cómo ve la situación del coronavirus, esta es parte de la respuesta:

> Estamos en una crisis, la peor crisis que he vivido desde la Segunda Guerra Mundial. Yo la describiría como un momento revolucionario, en que la gama de posibilidades es mucho mayor que en tiempos normales. Aquello que en una situación de normalidad sería inconcebible, no solo se vuelve posible, sino que de hecho ocurre. La gente está desorientada y asustada. Hacen cosas que son malas tanto para ellos mismos como para el mundo.

Otra pregunta textual para el húngaro: "¿Usted también se siente confundido?". Soros: "Tal vez un poco menos que la mayoría. He desarrollado un marco conceptual que me coloca ligeramente por delante del pelotón".

Otra pregunta en la que interrumpe Soros: "La UE acaba de aprobar un fondo de recuperación de 750 000 millones de euros...". Soros: "Es cierto. La UE ha dado un paso muy grande y positivo al comprometerse a pedir dinero prestado al mercado, a una escala mucho mayor que nunca". Sin ninguna experiencia política, percibo al redentor feliz de ver a la UE enfrascada en la gigante deuda.

Soros también lanza otra amenaza contra el mandatario estadounidense en la misma entrevista cuando le preguntan cómo ve la situación de EE. UU. y Europa: "Así que estoy convencido de que Trump será un fenómeno transitorio que, con un poco de suerte, se acabará en noviembre". La respuesta sobre Europa es muy sencilla, ya que allí él maneja los hilos de la política: "Creo que Europa es muy vulnerable, la UE es más vulnerable, porque es una unión incompleta. Y tiene muchos enemigos, tanto internos como externos".

George Soros expulsado de su tierra natal

Hungría es el mejor ejemplo para ver en acción las ideas materializadas del mesías del Orden Mundial, un modelo aplicado con gran éxito en todo Occidente con la formación de nuevos líderes en planteles de educación. Marcos es un inmigrante que llegó a Hungría a través de un intercambio estudiantil, en la época de la transición de ese país, pero no es la intención profundizar en cambios políticos, o de la alianza Fidesz con Orbán. Marcos cuenta el tiempo especial en que Soros intenta posesionar su imperio; dice que al cabo de años el financista húngaro se empieza a dejar ver tejiendo la telaraña con su método de financiar grupos rebeldes y formar su grupo liberal; proporciona becas a los jóvenes, prepara y paga a maestros universitarios, y a profesionales de derecho para liderar organizaciones sin ánimo de lucro, financiadas con su propio dinero, con diferentes objetivos, ONG defensoras de derechos humanos, grupos de ideas de izquierda.

Lo cierto es que Marcos, en su relato, dice que lo que saca a Soros de las sombras en Hungría fueron los húngaros que se empezaron a sentir invadidos por masas de inmigrantes musulmanes. Entonces, Viktor Orbán, el mandatario húngaro y su partido, declararon una crisis de 400 000 inmigrantes ilegales musulmanes, todos de edades entre 16 y 30 años, ninguna mujer, causando un caos, en el que el presidente se enfrenta a la batalla con uno de los hombres más ricos del mundo George Soros, quien era el encargado de la caravana migratoria. La historia que contaba Marcos es la misma que ocurrió entre Tijuana, la frontera estadounidense, con México, también aquí contada. Pero, en Hungría, a pesar de la controversia antiinmigrante, Orbán construyó el muro para controlar el flujo migratorio, una de las derrotas para Soros, que quería levantar el odio a través del dolor y el sentimiento, "las cámaras de reporteros preparaban el motín y en un impresionante *show* mediático sacaban las fotos para que dieran la vuelta al mundo y causar un gran desequilibrio al Gobierno húngaro". La ONG de Soros en Hungría también las debilitó el mandatario político y su partido, imponiendo la ley que muchos de los lectores tal vez conocen, *Stop Soros* (Paren a Soros), una campaña que se hizo sentir en Budapest, con avisos para desterrar al judío de su propia tierra.

Pero eso no es todo, el Gobierno sacó una ley legislativa que prohibió a las ONG promover la inmigración ilegal o liderarlas (todas las ONG eran financiadas por Soros); al que incumpliera la regla, se le cobraba un impuesto alto de sus ingresos, para apoyar el presupuesto de la nación, y toda organización dispuesta a pagar el impuesto tenía que reportar quién la financiaba. Hoy, la ONG más fuerte de Soros en Hungría, Open Society (Sociedad Abierta) recibe de los húngaros menos del 10 %. Considerando que los húngaros automáticamente dan una donación legal del 2 % de sus ingresos a organizaciones civiles y religiosas, no porque se le niegue a la Fundación Open Society, sino porque la población se dio cuenta de las intenciones del dueño de la fundación.

El otro modelo de Soros para esparcir su ideología muy parecida al estilo chino, es en la educación con sus institutos Soros en las universidades, similares a los institutos Confucio. En Hungría, desde antes de la transición, hace ya décadas, Soros creó una universidad (la CEU) para difundir la ideología de Karl Marx y Popper, en respuesta a las revoluciones en Europa del Este y la

Unión Soviética. Sin embargo, en Wikipedia encontramos que la Universidad "ha cambiado su foco en la atención partiendo de lo regional a lo global". Aparentemente, enfatizando los derechos humanos en todo el mundo, pero, lo que cuentan testigos, para entrar a este plantel fácilmente, se tiene que tener bases de activista de derechos humanos, homosexual, feminista o una persona que sepa competir en debates de medios. La Universidad ofrece filosofía, ciencias cognitivas, ciencias sociales, humanidades, derecho, políticas públicas, ciencias ambientales, matemáticas y estudios de género, estudios legislativos, estudios sobre nacionalismo.

Evidentemente, el Gobierno húngaro, contrapeso de Soros, le cortó la financiación estatal a las universidades que tengan carreras con ideología de género o cualquier tipo de inclinación al caos social. Otra característica especial de la CEU, es que la mayoría de los estudiantes en ese plantel reciben financiación del fundador George Soros. Finalmente, debido a las millonarias donaciones del filántropo Soros, es considerada una de las universidades más ricas en Europa, pero en Hungría su popularidad se debilitó, hasta que, debido a las presiones de Viktor Orbán, Soros trasladó su actividad a Viena.

Pero no ha sido solo de Hungría que se ha desterrado al magnate. El libro de Juan Antonio de Castro y Ferrer también presenta varios episodios de esta índole contra Soros:

> Su patria espiritual, Israel, le acusaba en 2016 de financiar "el odio al Estado de Israel" a través de sus fundaciones. Ese mismo año el portal DCLeaks hacía públicos varios miles de documentos en los que figuraban donaciones millonarias a "organizaciones antiisraelíes". A ojos de Soros, "Putin es una amenaza mayor para Europa que el [grupo terrorista] IS". No es pues, extraño, que el magnate apoyara a los ucranianos en su guerra con Rusia. Por su parte, Putin expulsaba a Soros y a todas sus organizaciones de Rusia. (pp. 30-31)

El fenómeno Soros es complejo e inexplicable; mientras en países que conocen bien sus movimientos y sus malas intenciones lo destierran, en América Latina cada día su ideología, "sociedad abierta", perfora con más fuerza las mentes inocentes en establecimientos de educación, política y economía.

Pero ¿quién más que el propio George Soros para describirse?:

"Soy una persona que algunas veces se involucra en actividades amorales y el resto del tiempo intento ser moral"; creo que he sido culpable de muchas cosas, estoy aquí para hacer dinero, no puedo y no tengo en cuenta las consecuencias sociales de lo que hago.

La huella de su maldad deja destrucción a cada paso:

Las actuaciones de Soros en África revelan los objetivos inequívocos de dominio e influencia económica global. En la región de Medio Oriente el papel de las organizaciones del húngaro consiste básicamente en financiar, entrenar, apoyar y aconsejar a los movimientos disidentes de determinados países, con el fin de fomentar disturbios. Estas nuevas revoluciones de colores buscan la supremacía económico-financiera y política del entramado empresarial de Soros, "forzando" un mejor acceso a los recursos minerales y medioambientales, así como adjudicaciones de construcción de infraestructuras.

El diseño del plan de él, en África, descrito por Juan Antonio de Castro y Aurora Ferrer en el libro *Soros*:

Se inyectan millones de dólares con el fin de revelar supuestos escándalos con el único objetivo de agitar a las masas. Se apoya la creación de movimientos ciudadanos para perturbar el orden público. Se utilizan ONG, aparentemente independientes, para ejercer acciones ante la justicia.

Un caso paradigmático es el de su ONG, Global Witness.

Primero pusieron en el mando de esa revista a Gillian Caldwell, exdirigente de la Open Society Foundation, y luego transformaron la misma, supuestamente creada para mostrar el pillaje de los recursos naturales en el mundo, en un escaparate en donde denunciar a sus competidores como responsables del pillaje y la corrupción. (De Castro, Juan A. y Ferrer, Aurora. *Soros. Rompiendo España*, p. 52)

En los medios

Con respecto a la relevancia de las estrategias de Soros, son miles los observadores que le siguen de cerca su manera de realizar la información diversificada a nivel mundial, a través de los medios que se prestan a esta manipulación por las grandes donaciones de sus ONG. Como espectadora del control absoluto de medios en Norteamérica, mi esfuerzo e interés en este despertar de consciencia me ha inclinado a una larga búsqueda de personas profesionales que no estén interesadas en la conspiración, sino en despertar a los inconscientes del mundo que no pueden comprender ni ver la forma oculta en que estos hombres peligrosos han venido aprovechando la ignorancia, hasta quitarnos el derecho de libre expresión y de libertad innata que todos merecemos.

Rompiendo España, el libro que escogí como fuente de información veraz, en este caso tan delicado, dice que el modelo de Soros tiene predilección por los medios de comunicación. Con el objeto de alinear a las sociedades con sus puntos de vista, Open Society ha procurado controlar, directa o indirectamente, grandes grupos de comunicación. Es lo que Soros llama 'ciberpolítica'. Se ha calculado que habría inyectado, solo durante el período 2000-2014, más de 103 millones de dólares en medios próximos al Partido Demócrata norteamericano con el objetivo de promover su agenda global.

Se han realizado grandes donaciones para influir en los trabajos y publicar posteriormente todo aquello que pueda reforzar los objetivos del magnate.

Open Society controla, por ejemplo, al International Consortium of Investigative Journalists (ICIJ)/Center por Public Integrity y sus papeles de Panamá, una investigación que habría corrido a cargo de Soros, la Fundación Ford y la Usaid (cooperación internacional del Departamento de Estado de los Estados Unidos). Instituciones internacionales de *rankings* sobre transparencia y corrupción, organizaciones de mediación en conflictos tales como la Organización de Seguridad y Cooperación Europea (OSCE), así como diversas organizaciones de defensa de los derechos humanos". (De Castro, Juan A. y Ferrer, Aurora. *Soros. Rompiendo España*, pp. 37-39)

Periodo de oscuridad bélico con Soros en América Latina

Después de hurgar en mis pensamientos de día y de noche cómo calificar un conflicto provocado en las sombras a través de la caridad, no veo otra cosa que "un período oscuro y bélico".

Una de las personas que consulté en este proyecto, gran periodista, heroína, valiente, capaz de enfrentar al magnate George Soros, considerado uno de los hombres poderosos del mundo, es Isabel Cuervo, egresada de la Universidad Javeriana, con estudios también en Cuba, quien tiene una trayectoria de lujo y un amplio bagaje en periodismo forjado en varios países, cuya forma especial de compartir culturas la hace brillar con luz propia, siempre detrás de la verdad. Su especialización en cobertura de conflicto armado, guerrilla, narcotráfico y paramilitarismo, así como en noticia política, participación de proyectos en Estados Unidos y América Latina, le dan el honor de mantenerse fuera de la conspiración. A lo largo de su carrera ha trabajado con Univisión, NBC Telemundo, Mega TV, BBG-USAGM, entre otros. Premio Emmy 2015 por investigación periodística en la categoría de Preocupación Social.

Pues bien, Isabel nos cuenta:

En 2018 realizo un reportaje investigativo sobre George Soros, para USAGM/TV Martí, por el cual me censuran y someten a investigación federal. Luego de ello, comienzo a denunciar desde su canal de YouTube y redes sociales todos los poderes ocultos detrás del magnate financiero. Los medios me bautizan como "La periodista que se atrevió a enfrentar al potentado millonario, George Soros".

Dada la preocupación que hoy nos concierne ante el peligro que ha sembrado George Soros en todas las naciones, Isabel nos lleva de la mano a descubrir la influencia camuflada y el entramado del magnate en América Latina en busca del poder mundial. El 20 de agosto de 2020, Isabel me orientó hacia un tema desconocido para mí, y es que yo no sabía que la influencia de este personaje había penetrado mi país, Colombia, de la misma forma como permeó en las conciencias de la humanidad en más de medio mundo. Ahora, el ramaje de la ONG que presenta Isabel en América Latina es asombroso, veo que parece algo comparable con un cáncer que hace metástasis, igual como se percibe en la política mundial. El desafío de Isabel aquí, tiene un gran objetivo para mí, y es que la gente investigue y salga del asombroso pantano al que nos tienen metidos con engaños hasta el cuello.

Isabel Cuervo, como ella misma dice:

> Periodista de guerra, que me tocó cubrir mucha guerra en Colombia en los años noventa, donde vi, palpé, sentí, oí, y entendí las arterias del país Colombia, puedo decir por experiencia, conocimiento propio, que sencillamente la guerra en Colombia no se puede catalogar como sesenta años de conflicto armado.

Para Isabel es algo más que eso; por tanto, aunque el país esté polarizado, yo he querido exponer a mis lectores opiniones variadas, de personajes sumergidos en los diferentes temas. En el caso de Soros, para desmantelar la "ingeniería social" construida a través de las ONG en América Latina, hay que empezar por la estructura con la que destaca la periodista el personaje: "Un hombre culto, inteligente, con gran conocimiento filosófico, político, social que, en últimas, él mismo lo ha dicho, lo que quiere es un mundo abierto y un gobierno global".

La división de la filantropía a través de la sociedad abierta (OSF, Open Society Foundations) en Colombia, la describe así:

> "Fundación Ideas para la Paz", de Sergio Jaramillo, con un lineamiento de tendencia política; Sergio Jaramillo, el que fuera el Alto Comisionado para la Paz de Juan Manuel Santos, después

de la fundación "Ideas para la Paz". Vamos conectando con otras nuevas fundaciones como "Nuevo Arco Iris", donde encontramos a León Valencia, un personaje conocido del grupo terrorista ELN, que ahora resulta que ha devenido en un "gran intelectual" que escribe columnas de opinión. La Fundación "Memoria, Paz y Reconciliación", también vinculada a León Valencia. Después la Fundación "Ideas para la Paz", en conjunción con la revista *Semana*, deciden extender su organización abriendo otra de ellas, más enrutada hacia medios de comunicación, entonces nace "Verdad Abierta", un medio que ha sido muy proclive, no solamente a la línea informativa, generosa con los grupos de narcotráfico y terrorismo que existen en Colombia como las FARC [Fuerzas Armadas Revolucionarias de Colombia] y el ELN [Ejército de Liberación Nacional] que han sido tan validados en el ámbito internacional a partir de la gestión tan dañina, en mi concepto, como fue la de Juan Manuel Santos. Su presidencia dejó el país sumido en un escenario bastante crítico o débil en sus instituciones, pues lo que estamos viendo hoy, lo que está pasando en Colombia en organización democrática, seguridad, ¡es muy grave! Un país muy complicado y muy difícil de manejar, donde ya todos sabemos Santos dejó sentados en el Congreso de la República a líderes de las FARC, que no es otra cosa más que el cartel más grande de droga que existe en el mundo, con un brazo político y un brazo armado en el monte, y mientras tanto, toda la población colombiana en una discusión absolutamente inocua, donde no han podido llevar a cabo la realización de una paz, sino más bien de una impunidad generalizada. Y por allí se desprenden muchas otras organizaciones, porque también podríamos hablar "de justicia"; es supremamente importante, porque allí tenemos a Rodrigo Uprimny, ustedes saben que es la cabeza jurídica de gran vinculación, o ese gran arquitecto de lo que es hoy la JEP [Jurisdicción Especial para la Paz].

Para que el lector entienda qué es la JEP, mi recomendación es que entre en su propia investigación para que saque su propia conclusión; sin embargo, podemos dar una idea de Wikipedia:

JEP, componente de justicia del Sistema Integral de Verdad, Justicia, Reparación y no Repetición, está vigente en Colombia desde marzo de 2017, cuando fue aprobado en el Senado, y afecta a los delitos cometidos durante el conflicto armado hasta la firma de los acuerdos de paz entre el Gobierno de Juan Manuel Santos y las FARC-EP el 24 de noviembre de 2016.

Isabel describe la JEP con palabras que pueden dar una guía al lector con posición concisa y real: "Justicia alterna, justicia especial, que no está conduciendo a unos caminos de paz real". También habla de "La Silla Vacía", está en los medios de comunicación vinculados a la Open Society Foundations, de Soros:

> [...] ellos reciben o han recibido financiamiento de esa organización, todos estos medios casualmente son proclives a justificar lo injustificable de las masacres de las guerras y las barbaries que han ocurrido en Colombia. Me parece que es una barbarie esa tendencia ideológica que siguen todos estos medios de comunicación, donde van igualando a los criminales con los políticos, con los militares, es decir, esto ya a nivel ideológico ha representado una alarma muy grande, que yo venía viendo desde hace años atrás; porque esto es la gran construcción de la desconstrucción moral, política y de la institucionalidad en Colombia, como efectivamente lo estamos viendo, un colapso de las bases de la democracia, y es muy peligroso y muy propio de George Soros.

Con bastante claridad, Isabel ubica a George Soros en la línea de la estrategia de golpes suaves o "poder blando". En otras palabras, de mi aportación, basada en el complejo recorrido al que nos ha transportado Isabel, creo que la inducción de la ideología soriana, financiada con su amplio conocimiento filantrópico de las ONG, a través de medios, culturales, sociales, con gran dosis de sagacidad que aplica, es como Soros maneja el "poder blando" (*soft-power*). Cuervo describe otro punto clave para entender la compleja filosofía de sociedad abierta, y las contradicciones, que yo también cuestioné, porque se habla de que Soros ayuda a liberar el comunismo y su perfil lo promociona como un gran defensor de los derechos humanos en toda parte.

La periodista tiene la respuesta:

Cuando hablamos de George Soros, no hablamos de partidos de izquierda o derecha, Soros no tiene tendencia política, él lo que tiene son intereses personales y particulares, él comete estos golpes suaves donde se lo permiten. El señor, con su fortuna realiza injerencia político-social en diferentes países a donde se le antoje entrar

Para lograr la mejor exposición posible de este período de oscuridad bélico, muchos medios, políticos y escritores, hemos encontrado en la experiencia de Isabel un manantial de riqueza que ella ha ido explorando. En una entrevista del periodista Andrés Alburquerque le hacen esta pregunta: "¿Qué te impulsó a investigar sobre los fundamentos de Soros?". La respuesta es obvia, investigación de información para la plataforma con la que ella trabajaba; pero más allá de ello, la parte que a mí me cautivó de la respuesta es su interés de indagar para informar sobre la influencia del magnate en Colombia, sobre todo en tiempo previo a las elecciones en el país. Ocurre que, para mí también, en Estados Unidos estamos próximos a unas elecciones extremadamente decisivas.

De las próximas elecciones depende la restauración de una sociedad hecha pedazos, no solo en lo material, sino también en lo moral, ético e intelectual; pero creo que ni Isabel ni yo, ni el mundo, sabíamos la ventaja que llevaba George Soros con el plan mundial. Así que no se trata de dañar la imagen de nadie, como lo he dicho hasta el cansancio; las observaciones de Isabel en este despertar se justifican para entender por qué es que estamos bajo la amenaza de una pobreza mundial y un sistema como el que vivió la periodista en Cuba.

No creo que ella se oponga a la voluntad de cada quien, para conseguir su fortuna, sino a la maldad que se percibe para destruir nuestra paz usando o haciendo mal uso de ella. "La injerencia política del personaje, llena de contrastes y falsas verdades"; coherente con estas observaciones, creo que hay que denunciarlo. En cada proyecto hay una confusa interpretación del proceso filosófico que derivó Soros de la filosofía de su maestro Karl Popper, expuesta en su libro *La sociedad abierta y sus enemigos*. En el campo político, Isabel deja clara su injerencia: "Justicia Soros", un proyecto que está diseñado en cómo se debe ejercer la justicia en todos los países a nivel global, según el concepto Soros. Así pues, ese diseño pudo ser practicado con los grupos terroristas de Colombia. En una de las investigaciones que vi de Isabel a Lia Fowler, exagente del FBI, relata que León Valencia, secuestrador del ELN, indultado, no ha pagado un solo día de cárcel; de repente es un intelectual. León Valencia y George Soros crearon un ejercicio de ocho meses para hacer el mapa de ruta para América Latina, el representante de Colombia era León Valencia. En el 2004, el referendo revocatorio de Hugo Chávez, se usó el voto electrónico de Smartmatic, y es bien conocido que hubo fraude; el dueño de esa compañía: Smart Alex Brown, Brown fue socio en las especulaciones de George Soros y está en la junta directiva de varias de sus ONG.

Isabel también cuenta en sus documentales que todo este entramado implica a Cuba y está siendo operado desde hace décadas, en los últimos ocho años con auge en la bandera de la paz. Judicial Watch demanda del Departamento de Estado documentación para comprobar que no se le ha dado dinero de los contribuyentes norteamericanos a estas organizaciones, financiadas por Soros en Colombia. El Centro de Investigación Judicial, al igual que Fowler, considera que hay elementos para creer que la democracia de este país está en riesgo y, por ende, peligra la región.

Asimismo, cita lo que concluye la exagente del FBI:

El Gobierno cubano siempre ha estado, primero, buscando financiación para el régimen, y segundo, ellos han querido explotar esa revolución, pero la pieza maestra es Colombia, porque la cocaína de Colombia ha financiado a Maduro y ha financiado a los capos, y lo que quieren es un sistema comunista en toda América Latina; es más fácil con una dictadura hacer un negocio; clarísimo.

Censura

Lo importante ahora consiste en despertar consciencia de la vulnerabilidad en que se encuentran nuestros derechos de expresión y de privacidad; tal vez entendiendo la magnitud del fenómeno se recuperen las bases de nuestra identidad para construir un futuro sin miedo y con derechos que fortalezcan los valores.

Una de las preocupaciones de las últimas décadas que se ha convertido para muchos en obstinación y que de algún modo a todos nos concierne es la censura. El uso del poder para examinar argumentos, obras o cualquier otra clase de comunicación en la libertad de expresión ha sido siempre utilizado en cualquier Estado, grupo o sociedad de acuerdo con su cultura, que puede modificar términos que no se ajusten a planteamientos políticos, morales o religiosos. El sexo podría ser un ejemplo de censura, ya que la palabra no podía ser mencionada en algunas culturas, también el adulterio, la homosexualidad o el suicidio; pero con la libertad de expresión y la evolución del pensamiento se ha puesto en evidencia que algunos mitos o tabúes han pasado a ser parte de la vida cotidiana y nos da derecho a expresar lo que sentimos de forma natural. Por tanto, la libertad de expresión es un bien que defendemos todos, pero no significa que seamos libres frente a las leyes que se imponen en el control del libre albedrío.

La irrelevancia del tema se mantuvo hasta la nueva era de cambios en Internet, Twitter, Facebook, Google, YouTube, donde empezamos a conocer bloqueos, amenazas y hasta crímenes cometidos por silenciar voces importantes en cualquier investigación sobre políticos o casos de intereses personales; por ejemplo, el supuesto suicidio de Jeffrey Epstein, que para muchos es un silenciamiento de información con excusa de suicidio. La pérdida de periodistas es otra alarma en la censura actual. Desde 2005, la censura a los periodistas se ha incrementado a gran escala hasta 2020, año que trajo sorprendentes descubrimientos para los que no conocían el plan global que se estaba fraguando para la humanidad desde décadas atrás. El problema es que la censura en los últimos años es una manipulación replicada en autocensura; las personas condicionan o modifican su forma de pensar por miedo a consecuencias desfavorables a sus intereses, como es pérdida de trabajo, amistades, influencia política, entre otras. La manipulación de la información es un tema actual en los medios digitales, donde se hacen publicaciones de acuerdo con la opinión de determinado país; es decir, si usamos un buscador para informarnos sobre la ideología de algunos gurús, si se hace desde España, por ejemplo, obtenemos una idea diferente de la que encontramos si se hace desde Hong Kong. Recientemente, hemos podido comprobar que las redes sociales son un instrumento de control a nuestros pensamientos y emociones, lo que debería preocupar a la población porque no sabemos hacia dónde nos dirigen los distintos poderes reguladores del sistema. Sin embargo, en la actualidad lo que importa a la sociedad de consumo es tener conexión con Facebook, Twitter, Instagram, entre otros, y estar en la espera de medios más sofisticados; importa poco la influencia de líderes que están promoviendo el control absoluto a través de redes sociales, en una sociedad en crisis hasta de su propia identidad.

Por tanto, no puedo pasar por alto hacer preguntas sobre la censura a Isabel Cuervo, que es la manifestación en carne propia sobre la mordaza que intentó destruir su brillante carrera.

¿Qué opinión tiene sobre la censura en la última década?

I. C. La censura es hoy en día un arma de guerra y una herramienta de manipulación político-económico-social. Cada día estamos más expuestos, como ciudadanos comunes, a la rampante censura ideológica que se ejecuta desde las redes sociales y también estamos a merced de la manipulación ideológica operada desde los medios hegemónicos de comunicación.

¿Cómo se siente desmantelando la censura de un magnate con tanta influencia como Soros?

I. C. Muy bien. Siento que como periodista de investigación es mi deber informar y no callar lo que encuentro en mis indagaciones; para eso estamos los periodistas, es parte de nuestra profesión investigar, indagar, denunciar y revelar lo hallado, aunque ello nos traiga nefastas consecuencias, como en mi caso, que he tenido que afrontar no solo la inmensa campaña de destrucción y difamación montada en mi contra por este magnate financiero junto con los principales medios de comunicación del mundo (como el *New York Times, Washington Post, The Herald,* etc.) sino también amenazas, acoso, persecución, privación de mi derecho al trabajo y daño irreparable a mi imagen profesional y personal.

¿Siente miedo denunciarlo?

I. C. No. Los periodistas no tenemos derecho a sentir miedo, quien se quiera dedicar a este oficio debe contar con coraje y valor, si no, que se meta a otra profesión. A lo largo de mi carrera como periodista que ha cubierto guerra, narcotráfico, paramilitarismo, política y toda clase de bandidos, he tenido que enfrentar atentados y enemigos muy fuertes, este no es el primero ni será el último. Hay que seguir. La gente tiene derecho a saber la verdad.

Así que no es un secreto para nadie que bajo la Open Society Fundation se ha movido fichas estratégicas en el régimen de Venezuela, Cuba y Colombia. Este señor articulador de las ONG tiene, sin duda, presencia en toda América Latina; sin embargo, la gente lo ha ignorado.

Además de presentar al mundo una sociedad abierta con la idea tergiversada de la libertad, Soros refleja en sus máximas y en sus entrevistas una contradicción en todo lo que dice. Repitamos sus palabras: "Vine a hacer dinero y no a mirar consecuencias sociales de lo que hago", y, por otro lado, se presenta como el filántropo de la caridad humana, donde deja la perspectiva de que no hay Dios más que él, y es el todopoderoso para arreglar las economías rotas. Hay dos máximas de esta filosofía que me parecen relevantes, una que heredó de su maestro y otra de su inspiración: "Encuentra una tendencia cuya premisa sea falsa y apuesta tu dinero" (Popper). "Yo era humano antes de volverme un hombre de negocios" (George Soros). Irónicamente, seguida a esta frase se encuentran defensores de que a George Soros lo que le importa es el bienestar de la humanidad.

Aquí, lo que yo veo, es el molde de estrategia de Hitler, según Longerich:

Hitler estaba interesado en su propio poder y no en restaurar la gloria de Alemania. Su nacionalismo y antisemitismo eran solo una estrategia diseñada con Goebbels, consciente de que ese discurso calaría en una población empobrecida. Pero era "un plan ensayado".

Hace algún tiempo escuché en Caracol Radio, de Colombia, una frase que comprueba la importancia de un despertar de consciencia para quitar la venda de la ignorancia por la manipulación en que vivimos: "Cuando usted lee un libro nunca vuelve a ser el mismo". En realidad, al subrayar esta frase es porque nunca puedo ser la misma después de mi investigación para este libro; entender la manipulación de Soros; leer en Internet sobre la influencia de Soros en el mandatario colombiano Iván Duque, jamás hubiera imaginado conocer de su propio puño y letra la admiración que manifiesta el presidente a George Soros.

Iván Duque Márquez: 4 de abril de 2010

A finales de octubre de 2009, el controversial inversionista y filántropo George Soros dictó cinco charlas con el auspicio de la Universidad Central Europea. La idea de sus lecciones era exponer posturas filosóficas sobre la teoría del conocimiento, los mercados financieros, la noción de sociedad abierta, las fallas del capitalismo y los debates morales de la sociedad contemporánea. En ellas se encuentra una riqueza intelectual que conviene inspeccionar para entender los debates que traerá la era de la poscrisis financiera. Para entender la filosofía de Soros, es preciso leer el libro *La sociedad abierta y sus enemigos*. Me sembró la duda de si Duque lo leyó, no sé su reciente opinión, en el presente creo que cayó en la falsa "sociedad abierta" de George Soros. La información completa del artículo del mandatario la encuentra el lector en Internet.

Según Duque:

> Para Soros, la economía al ser una ciencia social, se encuentra envuelta en el principio de reflexividad; por tanto, sujeta a gran incertidumbre, por lo cual no se puede aceptar de plano

la efectividad de los mercados cuando se dejan a su libre albedrío. En ese sentido, las burbujas al ser producto de una mala interpretación y una manipulación de la realidad deben ser prevenidas por el Estado. No cabe duda, como lo propone Soros, que debemos avanzar hacia una óptima sociedad abierta.

Así pues, el verdadero riesgo de escribir sobre la compleja situación política de Colombia lo puse en duda por la valoración pesimista después de profundas indagaciones, que me hicieron ver a una Colombia seducida ante la plaga devastadora de la filantropía de Soros.

La sorpresa que muestran los avances de los globalistas en plena pandemia, mientras a la población la mantienen aguijoneada con miedo a la libertad, encerrados todos, las alianzas de las élites trabajan en la sombra; el caso del expresidente de Colombia, Juan Manuel Santos, después de los privilegios que le dio a las guerrillas de las FARC y de recibir un Premio Nobel de Paz, tiene la oportunidad de ingresar a la Fundación Rockefeller, quienes vieron su inteligencia para el manejo de dineros y le abre las puertas como miembro de su junta directiva; significa que Santos ya entra a asegurarse parte en el monopolio de los magnates que están luchando por un nuevo orden mundial de acuerdo con sus intereses. La Fundación Bill y Melinda Gates, Open Society, con el brazo de la guerrilla de las FARC, Juan Manuel Santos, bajo la misma sombra de la cuna Rockefeller, que históricamente hizo su fortuna monopolizando todas las fases o procedimientos del petróleo, muestran un gran engranaje de la cúpula del poder adquisitivo, que atando cabos me da para pensar que esta revolución ideológica camuflada es un proyecto soroniano. El doctor Gavin de Becker, considerado un pionero en el campo de la evolución de las amenazas y predicción y manejo de la violencia, tal vez sea la mayor autoridad para decir: "La vida moderna muchas veces produce el efecto de adormecer nuestra sensibilidad, o no vemos las señales o no queremos admitirlas".

Soros está infiltrado en la política y la vida de América Latina de manera incontrolable, desde hace muchos años. Argentina, Chile, Brasil, Guatemala y otros, son naciones que hemos visto ser víctimas de la manipulación de las ONG financiadas por Open Society, que inyecta la filosofía de las sombras; o sea, crear el caos económico que deja devastación al paso, de modo que la única solución posible sea poner la economía ya rota en manos de George Soros. En este tiempo de pandemia provocada o no provocada, estamos viendo la mencionada filosofía aplicada a gran escala. La quiebra de casi todas las pequeñas y medianas empresas, desempleo y muerte anunciada, el mundo encerrado, pocos con opción de crear ingresos, es el camino acelerado a los planes del magnate. Sin embargo, siempre reflexionando los dichos de mis padres, quiero creer que después de la tormenta viene la calma, y que al mal que no tiene cura hacerle cara dura, pero para pensar de esta manera me adentré en la filosofía de Gavin de Backer: "Una vena violenta en cada uno de nosotros"; para él, "no hay distinciones entre humano y lo monstruoso, todos somos capaces de pensamientos criminales, el recurso a la violencia está en todo el mundo; lo único que cambia es nuestra visión de la justificación". En sus libros hay mucha coherencia sobre la situación actual, que me ayudó a entender mi frustración mientras ahondaba en la cruda realidad que nos acecha. Por ejemplo, me queda claro que el conflicto de crisis de salud con la pandemia no está aislado de una cadena de personas explícitamente comprometidas a afrontar lo que sea para lograr sus objetivos.

Becker habla de la habilidad, entiendo que todos estos personajes aquí mencionados destacan esa característica: "tienen confianza en su habilidad para utilizar su cuerpo, las balas o una bomba para lograr sus fines". Para este tiempo moderno yo cambiaría "utilizar el cuerpo" por utilizar bombas biológicas. También tuve que entender en el recorrido de Becker que la puja indolente entre el globalismo y la democracia nacional es "un proceso en el que el resultado violento es solo un eslabón". Hasta cierto punto este último concepto es la realidad, aunque se percibe como algo más que un simple eslabón.

Continuando con el período de oscuridad bélico de Soros en América Latina, de acuerdo con lo expuesto, es fácil entender que el modelo aplicado en la desestabilización económica, en el mundo, antes y después de la pandemia, es el mismo para todos. Sin embargo, dado que desde que empezó la cuarentena he seguido muy de cerca las estrategias del presidente Fernández en Argentina, con plena consciencia de no caer en conspiración, sino de ver la realidad que presentan los mandatarios con cinismo, veo oportuno hacer mención de la desestabilizada Argentina; en particular, la llamada de George Soros al presidente Alberto Fernández, en abril, para hallar soluciones al tema del confinamiento, no es otra cosa que la prueba del poder que tiene el magnate en la nación. Aunque, desde el 2002, con la crisis de Argentina, Soros ya tenía enorme dominio en la manipulación del área financiera, como ya sabemos todos, aprovechó la debilidad de la economía en ese tiempo y compró masivamente todo tipo de activos y capitales argentinos. Para él es terreno abonado en esta crisis el acabar de comprar el Estado.

Con el objetivo por los recursos o materias primas de ese prometedor suelo, también le han dado la oportunidad de entrar por la puerta grande a transformar la educación e inducir su propia filosofía, la nueva Open Society University Network (osun), que es ya parte de la educación en Argentina. Irónica y aparentemente, él ha manifestado que uno de los objetivos con esta universidad es parar el totalitarismo, pero hay gobiernos que conocen su ingeniería social y saben que es otra estrategia, la cual muestra lo contrario para su nuevo gobierno totalitario. Por lo general, las bases y objetivos son los mismos aplicados en la Universidad Centroeuropea (ceu, por sus siglas en inglés): promover los valores tergiversados liberales, el pensamiento crítico.

El proyecto lo presentó meses antes de cumplir los 90 años: "llegar a aquellos estudiantes que más lo necesitan", principalmente en Asia, África y América Latina, "y fomentar los valores de la sociedad abierta, incluidas la libertad de expresión y la diversidad de credos".

Lo que a todos deja perplejos es la libertad de expresión, cuando no es un secreto para nadie la censura que hay en los medios que él financia y representan casi el 80 %, según lo expone Antonio de Castro en *Rompiendo España*.

Algo de particular relevancia en Argentina antes de cerrar el tema de Soros; es una de las propuestas al presidente Fernández, a cambio de ayudar con la crisis del coronavirus: "La instalación de una planta industrial de la catalana Grifols en Argentina, farmacéutica especializada en hemoderivados, en auge desde que asegura el desarrollo de un *plasma anticoronavirus*".

Grifols S.A., es una empresa multinacional española especializada en el sector farmacéutico y hospitalario; constituye la tercera mayor empresa del mundo en el sector de hemoderivados y la primera de Europa, además de ser la líder mundial en suministros a hospitales y la única compañía en la industria farmacéutica que verticalmente está integrada en el sector de la medicina transfusional. Su sede está en Barcelona.

Desde el 17 de mayo de 2006 cotiza en la Bolsa española y desde el 2 de enero de 2008 lo hace en el IBEX 35, siendo el mejor valor de 2011 con la revalorización del 24,82 %, así como el del 2012 con una revalorización del 112,92 %. También está presente en la mayor Bolsa de Valores de los EE. UU., como es el Nasdaq, desde el 1º de junio de 2011. (Datos actualizados de la Enciclopedia Wikipedia)

Para cerrar el periodo bélico y según la apreciación de los autores de *Rompiendo España*, son apropiadas las palabras de Julio Ariza:

Sobra decir que hablar de Soros en España es hablar de Pedro Sánchez en el Gobierno, de Grifols en la industria y del independentismo catalán como proyecto de ruptura de la nación; es hablar de sus proyectos para la destrucción antropológica de nuestra sociedad (políticas de género, *lobbies* LGTBI, destrucción del modelo familiar, lucha contra los valores cristianos y contra las tradiciones españolas, feminismo radical, fanatismo climático, animalismo, veganismo). Pedro Sánchez es el hombre dispuesto a cumplir la agenda de Soros en España, para eso está y por eso ha obtenido la protección del magnate.

Opiniones influyentes

Jim Denney: "Soros es potencialmente más peligroso que una bomba nuclear. Actúa en la sombra y con determinación usando su dinero y poder para manipular nuestra economía y sistema político. Un misil nuclear puede destruir una ciudad. George Soros puede destruir nuestro estilo de vida".

La conclusión de Jim Denney es relevante en varias columnas de Internet, documentos y libros, incluido *Rompiendo España*.

Antonio de Castro: "Soros financia con cientos de millones de dólares al año la inmigración ilegal, la ideología de género, el feminismo radical, movimientos pro-LGTB o proabortistas". (*Rompiendo España*, p. 35)

Viktor Orbán: "(Soros) sirve a los intereses globalistas y fuerza la corrupción política sobre las naciones-Estado".

Mi opinión sobre Colombia

Para mí, mucho antes de escuchar las palabras del expresidente de España, José María Aznar, sobre su opinión de las FARC y los movimientos guerrilleros de Colombia, dejando a un lado los escándalos de este personaje, ya yo había escrito el mismo concepto sobre el tema; el discurso no puede ser más apropiado para una nación que por cobardía o connivencia no puede vencer el terrorismo.

Aznar:

Yo no entiendo del todo, pero nunca he podido aprobar el acuerdo del Gobierno colombiano con las FARC. Por la paz hay que hacer todos los esfuerzos que sean posibles, pero no las concesiones que los terroristas quieran. Al terrorismo hay que combatirlo con inteligencia, la inteligencia no es caer en la astucia de los terroristas, ni retribuirles porque dejaron de matar. Los terroristas no son soldados honorables a los que hay que respetar, son asesinos a los que hay que condenar.

A pesar de que el discurso es tan claro, la valoración del mismo está hoy lejos de la realidad que vive el mundo. Sin embargo, viendo países que han logrado desterrar de sus naciones la sombra de Soros y otros que están luchando en otra vía para la estabilización del conflicto geopolítico, en temas relevantes como la crisis de salud de pandemia y la prevención del globalismo de mundo sin fronteras, el despertar de consciencia es todavía una posible herramienta.

14.

Entramos a la oscuridad de la manipulación

Según el caudillo liberal colombiano quien fue asesinado, Jorge Eliécer Gaitán:

Los hombres que hemos cruzado universidades sabemos que el hombre es como las plantas, que la planta da fruto y flores no por la planta misma sino por el surco y la tierra donde ha prendido, y que el hombre y un pueblo no pueden ser grandes y fuertes sino en razón de las tumbas donde tiene el alimento para su futuro.

Aunque no había nacido para ser testigo de muchos acontecimientos históricos, pude encontrar entre diferentes opiniones, experiencias, libros de historia y textos controversiales pese a que siempre tienen su lado humano y el lado oscuro que nos ocultan la manipulación de la religión y la política en sus documentos. En Colombia, igual que en América y el mundo es necesario entender un poco la relación estrecha que hay entre la política, la religión y la educación, aunque esto implica destapar la caja de Pandora que esconde la verdadera historia de nuestras culturas.

Sin embargo, *El robot de carne y hueso* no es un libro de historia y no profundiza en el tema, pero a medida que necesito desmantelar algunos mitos o tabúes sobre la mente habitual, el tema alumbra por sí solo. Por ejemplo, a muchos de nosotros la historia que nos presentaron en las escuelas (aulas de clase) era de próceres, protagonistas impecables en cualquier conflicto, y como si esto fuera poco, la imagen que a la mayoría nos estamparon de cada conquistador en la independencia de las Américas era del héroe glorificado como hasta hoy es para algunos la figura de Simón Bolívar. A pesar de ello, la historia también ofrece detalles que han creado profunda incredulidad y mucha desconfianza en las naciones, suficientes para saltar a la curiosidad de conocer la relación del pasado con el presente, con base en que cada día nos volvemos más robóticos sin saber por qué.

Si cada persona levantara la tapa del viejo baúl que por años reposa en la memoria, para muchos serían décadas y no solo años de conocimiento retenido por el polvo acumulado que interrumpió la ruta hacia la sabiduría. A los que nos envolvió la pereza hoy le echamos culpa a la memoria que nos agarró por sorpresa con lejanos recuerdos que hoy entre las grises sienes queremos retomar. Pero por más que nos haya seducido la ignorancia, la historia no está sola en los detalles, aún tenemos consciencia de acontecimientos vividos tan notorios que señalan la importancia de conocer razones para prevenir en seguir siendo víctimas del pasado.

Desempolvar recuerdos no es con la intención de remover tumbas que comprometan el espíritu con enredos familiares o amores tormentosos que dejaron heridas ya sanadas, es para conocer estrategias de modelos de control que todavía nos imponen, para reconstruir ideas y modificar la secuencia de la historia que tiene al mundo a reventar de seres humanos caminando entre el arroyo de masas que hoy en día abre una época de fronteras inciertas.

Cuando buscaba escritores que soportaran mis ideas, tropecé con algunos que se oponen a la búsqueda de la verdad sobre la historia de nuestros antepasados, manifiestan que seguir adelante sin dar ni un vistazo atrás ayudaría al enfoque para mejorar la economía en Latinoamérica y poder salir de la pobreza asombrosa que arrasa y destruye la calidad de vida de las naciones. Sin embargo, la historia es la que en el mundo se revive hoy para entender el flagelo de la manipulación. Los oponentes comparan las economías del Japón y de otros países asiáticos con la nuestra, señalando que ellos no se distraen porque están enfocados en descubrimientos novedosos para la competencia de mercados en tecnología, automatización e inteligencia artificial, mientras que en Latinoamérica y Europa la pasión por conocer el pasado de nuestras culturas es una pérdida de tiempo y dinero. Sin embargo, lo que veo es que en todas partes del mundo se vive al margen de sus culturas; de hecho, habría que tomar como ejemplo el crecimiento del gigante asiático con base en la Ruta de la Seda.

Así, respetando el criterio he elegido continuar en busca de cualquier conocimiento del pasado que esté ligado al presente y pueda ayudarme en el enfoque para despertar el interés de todos en defender la libertad. Si la idea implica desenmascarar algunos héroes que han seducido con su ideología a los políticos modernos que tienen a la humanidad colapsando en la miseria, estoy segura de que gracias al esfuerzo de historiadores apasionados con el tema podríamos conocer detalles para ayudar a controlar el flujo de interés por el poder que atravesó el dinero, que es la lucha eterna en la historia de horribles acontecimientos contra la humanidad sin la mínima sensibilidad ni compasión.

Puede ser que se te ocurra pensar, ¡y qué importa después de tanto tiempo!, saber el origen de por qué solo les ha importado el poder y el dinero y cuál es el beneficio. La respuesta está al alcance de todos, es que nosotros nos hemos conformado aceptando sin ningún reparo la herencia administrativa que nos dejó la corona española en complicidad con la Iglesia. Pero la buena noticia es que no existe un papel firmado en ningún rincón del mundo donde esa herencia no pueda ser remplazada por otras alternativas más humanas. La influencia del potencial individual en los seres humanos sensibles es la salida al conflicto de la destrucción material y espiritual que afecta a la sociedad. Durante toda la historia, la construcción de imperios es lo que cuenta, aunque sea de ignorantes.

Tratando de mirar un poco más allá, podemos observar que en verdad las tradiciones en la época de antaño nunca han sido modificadas, se han combinado de acuerdo con los intereses impuestos en el momento. Por eso, lo que *El robot de carne y hueso* propone es que, de la misma manera como la mayoría de la humanidad ha ignorado el camino a la dictadura y el abuso de las malas oligarquías gobernantes, esa misma mayoría pueda unir la fuerza para entender el régimen que nos tiene dominados y defender nuestros derechos.

En mi opinión:

No hay personas insignificantes, hay mentes inactivas que pueden ser activas de acuerdo con la voluntad y cambiar el curso del futuro.

De cara a la historia

Helmut Kohl, político e historiador reconocido mundialmente por la reunificación alemana después de una división de 45 años, durante la Guerra Fría, y canciller de la República Federal Alemana durante 16 años (1982-1998), aunque su vida se vio envuelta en escándalos no dejará de ser un genio recordado en la política, ni se deja en el olvido la máxima de una lumbrera como él, al despertar: "Un pueblo que no conoce su historia no puede comprender el presente ni construir el porvenir".

Desde la época de los colonos (siglos XVI-XVII) se refleja la imponencia de la Iglesia en la conducción política y en el dominio de la mente, es algo que concuerda con los miles de textos escritos sobre el tema. Hay que admitir que el conquistador con gran estilo transmitió e impuso violentamente su ideología en la mente doctrinada del conquistado. Se establecieron escuelas con sacerdotes entrenados en la programación de robots de carne y hueso diseñados para obedecer al colonizador en el aprendizaje de los dogmas cristianos y así moldear el pensamiento indígena, configurando una mente sumisa, con temor de la doctrina impuesta.

Aunque no hubo Internet o teléfonos inteligentes, ni cámaras para que los periodistas nos presentaran argumentos verídicos sobre la época de la Conquista, los apasionados de la historia han llegado a lugares nunca imaginados en busca de testimonios con nativos descendientes de quienes experimentaron en carne propia las ventajas y desventajas de la transformación de la cultura indígena. He podido encontrar descripciones realizadas por expertos en documentales como este de Daniela Jiménez y varios colaboradores de la Universidad Tecnológica de Pereira:

En la época de la Colonia, la Iglesia cristianizaba las tierras conquistadas, se llevaba a cabo un proceso de inculturación, pues se tenía la concepción errónea de que los indígenas no tenían cultura, por ello la corona española delega la tutela de la educación a la Iglesia.

Las secuelas de la Conquista podemos verla, generación tras generación, en el desarrollo cultural de nuestra gente, y se refleja todavía en el pensamiento fijo de una cultura maltratada, llena de lagunas mentales, inseguridades, desconfianza, timidez y deseos que producen estos desajustes emocionales; a mi entender, esas huellas ocultas son la razón de los prejuicios limitantes desarrollados en la sociedad, que impiden la claridad en la formación de ideas nuevas para resolver problemas y encontrar soluciones que puedan satisfacer las necesidades que demanda la nación. Con esto no quiero decir que no estoy orgullosa de mi gente, simplemente me estremezco con la actitud de nuestros débiles gobiernos, siglo tras siglo enredados en el sistema manipulado por las religiones y actualmente atemorizados por grupos subversivos y siempre culpando de todo a los poderes extranjeros.

En las últimas décadas se ha vivido un modelo reproducido con actitudes repetidas de la conducta inmoral y genocida de los conquistadores, la lucha por el poder y la codicia del dinero sigue la ruleta rusa exterminando a la población más vulnerable. Los mismos intereses personales se siguen moviendo y con hechos tan macabros que se han mezclado con la biotecnología para disimular el daño de manera cruda ante los ojos de la humanidad.

En el siglo xix la Iglesia debatió temas de la moral y la enseñanza, un proceso que fue cambiando a través de acuerdos políticos, pero sin perder la concientización religiosa para controlar el pensamiento. Por ejemplo, se tenía prohibido a los instructores o catedráticos exponer algún texto contradictorio a la religión, a la moral o a cualquier concepto que inquietara el pensamiento de las ideas tradicionales de la época. Es notable que el modelo se repite precipitando todos estos acontecimientos de manipulación retocados con la absoluta intervención de la Iglesia católica. Así, en la lucha actual entre la decisión de mundo sin fronteras y la nacionalidad, el papa Francisco, por connivencia o presión política le ha dado todo el apoyo a las Naciones Unidas, que está en busca del dominio totalitario del mundo. La gran falacia que se esconde bajo la "fe" es hoy la propuesta del papa con la nueva religión: "La religión de la gran luz", para desplegar la nueva era del mundo. La transición ofrece cambios que son un secreto a voces. Primero, la unificación de todas las religiones, propuesta por la onu y anunciada por el papa; no creo que haya método mejor que ese, todos bajo un mismo cielo adorando a Dios, pero la realidad es que no se está en la búsqueda de un Dios para todos, o por lo menos fuera de la cultura occidental hay muchos tabúes que todavía se persiguen para adorar a las tinieblas o al mismo lucifer. Así es, la idea no es unificar, por el contrario, es un llamado a defender cualquier creencia religiosa, por ejemplo, la división de géneros, que se extendió por el mundo; así de sencillo como eso, una rivalidad entre culturas que levanta el caos.

Y de nuevo la realidad política se impone atravesando la sensibilidad, los dictadores en potencia desautorizan toda religión, pese a que en la manipulación del nuevo sistema global se necesita la coherencia del pensamiento religioso para poder actuar. En medio de los nuevos desafíos al límite del desbarajuste total, es fundamental entender qué implica la "nueva era", dedicada al nuevo orden mundial. Tiene como objetivo la fuerza colectiva con principios progresistas, una actualización en la teología que tenga un ideal diferente al cristianismo. El destino de las propuestas al cristianismo de desarme considera "una generación digna del reino con el que se sueña, debemos dejar a un lado las personas mayores e ir a la juventud, incluso a los niños; un clero joven para formar el consejo soberano". Por consiguiente, los pasos son un contexto político, de acuerdo con la época y el plan globalista. El proyecto de las revueltas de la transformación cristiana cuenta con el apoyo de George Soros para deteriorar la moral y la ética, no se puede protestar contra la religión nueva de la gran luz, el objetivo de este proyecto es dar un nuevo sentido y símbolo para mostrar que la Iglesia católica finalmente vio la luz y desaparecer la idea de que existe Dios. El modelo cuenta con todo el apoyo del papa Francisco, quien dijo:

"«Si todo sigue como estaba, si pasamos nuestros días contentos de que esta es la forma en que siempre se han hecho las cosas», entonces el don desaparece, sofocado por las cenizas del miedo y la preocupación por defender el *statu quo*".

Infortunadamente, hay que decir que la espiritualidad es nula y la manipulación es total en todos los períodos de la historia de la humanidad.

Simón Bolívar (1829) cambió el rumbo del contradictorio tema religioso y como orgullo de su raza acentuó a la Iglesia en clase privilegiada en el ámbito docente. Él continuó la configuración de la mente robótica en manos de los curas o sacerdotes, a quienes posesionó como mediadores entre la sociedad civil y la enseñanza. También conservó el modelo de los colonizadores y la prevalencia de la religión que hasta hoy responde a los intereses del Estado. Los patrones aplicados en las dictaduras del conquistador fueron de características españolas de su misma raza. La lucha contra la corona española es un mérito abnegado por la independencia de Colombia, Venezuela, Perú, Bolivia y Ecuador. No me alejo de las prácticas para salir de la ignorancia, tampoco de la semilla de amor por el prójimo y por uno mismo, que se predica como principio en algunas religiones, pero lo que es un hecho despreciable es usar a Dios para intereses políticos en el campo financiero. Lo peor es que el poder de Dios ya está descalificado en muchas partes, porque la tecnología lo quiere reemplazar por sus creadores, o sea, los magnates endiosados que hoy deciden por la vida.

En consecuencia, la complacencia de los ídolos es un arma de punta en la sumisión de la mente humana. El líder militar y político Simón Bolívar es un ejemplo clásico, sembró una semilla de liderazgo que se convirtió en un pensamiento ideológico que se conserva hoy como régimen bolivariano, que tomó fuerza en Venezuela y otros países, que mueve masas manipuladas, con mentes arraigadas en un pasado que no avanza en la consciencia. El discurso del régimen bolivariano de Hugo Chávez, para mí, pasó a ser uno de los fracasos en el escenario de la manipulación, en lugar de reducir la miseria acabó por fomentarla. Y es ese el modelo que tienen los líderes promotores de esta ideología al ritmo de poner en peligro la democracia en Latinoamérica y el mundo.

Después de varios años repasando la historia de las colonizaciones e independencias de territorios alrededor del mundo, encontré un mundo diferente del que conocí en las instituciones académicas. Algunos escritores exageran en sus modelos expuestos, por darle un toque de ficción a los acontecimientos, o por la obligación de complacer la voluntad de la política del momento. En el recorrido del robot de carne y hueso me inspira más la realidad de las memorias de personas que vivieron en carne propia los hechos de la historia. Los documentales están mezclados con las emociones y los esfuerzos de los historiadores amantes de la investigación veraz que nos transporta a lugares reales sin decorar los argumentos o cambiarlos por leyes políticas. Reconozco que algunos instructores de historia y gobierno rompen reglas para contarnos algunos sucesos reales que han sido prohibidos ventilar.

A Gonzalo, de origen árabe, profesor de historia y de gobierno estadounidense, puedo considerarlo uno de esos buenos instructores; arriesga su trabajo por cubrir en clase y a puerta cerrada acontecimientos horrorosos sucedidos a cambio de poder, tierra y oro en la época de la Conquista. Se cometieron hechos atroces bajo el antifaz de cristianismo, progreso y civilización, yo diría que la marca que podría distinguir mejor ese antifaz de los colonizadores es "genocidio". Hay un episodio contado por Gonzalo, tan despiadado, que debí esperar algunos días para asimilar la escena: en las colonizaciones inglesas se practicó el acto de pagar una alta suma de dinero por cada cuero cabelludo de un indio, con el cual se hacían abrigos o pieles. De hecho, hay libros de historia que delatan a Benjamín Franklin, como uno de quienes apoyó y trató de imponer en la ley legislativa de Pennsylvania esta práctica salvaje como comercio legal entre los colonos.

En todos los tiempos las corruptas y delictivas mentes que buscan intereses propios han desangrado a la humanidad. La buena noticia es que la Internet de los últimos tiempos nos ofrece valiosa información y ayuda para despejar un poco la ignorancia. Creo que involucrarnos más en el ambiente de los testimonios y opiniones de la vida real, contrario a las historias remendadas, resulta muy valioso, no solo para sacar nuestras propias conclusiones en temas de interés, sino también para mantener la sensibilidad y no perder la empatía o compasión de la que nos alejan cada día más

15.

Las langostas y el comunismo

De acuerdo con la investigación, puedo ver los resultados del comunismo y claramente lo comparo con las langostas. Esta especie es considerada una maldición desde tiempos inmemoriales. La Biblia la describe como una de las siete plagas que castigó a Egipto, la ferocidad en la devastación de las cosechas precipita a las naciones a la indigencia y la hambruna; tienen la particularidad de arrasar con todo a su paso. La historia habla del ángel de la avaricia, quien en hebreo es Avaron y en griego Napoleón que tiene poder sobre ellas.

Actualmente, las langostas pueden ser el calificativo perfecto para el comunismo y su ángel sería el demonio ya que es el tormento para los moradores de la Tierra. Al paso del comunismo solo se ve devastación, no solo en el campo agrícola y empresarial, sino también en la destrucción del ser humano. Una segunda etapa de este sistema la estamos viviendo en carne propia, con cara renovada, pero con la misma dirección en los objetivos, como abolición de nuestras libertades para formar una sociedad de robots de carne y hueso diseñados especialmente con el objetivo de engordar a las langostas que a cualquier costo se toman el poder. Hace pocos días vi el video de Bill Gates "*Mosquito week*, semana del mosquito"; la realidad es que al final del video lo que percibí fue la mirada del magnate, burlándose de la humanidad mientras prepara las vacunas para la malaria. Desde hace once años, cuando escuchaba al dueño de Microsoft hablando de su nobleza por nuevas investigaciones para hacer vacunas contra las enfermedades que producen los mosquitos, me percaté de que nunca se percibe en sus charlas una idea para matar o controlar los "mosquitos amigables", como les llama; solo se refiere a vacunas para engordar la monstruosa fundación que se asimila como langostas destructivas alrededor del mundo. En muchas ocasiones, mientras analizo las acciones de personajes del pasado y del presente, admirados por sus grandes logros, veo la misma telaraña de ideas que se esponja; y es por eso por lo que el comunismo por más que parezca obsoleto, siempre estará atado a las ideas de sus líderes, que van a escala genocida para quitar del paso cualquier estorbo que les interrumpa el llegar a la cúpula del poder totalitario.

Es un hecho que muchos escritores coinciden en que la ideología socialista y comunista huele a "gladiolo fúnebre". Concluyo que todas esas ideologías fallidas hoy se entuban con los mismos principios a niveles técnicos y sofisticados que desembocan con un nuevo nombre: narco-Estado inmerso en un "comunismo biotecnológico" a nivel global.

Socialismo y comunismo

Si eres un experto en política o un buen politólogo, sin duda podrás notar que mis conclusiones son desde la perspectiva de una niña y con sentido común, basado en recuerdos entre reuniones familiares donde los adultos debatían el tema político del momento. Son ideas nacidas de la lucidez, no se necesita educación profesional en el campo de ciencias políticas, un doctorado para entender o percibir la desestabilización política y económica total que acarrea las raíces del socialismo y comunismo a nivel mundial desde hace más de sesenta años. Valiéndome de información en textos modernos mezclados con la historia bélica, por la relevancia de mis conclusiones debatidas con expertos con quienes estudié y dialogué, me atreví a elaborar la idea de explicar estos temas en nombre de algunos compatriotas de mi generación que nunca nos hemos atrevido a expresar.

Hablar de un despertar de consciencia es por el bienestar de nuestra sociedad y de las nuevas generaciones, que ignoran el fracaso de esas ideologías, pero que hoy reverberan para continuar amenazando a la sociedad con sesgos de liberalismo y sedantes de paz mientras se logra el objetivo.

Estamos ante una situación tenebrosa con muchos matices genocidas, que tiene a la humanidad en suspenso y agotamiento. La orientación de los partidos rebeldes entrenados en campos de concentración desde muy temprana edad, con mensajes psicológicamente diseñados para entorpecer la libertad del desarrollo creativo que con la manipulación induce ideas que lavan el cerebro del individuo, ha adoptado también métodos que podrían reforzar las ideas de los nuevos clérigos como lo propone la Iglesia católica a través de la nueva luz. ¿Será la nueva teología la que lavará fácilmente la mente de los jóvenes? Por eso será la idea en la selección de niños desde edades tempranas para la formación en principios con intereses planificado por los pioneros de la nueva luz del mundo.

De modo que hay que empezar por defender la identidad, luchar por nuestros derechos de mente creativa, que es más valiosa que el oro. Napoleón Bonaparte, hombre memorable, decía: "Se extrae más oro de la mente que de la tierra". Ningún ciudadano debe sentirse ajeno ante el modelo de desequilibrio social, político, económico y, sobre todo, moral, que nos impone cualquiera de estos sistemas fallidos y peligrosos.

De alguna manera intentaremos entender el significado de estos dos sistemas que no coinciden en la práctica con la idea original del marxismo, ni con las experiencias de partidos que lo han puesto en marcha. También, es necesario comparar señales que ofrece la confusión de la idea *open society*, para olfatear lo que se viene.

La palabra 'comunismo' equivale a hablar de conformismo, una actitud que desarrolla la pereza y debilita la fuerza de la mente improductiva, porque el individuo escoge ser mantenido.

Solo la mente empobrecida y derrotada del ser humano es la que anhela el comunismo, se conforma con las migajas que le pueda ofrecer un sistema por miedo al fracaso propio; estas personas tienden a renunciar al éxito y le es más fácil entregar su voluntad a otros por un trozo de pan y un café. El ser humano de nuestra era moderna prefiere ignorar los paradigmas o patrones de modelos impuestos, aunque vayan en dirección contraria a los principios; el factor conformismo se convierte en el control remoto de su propia mente. La seducción de este sistema es muy dulce, no es difícil arrastrar a la juventud, ya que se le inyecta la idea de la libertad. Por ejemplo, por la década de 1960, fumar marihuana y poner a 'levitar' a la juventud era un modelo de vida atractivo; vale destacar que hoy es otra de las ideas de George Soros: poner a los jóvenes en masa a levitar con la marihuana, añadiendo el interés obsesivo que tiene por legalizarla, independientemente de los debates al respecto. Sin embargo, la evolución tecnológica y las reformas avanzadas para el nuevo orden mundial entran con varias estrategias de manipulación más fáciles y sofisticadas. A un joven, hoy en día, se le da un computador, un celular y ahí se lo mantiene adormecido, sin mucha o ninguna necesidad de crear, como lo comprobamos en los ejemplos de la primera parte de esta obra.

Un robot puede estar activo, pero sin vida; la muerte es la paralización de la mente y esa ha sido la meta del movimiento socialista y comunista: interesa que tu mente no funcione, igual que a los diseñadores del comunismo biotécnico. El sistema te moldeará para que no tengas necesidad de soñar y esforzarte por realizar sueños, es más fácil conformarse con la mediocridad ofrecida por este sistema, que madrugar a buscar lo que te mereces para una vida próspera. "Llegar a la cima cuesta, pero mantenerse cuesta más", por eso el éxito es solo para unos cuantos que aprenden a volar y entienden la satisfacción de la libertad con la cual se desea explorar el mundo. Como dice el cantante Julio Iglesias: "La gente tira a matar cuando volamos muy bajo"; esa es la filosofía del movimiento comunista cobarde, es más fácil tirarle a los miles de gavioticas y polluelos volando bajo, que alcanzar el águila sobrevolando alto. Es por eso por lo que la juventud es el blanco de ellos, son personas que están empezando a explorar el mundo, sencillamente ingenuos embelesados con la idea de revolución en la perfecta edad de la emancipación.

El comunismo es la ley del más vivo, el amo vive de la producción del rebaño y con la mente activa pensando en qué invertir, mientras que el cordero vive conforme a la limosna que le da su amo y con la mente muerta porque renunció a la búsqueda de herramientas personales y el éxito le quedó grande.

Leo Roke expone un gran argumento para explicar el comunismo y el socialismo: en el primero: "Tienes dos vacas, el Estado te quita las dos y te regala un poco de la leche"; en el socialismo del siglo XXI: "Tienes dos vacas: el sistema te confisca una por evasión de impuestos a los activos empresariales y vacunos, el Gobierno te expropia la otra por causa de utilidad pública y por ser parte de herencia, para la «macroempresa de igualdad»; el gobierno creador del modelo se compra un avión presidencial y no hay leche".

Comunismo

Doctrina económica, política y social que defiende una organización social en la que no existe la propiedad privada ni la diferencia de clases, y en la que los medios de producción estarían en manos del Estado, que distribuiría los bienes de manera equitativa y según las necesidades. (Enciclopedia RAL)

Para los soñadores de este movimiento que se originó en Alemania y tomó fuerza en Rusia, la verdad es que no todo lo que brilla es oro.

Veamos una respuesta corta y precisa a los resultados del comunismo, planteada por un experto. El economista de la escuela austríaca Ludwing von Mises argumentó que los derechos de propiedad privada son un requisito para lo que llamó el cálculo económico "racional" y que los precios de los bienes y servicios no se pueden determinar con precisión suficiente para realizar un cálculo económico eficiente, sin tener derechos de propiedad privada claramente definidos. Von Mises sostuvo que un sistema socialista, que por definición carecería de propiedad privada en los factores de producción, sería incapaz de determinar valuaciones de precios apropiadas para los factores de producción. Según él, este problema haría imposible el cálculo socialista racional.

Cada vez que leo y releo el modelo del socialismo y el comunismo, lo encuentro más incomprensible con la realidad. Mis investigaciones me llevan siempre a ver un régimen totalitario, donde se destila una magia en las ilusiones por cambiar el mundo queriendo igualar al cielo con la Tierra, cuando la realidad es que "el cielo siempre es cielo y nunca, nunca, el mar lo alcanzará". Un ejemplo de acciones comunista es evidente en mi país, Colombia: desde niña ha crecido en mí la incertidumbre de por qué la gente ha permitido aceptar la idea del comunismo, pues mi madre me alertó, me contó la historia cruel cuando dejaron sus tierras forzados por las guerrillas de las FARC. En ese tiempo fue el comandante Tirofijo quien los desterró, esos sujetos son comunistas y nunca han dejado el país en paz. También tengo amigos que fueron víctimas de las expropiaciones de tierras y se quedaron en la calle, obligados a entregar sus humildes propiedades trabajadas con el sudor de la frente. La táctica de los cabecillas comunistas que prometen a las masas, quitarles las tierras o propiedades a los ricos para repartirlas entre la clase menos afortunada, no es otra cosa que una falacia de motivación para ganar el voto del pobre ciudadano que tiene en la mente el resentimiento contra la desigualdad social; la excusa de quitar tierras es para sembrar cultivos ilícitos y enriquecerse sin ningún esfuerzo.

Pero eso no es todo, el sistema pone a todo el pelotón a trabajar para sus intereses. Yo me pregunto: ¿Cómo es posible que haya venezolanos que defienden ese sistema de langostas demoniacas? ¿A cuántos terratenientes les han expropiado sus tierras?... a ninguno que yo conozca, ¿verdad?, solo a los ignorantes menos informados, y son ellos los menos afortunados, los que después de dar el voto pagan las consecuencias, los dejan con su miseria y a su suerte, como a los hermanos venezolanos. El comunismo es una farsa ética, ya que sus líderes fanfarronean con el tema de la paz y en la historia del comunismo, las armas son un factor indispensable para hacer a los líderes poderosos hasta infundir el pánico a los individuos, con el fin de inmovilizar la libertad del pensamiento.

Socialismo

En una clase de política escuché estas palabras del instructor: "El socialismo es como decía Winston Churchill: «Los socialistas son como Cristóbal Colón, cuando zarpan no saben a dónde van y cuando llegan no saben dónde están»". ¡Bravo!, la incertidumbre acerca de dicho tema no era solo mía.

Para entender las palabras de Churchill, notable estadista y orador, basta sumergirnos un poco en los resultados que ha dejado el idílico sueño con el que todavía viajan los intelectuales y seguidores de las masas de izquierda radical, que se convierten en samaritanos porque los conduele la injusticia que por ingenuidad lleva a la hambruna. Es alarmante la estrategia seductora del socialismo, de donde finalmente brota el comunismo. A pesar de sus esfuerzos y estrategias, el mismo Karl Marx encontró la ideología tan confusa, que dijo: "no es ni de aquí (socialismo), ni de allá". En algunas ideas expuestas por Marx se encuentra la complejidad que él mismo manifiesta. En su momento expresó que lo mejor era continuar con el comunismo, porque es más claro y más sencillo que el socialismo: acabar con las clases sociales y la propiedad privada es el camino; el socialismo se le hacía complicado, pues ofrece algunos beneficios a la población, frente a las nulas posibilidades que brinda el comunismo, según los expertos.

Actualmente, la propuesta de derechos para todos camuflada con las palabras paz y justicia para un modelo de transformación "moderno", ha atrapado la mente vulnerable de los más débiles, es otro fallido modelo que beneficia solo a los dueños del diseño.

Todas las personas, aunque ciegas en muchos temas, sobre todo de política, han reaccionado a la corrupción de las administraciones gubernamentales llegando a la desesperación.

Sus decisiones equívocas, que a largo plazo han germinado la semilla tóxica de la culpabilidad por haber elegido mandatarios equivocados y ver a su países bajo la hambruna, han despertado la capacidad de entender el cambio que se viene buscando con ideologías baratas y que hoy no son importantes, como el poder de un discurso demagógico financiado por la *Open Society*. Lo crucial ahora es defender la libertad o se prefiere cargar con culpa el resto de la vida cuando se empiece a sentir en carne propia la censura total.

Por ejemplo, la crisis en Venezuela, su penosa situación de hambruna y desespero, ha forzado la migración masiva de venezolanos a Colombia y otros países en todo el mundo, porque muchos ciudadanos inocentemente dieron la oportunidad a un sistema que desde el comienzo ofrecía igualdad para todos, un bolivarianismo con muchos matices de liberal. Es por eso por lo que en el mundo moderno no podemos enredarnos con ideas liberales, porque parece que es el gancho para la seducción del voto. Los ciudadanos que votaron por Chávez y han logrado salir del caos, se expresan ante el mundo con un sentimiento enorme de culpabilidad, porque se dieron cuenta de que el voto popular en esas elecciones fue el resultado de la falta de análisis previo e individual antes de manifestar su decisión. En nuestra cultura es común entender que a la mente del elector le invade una ilusión a flor de piel por suplir a corto plazo sus necesidades inmediatas, así que se actúa sin consciencia de que en la campaña política el candidato de turno le está alimentando esa ilusión de complacerle con palabras de cambio y transformación.

¡Estamos cansados! ¡No más corrupción! y todos, como borregos, caen en el juego de elegir al líder revolucionario supuestamente necesario para un cambio. De modo que la más viable movida para los líderes revolucionarios es el oportuno triunfo a través del voto democrático, generalmente de forma fraudulenta.

Estamos a tiempo para decantar emociones y mirar que nos llevan como borregos y pensar cuáles son las consecuencias a largo plazo con el sistema global. Es importante entender que la ideología de quienes luchaban por el bienestar de los menos afortunados, se esfumó desde hace décadas con el auge de los carteles de la droga que tomó fuerza en toda Latinoamérica y el mundo, fortaleciendo el terrorismo y las guerrillas, hoy monstruos enormes en complicidad con los grupos criminales que operan financiados con dinero de la droga y a través de un engranaje con las filantropías mundiales.

Los hechos históricos han dejado al descubierto los principios del paso del socialismo y el comunismo al plan global, la fabricación de robots de carne y hueso; la sumisión obligada de la mente humana siempre ha existido. Tampoco se trata de que solo los alemanes, China, Cuba o Venezuela vienen tejiendo la telaraña del poder totalitario global, hay mucha parte de la telaraña amplificada por otros individuos que desde las primeras guerras han estado trabajando por debajo de la mesa para no dejar debilitar esas ideas. La alarma sonó en este tercer milenio con la idea del confinamiento, quedando así al descubierto las limitaciones a las que podemos estar expuestos. La estrategia ha sido eficaz con la supuesta protección de la salud, que resultó ser el control remoto para manejar las artimañas de sus propósitos y configurarnos a la novedosa tecnología artificial. Por consiguiente, una de las luchas de Estados Unidos contra las ideas de *Open Society* o Sociedad Abierta sin fronteras es entre George Soros y Donald Trump, que va en dirección contraria al comunismo biotecnológico global.

Mientras observaba el desarrollo de estos sistemas políticos en Centroamérica y Suramérica, buscaba desde hace dos décadas razones por las cuales no entendía por qué no cesa la revolución en estos países, donde solo deja destrucción y muerte la llamada paz, y me encontré con esta realidad: somos espectadores de un movimiento rebelde y muchos son seguidores por el simple hecho de interés de un cambio, pero no conocen el principio ni perciben el final porque no pertenecen a él de manera consciente.

Profundizando en este particular, entendí muchas razones de por qué hemos permanecido en el limbo y tuve que clausurar la idea de que la tecnología eliminaría la lectura en libros de papel. Hace dos años encontré en estadísticas del 2016, que 79 % de los investigadores y lectores por *hobby* prefieren el libro de papel; aunque ellas también señalan que, en general, la gente lee poco. Además, debe considerarse que a los individuos se les olvidó leer, por el facilismo de las respuestas instantáneas de Google a cualquier necesidad. Así que la falta de conocimiento por medio de la lectura es la causa de malas interpretaciones para seguir cualquier sistema político, se elige a quien puede ser la destrucción de una nación entera inocentemente; la mayoría de la gente se basa en la orientación de medios superficiales.

Una buena conclusión del socialismo, para continuar, es la del francés Alain Madelain:

> El socialismo ofrece una imagen de pasado y de fracaso. El socialismo es una filosofía en contra de la realidad, su ideología es la ilusión de utopías que conducen a creer en ellas, debido a la satisfacción que produce el intento de cambiar al mundo y la raza humana con fuerte dominio del Estado sobre la mente de los ciudadanos.

Encuentro que es la realidad el análisis previo. Después del 2013, en las clases de gobierno con diversas filosofías de maestros en el colegio y la universidad, pude concluir que las propuestas socialistas de cambio político, social, educativo y económico suenan estratégicas para erradicar la corrupción. Sin embargo, se convierten en fraudulentas porque muchos de los candidatos se ven impotentes para cumplir el plan diseñado y casi perfecto que habían prometido, una vez tienen el cargo se ven sumergidos en la corrupción, incapaces de salir del laberinto. Asimismo, debido a la falta de interés que nace una vez cumplida la concientización colectiva por el cambio, la ideología desaparece y se abre el apetito de conservar el poder cueste lo que cueste, y entonces la traición a los ciudadanos que eligieron votar por el plan inicial es inevitable. El resultado es la continuación de clases sociales enfrentadas por la ilusión fallida de cambio, del que pensaron ser parte en la construcción y manejo adecuado de una nación con los mismos derechos. La frustración es latente en quienes creían ver a todos heredando por igual la tierra. Mientras de ellos se burlan amasando fortunas.

Hoy es preciso entender, la libertad y la igualdad, quienes defienden la libertad no se subyugan, quienes defienden la igualdad sacrifican la libertad. En la práctica no se ha logrado en ningún país del mundo, ya que en las economías el monopolio es inevitable y lo podemos comprobar con los magnates. En la libertad hay diversidad de pensamiento, cada quien escoge qué calidad de vida es la que desea; en otras palabras, es la libertad de la que gozábamos hasta que nos encerraron a todos en un confinamiento forzado que no sabemos a dónde va a parar. Esta son las dos direcciones opuestas, donde el mundo decidirá a cuál se rinde en este juego de azar, que parece sacado de las ideas financieras de Soros en Wall Street para incrementar su fortuna, mientras nos acostumbran a los subsidios que será la "renta básica universal".

China es otro ejemplo de donde no hay libertad. Mi compañera Dan, en el club de Toastmasters, hija de la tierra de Wuhan, a la que visita una vez por año, me confirmó la veracidad de mi investigación acerca de la manipulación de PCC_H. Ella, quien perteneció al Partido Comunista Chino (PCC_H) para poder conseguir trabajo en Estados Unidos, dice que "los chinos usan inteligencia artificial para espiar y monitorear a las personas, no para mejorar la vida de ellos. A través del We Chat 'Facebook' los mantienen controlados usando su propio idioma. Este es uno de los mecanismos con el que han estado espiando en nuestro país todos los movimientos internos del Gobierno americano". También comenta que "en el 2004, el PCC_H pidió a los franceses que ayudaran a financiar el laboratorio en la ciudad de Wuhan en la provincia de Hubei. El Instituto Nacional de Salud aprobó una subvención a partir del 2014 hasta el 2019". Según Dan, el primer caso de coronavirus ocurrió en China el 1º de diciembre de 2019. Ella cree que el virus se filtró del laboratorio debido a las regulaciones deficientes y los experimentos se realizaron con poca protección. El PCC_H prohibió que se contara sobre el virus hasta el 1º de enero de 2020 y uno de los médicos fue enviado a prisión y el otro murió. Querían que las cosas se mantuvieran estables hasta el festival Spring alrededor del 23 de enero. Ella monitoreó esto de cerca en We Chat y descubrió que la gente se estaba muriendo en las tiendas de comestibles y decidió no volar a la ciudad de Wuhan el 22 de enero en su vuelo que había reservado.

"El Gobierno chino formó un muro como todos, la comunicación china fue controlada por el Partido Comunista de China para lavarle el cerebro a su gente. El PCC_H rindió frutos e influyó en lo que informó el *New York Times* y se alió con el partido demócrata". Ella cambió su actitud hacia el PCC_H por la forma en que se comportaron con el tema del coronavirus agrediendo a su pueblo injustamente y con Estados Unidos que la adoptó.

Mientras la gente no despierte a la falacia de la ONU, las religiones y los magnates encargados de la financiación de toda esta revolución, será difícil defender la libertad. En nuestra raza, el privilegio de la razón en el hombre y la mujer para tomar decisiones parece que está paralizado, debido a la polarización de la mente manipulada con el disfraz que envuelve a la ignorancia. Mediante la campaña masiva de odio se han dispuesto millones de dólares este último año para formar movimientos perjudiciales al orden sociopolítico (pro-LGTB, de ideología de género, feminismo radical, racismo, inmigración, grupos resentidos), todos, una masa de robots de carne y hueso, produciendo barro para el alfarero, sin advertir lo que dijo Louis Pauwels (escritor francés, 1920-1997): "El hombre es el barro y el Estado el alfarero".

Es una verdad considerable para despertar consciencia sobre la importancia de combatir el globalismo sin fronteras, que se proyecta con protagonistas nuevos y coinciden en ver a la gente con repudio, igual que lo hizo Vladímir Lenin.

La vía del comunismo biotecnológico

Con la Revolución rusa, cuando nació el imperio marxista-leninista conocido como Unión de Repúblicas Socialistas Soviéticas en 1922, el planteamiento de control total del Estado fue clara evidencia de que el individuo pierde sus valores. Un comunismo devastador en el que la privatización de empresas, bancos, medios de transporte, junto con la escasez de alimentos, combustible y destrucción humana fue el resultado de un proyecto socialista que tomó control total de la población. El curso de la guerra biológica del 2020 parece ser la pauta para calcar y acelerar el modelo de la quiebra económica mundial nunca antes vista.

Según los expertos, a Lenin se le puede leer como un hombre que no tenía simpatía por la humanidad: "Lenin quería crear nuevos seres humanos, porque la raza humana estaba tan podrida que acabar con ella era algo progresista" (YouTube, somos documentales). El modelo de partido único, con el que desapareció no solo la propiedad privada, sino también la imaginación, la creatividad, la iniciativa individual, es el mismo modelo que se extendió a países como Camboya, China, Vietnam, el ESTE europeo, si aquí comparamos con los hechos de la actualidad no solo el modelo sino también sus autores, todo apunta a la dirección de las mismas ideas de destrucción y genocidio en Latinoamérica y buena parte del mundo.

Otra propuesta de influir contra los derechos humanos en la preparación hacia el modelo de comunismo biotecnológico ocurrido en Cuba, donde en 1959 Fidel Castro y el Che Guevara se convirtieron en los ídolos de la juventud con fuerte influencia en las edades de 16-19 años, la etapa más vulnerable del desarrollo humano. La reacción a la revolución no se hizo esperar; en menos de una década, en 1968, la rebeldía masiva de los adolescentes en contra de las ideas de sus padres en países del mundo occidental se impuso y hasta el presente la palabra 'revolución' es como un imán en la mente de las nuevas generaciones. Y la continuación del plan atractivo de libertad y lucha por defender a los menos afortunados no llega solo a la juventud, sino también a las masas populares con la misma intensidad.

La influencia del comunismo en la mente de la gente en los años sesenta abarcó más de la mitad del planeta, según estadísticas hechas por expertos. Otro de los escenarios favorables en la expansión de las langostas, es que los líderes del movimiento también tienen conocimiento en ciencias políticas, psicología, lingüística, psicoanálisis y sociología, por eso son expertos en manejar la mente humana para fabricar robots de carne y hueso.

Experimento del psicólogo Stanley Milgram

El psicólogo Stanley Milgram, con base en uno de sus experimentos, sostiene que en nuestra cultura: "Un 65 % de la raza humana está sometida a la obediencia y en otros ejemplos revela 89 % de personas con esta inclinación". Eso significa que la mayor parte de la humanidad encaja en este patrón. El socialismo y el comunismo son modelos excelentes como ejemplos que confirman esa alarmante estadística de la condición humana. De hecho, el modelo comunista logró la inspiración en la mente de los gobiernos en más de la mitad del planeta, como ya se dijo. Según la psicología, y sacando conclusiones de acuerdo con el análisis crítico a este movimiento revolucionario, el individuo accede fácilmente a la voluntad de sus mandatarios condicionando su mente para ceder sus responsabilidades a otros. Otra observación de los estudios de Milgram consiste en que "los sujetos con personalidad autoritaria resultan más obedientes que los no autoritarios" (clasificados así tras responder a un test de tendencias fascistas). Recomiendo leer todo lo atinente al experimento de Stanley Milgram.

Entre mis argumentos, de conformidad con el test, esto es de gran ventaja para el comunismo biotecnológico, ya que los líderes del movimiento globalista financiados por los grandes capitales, someten su voluntad a órdenes superiores para cometer cualquier atrocidad, como se ha comprobado en las dictaduras.

No creo que haya mejores evidencias del fracaso del comunismo que las aterradoras vivencias de quienes han tenido la experiencia de vivirlo; coinciden en un descontento traumático que se registra en sus mentes por siempre, imágenes de crisis, fracaso, frustración, hambruna y muerte. Ello, sin contar las evacuaciones obligatorias, que llevan a las personas a emigrar poniendo en riesgo sus vidas y las de sus familiares con tal de salir de esos mediocres sistemas, como fue el caso de mis madres gemelas en el área de Río Manso, Tolima, Colombia.

Es muy probable que muchas personas nos sintamos identificadas con las observaciones de Milgram, ya que en la sociedad la mayoría de nuestras acciones son resultados de la conducta inducida por líderes o dirigentes en cualquier área de nuestra vida, política, social, económica y religiosa; no es un razonamiento solo mío, sino la conclusión de quienes amamos el análisis del comportamiento humano. Es posible que en las páginas de este libro el tema parezca repetido, pero la idea es insistir, subrayar hasta alcanzar el concepto de identificar si estás viviendo en forma robótica o racional. Un nuevo amanecer no es solo cuando sale la aurora, ese nuevo amanecer es el momento en que despiertas para tomar control de tu vida y poner en acción tus aspiraciones.

A partir de la manipulación psicológica que se refleja en el ejemplo que expone Stanley Milgram sobre el condicionamiento de la conducta humana, podríamos hacer relevancia en Venezuela, pasando por alto el proceso de la crisis del petróleo en este país desde 1989. Antes de este devastador sistema, Humberto García Larralde describe a Venezuela así: "Venezuela fue un país muy exitoso precisamente por la renta petrolera hasta los años setenta; esa renta le permitió al país financiar la modernización de los servicios". Hoy nos damos cuenta de la realidad del análisis de Humberto García. Lo que estamos observando y algunos sufriendo con los oscuros amaneceres para nuestros hermanos venezolanos, es el modelo de un país que vive en la miseria sobre un suelo de riqueza estancada, como resultado del tejemaneje de la dictadura en la construcción del sistema de robots de carne y huesos deambulando sin sentido por las calles del mundo, después de haber sido modelo capitalista del Cono Sur y ejemplo para el mundo. Cabe resaltar que es el camino que huele a peligro en la nación de las barras y las estrellas.

El experimento de Stanley Milgram fue realizado para explicar algunos de los horrores de los campos de concentración en la Segunda Guerra Mundial, donde judíos, gitanos, homosexuales y prisioneros de Estado fueron masacrados por los nazis. Durante el juicio, muchos criminales declararon que no podían ser considerados responsables de sus actos porque simplemente cumplieron órdenes de sus superiores.

La manipulación de Fidel Castro, sobre la mente sumisa de los más débiles, ha sido la prueba contundente de la adoctrinación de ídolos marxistas en el continente americano.

La secuencia del régimen deshumanizado de Fidel Castro se reflejó en la consciencia de su hijo político adoptivo Hugo Chávez. Cuando repasaba la historia de Chávez, me preguntaba por qué a este personaje mucha gente se refiere como el ignorante con dinero, cuando en la realidad vemos a un hombre supremamente inteligente en el camino de la destrucción humana. De todas maneras, Chávez se deslumbró con la famosa casa de Simón Bolívar en La Habana, Cuba, adquirida por Castro. Esta historia peculiar nos deja ver el impacto seductor de Fidel Castro sobre la debilidad de su hijo político; Chávez es un ejemplo patético de esos títeres de gobiernos manipulados. Este es, sin duda, el hijo de la patria que cayó en la tentación, comprometido con su padre Fidel para seguir las estrategias en la construcción de la dictadura en Venezuela. La personalidad moldeada por su mentor llevó a Chávez a ser uno de los líderes revolucionarios más carismáticos de Suramérica; con figura mesiánica como todo comunista, su partido Bolivariano con mixtura de la República Popular de China, impactó en la inspiración a Evo Morales (Bolivia), Rafael Correa (Ecuador), Mujica (Uruguay), Lula Da Silva (Brasil), Néstor Kirchner y Cristina Fernández (Argentina). El destino de estos países fue de naciones dominadas que no han logrado el socialismo ni la democracia, son sistemas de líderes carentes de amor por su patria. Los cabecillas de los países mencionados son los miembros del club de las langostas que mueven la idea de revolución bolivariana y la doctrina castrense.

Nicolás Maduro, como títere, representa en la actualidad los pilares del narco-Estado y como tal la semilla de la violencia con los secuaces de las FARC, es la raíz que no se ha podido erradicar. Observando a Maduro y Chávez, encuentro que la diferencia entre un mandatario comunista educado académicamente y otro analfabeto, el educado sabe camuflar su intención, mientras que el analfabeto no tiene límites para medir las consecuencias porque le falta estrategias, acelerando hacia la hambruna y la destrucción completa al país.

En una entrevista a un exfuncionario del Gobierno de Chávez afirma que "Maduro pasó más tiempo en Cuba que cualquier otro líder del chavismo". Significa que Chávez no tuvo tiempo para ver la destrucción de su propio invento, que venía a largo plazo, pero tuvo tiempo para adoctrinar a quien aceleraría la destrucción total de su semilla antes de germinar.

16.

Tendencia de culto al héroe

En mi generación no fue ajena la simpatía por la revolución, me permitió gozar de liderazgo estudiantil. A los líderes los presentaban como héroes a través de la información filtrada por agencias estatales de publicidad cubana, soviética y china, al igual que en las clases del colegio o la universidad, donde algunos maestros con aire de revolucionarios nos mantenían deslumbrados memorizando las historias de aquellos personajes que resplandecían por sus ideas inteligentes sobre cómo manejar al mundo con paz y equidad. El énfasis profesional de sus argumentos sembraba la semilla de la revolución en los corderos del rebaño que soñábamos con replicar de ellos la imagen en el futuro, proyectando las mismas cátedras.

Los alcances políticos y filosóficos de los personajes que a continuación destaco se encuentran ampliamente en cualquier enlace de historia, así que mis lectores pueden hacer clic e informarse de sus trayectorias más en profundidad. La breve reseña aquí contada es con la intención de saber quiénes eran aquellos héroes que siguen siendo idolatrados y a pesar del tiempo sus ideologías todavía influyen en la mente. No descarto en ningún momento mi admiración a ellos por su impresionante habilidad de penetración sobre el mundo. Mi propuesta es el autoconocimiento para llegar a descubrir el ingenio creativo de capacidad ilimitada que hay en cada individuo y ampliar el círculo de pensadores con mente sana, sin urgencia de pertenecer a una ideología con tendencia de homenaje al héroe combatiente.

Nuestra inconsciencia política permitía idealizar a estos personajes, ignorando que era su truco para manipular los cerebros, pero también recuerdo que salíamos premiados con la aprobación de algunas materias; sí, aprobé algunas de ellas sin mucho esfuerzo por el hecho de destacarme en las protestas y por ser líder del consejo estudiantil, "la ignorancia es atrevida".

Necesité años para entender al fin que estaba sembrando la semilla de la ideología equivocada, causa de la enorme crisis que se vive en el mundo, con la misma y falsa idea de igualdad social. La realidad tiene puntos de vista no aptos para continuar el homenaje al héroe de combate.

Lo que no me enseñaron y muchos ignoran es la verdadera identidad de los individuos que dejaron el modelo para buscar la paz a través de la violencia. La consciencia colectiva que despertó Karl Marx con la teoría de acabar las clases sociales, es un asunto que todos los seres humanos debemos considerar. No necesariamente se necesita convertirse en marxista-leninista para conocer el mundo en que vivimos y de dónde vienen las ideas que nos dominan.

Ya no es el tiempo ni el día para que tú y yo ignoremos que nuestros altos funcionarios, hambrientos del poder universal, han destruido el concepto de la naturaleza humana. Quizá nos hayamos figurado con asombro y admiración a las ideas, conceptos y criterios utópicos de líderes que por décadas nos han mantenido en el camino de la fantasía, hoy convertidos en un robot de carne y hueso. Trataré de describir algunos líderes revolucionarios como seres que pasaron por el mundo, no como los sabios héroes o profetas que prometen sacar al mundo de la pobreza y la miseria.

Karl Marx

Sin pasar por alto la capacidad intelectual de Karl Marx y el reconocimiento en el desarrollo de "teorías" que prevalecen como base para algunos en la investigación y formación en ciencias sociales a través del tiempo, no solo con su filosofía de la revolución y sus alcances valorados, Karl Marx trató de transformar el mundo, sino también inyectando su ideología del odio y la sed de venganza en su corazón, convirtiéndose en semilla esparcida en la consciencia de los más vulnerables, especialmente la juventud.

Filósofo alemán de origen judío, hombre de piel morena, mucho pelo, robusto y de estatura baja; sus amigos y familiares le llamaban el Moro (en alemán) y Moro (en español). A pesar de haber sido bautizado por sus padres en una iglesia luterana, carecía del despertar espiritual. Se convirtió en materialista y ateo, rechazó tanto a la religión cristiana como judía a la que pertenecía su familia.

Fue el tercero de nueve hijos; buen amigo de su padre; a los 18 años fue expulsado del servicio militar. Se comprometió con Jenny von Westphalen, hija de un aristócrata liberal, perteneciente a la clase dirigente, hermana del ministro de Interior prusiano; Marx la conocía desde la infancia y se hizo amigo del padre de ella, a quien le dedicó su tesis doctoral. Aun así, su compromiso fue socialmente controvertido, debido a las diferencias étnicas y de clase; sin embargo, siete años después se casaron en una iglesia protestante, cuando fallecieron los padres de Jenny, que siempre se opusieron a esa relación.

Karl Marx fue abogado, filósofo, economista, periodista, intelectual y militante; se desempeñó en varios campos del pensamiento filosófico en la historia, la ciencia política y la sociología. Junto con Friedrich Engels, quien lo convirtió en el padre del socialismo científico, del comunismo moderno, del marxismo y del materialismo histórico.

Sus escritos más conocidos son *Manifiesto del partido comunista* y *El capital*. En 1999, una encuesta de la BBC a personas de todo el mundo, lo eligió como el mayor pensador del milenio.

Hoy en día, las críticas positivas y negativas han polarizado la filosofía marxista, debido a los resultados en acciones humanas de quienes han impuesto la semilla de este personaje. Leía, hace poco, a un defensor de la teoría marxista-leninista y todavía no entiendo la propiedad con que el defensor decía: "Sé que Karl Marx odiaba a los campesinos, a los pueblos indígenas y a colonias como la India; si aún esto es cierto, no es un planteamiento lógico para cuestionar el comunismo marxista-leninista". Esto, para mí, es la influencia de una democracia morbosa, en camino a una manipulación mental para terminar en control totalitario de la voluntad personal. Me asombra la inconsciencia de quienes desconocen la realidad en una mente que se apropia del desprecio a los seres humanos.

Sin embargo, también es cierto que defensores de este movimiento afirman que el comunismo no se materializó tal cual lo plantearon Marx y Engels y terminó convirtiéndose en un proyecto fallido; por tanto, le pregunto a todos los cerebros pensantes: ¿Qué pasa con la creación racional que se estancó en esta filosofía y no continúa creando mejores alternativas con menos destrucción? Si al final, el bloque soviético se desmoronó ante los ojos del mundo entero y se empoderó el capitalismo, severamente criticado por quienes prefieren que en la humanidad se detenga el derecho a la imaginación y el desarrollo del pensamiento creativo. Más saludable es continuar la lucha con consciencia sin el tóxico de odio en los mensajes. Estoy convencida de que urge en la actualidad preguntarse qué es lo que te haría feliz y al mundo. Destruir la idea equivocada del odio entre las naciones será el primer paso a la prosperidad, tanto material como espiritual.

Me detuve en la evolución tecnológica y en el cambio de la mente humana hoy en día. Sospechaba que no estoy sola en esta búsqueda de transformación mental; se ha levantado una ola de personas interesadas en analizar la importancia sobre la influencia de los gigantes de la tecnología en la vida política, en la economía y en el aspecto espiritual. Las comunidades aspiran a una libertad propia y a un mayor respeto individual y esto, obviamente, no se encuentra en ninguna filosofía que tenga resentimientos y odios que llevan a la intolerancia entre las culturas. Por eso, es preciso analizar constantemente a quienes siembran semillas de libertad y así evitar el engaño que nos ofrece el comunismo. Recordemos esta gran realidad: "El objetivo del pensar no es estar en lo cierto, sino ser efectivo".

El perfil del padre del socialismo científico, del comunismo moderno y del materialismo histórico, siempre será cuestionable. Irónicamente, con sus títulos e influencia en todos los campos mencionados, descrito como una de las figuras más influyentes en la historia de la humanidad, su vida en el núcleo familiar y personal se redujo a la pobreza material y de crecimiento espiritual.

En el autoconocimiento de nuestra era moderna aprendí que hay obligaciones consigo mismo que no se pueden sortear; una de ellas, la más importante para fortalecernos en nuestros desafíos temporales, es saber dominar nuestras relaciones interpersonales. Ejemplo: el desarrollo saludable en el núcleo familiar es una función importante para realizarnos personal, mental, físicamente y proyectarnos ante la sociedad para tener buen efecto en cada individuo. La ausencia de este dominio único y personal resta crédito a todos los logros externos. Tal vez, a Karl Marx el crédito que le restan los analistas se podría atribuir a su carta de presentación personal, porque es modelo de quien despreció hasta a su propio género con declaraciones como "... mi esposa ha dado a luz un bebé, desgraciadamente es una niña" (carta a Engels, 1851). Además, el deseo de imponer sus ideas radicales por la fuerza a la humanidad, que es digna de respeto, ignorando la creatividad individual y el derecho de buscar los propósitos de vida.

¡Qué fácil es condicionar la mente en forma robótica para agarrar un fusil y salir a matar con tal de defender el pensamiento de otros, bajo el control remoto de quienes se empeñan en profundizar la herida del odio!

Marx y su esposa, Jenny von Westphalen, tuvieron siete hijos, de los cuales solo tres sobrevivieron hasta la edad adulta, según documentos, por las condiciones de pobreza extrema y la falta de amor en el hogar. De acuerdo con los grandes seguidores incansables de estas historias, Marx se puede contar como ejemplo del típico ser humano que, debido a la concentración por alcanzar sus propios objetivos, descuida por completo su responsabilidad de sembrar el respeto y el amor en el hogar. No son pocos, sino muchos, los biógrafos que relatan la muerte a causa de hambre y frío, de uno de sus hijos:

Karl Marx prefirió ver agonizar a sus hijos antes de cruzar la calle y aceptar un empleo como profesor de idiomas en el instituto de uno de sus amigos cercanos, ofrecido con el fin de cubrir las necesidades elementales de su familia.

En plan de víctima, utilizaba a su hijo menor de solo 8 años, lo enviaba a la escuela sin zapatos, envuelto en una manta para llamar la atención de los demás y así lograr la compasión de sus vecinos. Con esa actitud lograba que le fiaran algunos alimentos para el sustento diario. Esta actitud de Karl Marx no es invento mío, sino uno de los episodios más repudiados de su vida, que relatan amigos y conocidos a través de escritos con lujo de detalles.

El papel de los protagonistas testigos de su vida también describe el maltrato a sus hijos. Otro episodio es el nacimiento de su hijo fuera del matrimonio, con la empleada doméstica, detalle que no es algo de impresionar, pues al fin de cuentas siempre han existido las infidelidades; lo que sorprende es la actitud fría y calculada de Karl al pedir a su amigo Engels que reconozca a su propio hijo, como negociando un artículo de poco valor.

Las hijas de Karl Marx, cadena de una vida sin amor y sin propósito

Jenny, Laura y Eleanor fueron tres hermanas que atravesaron etapas de auténtica miseria, no solo en la infancia, y de persecución política. Las tres se casaron o vivieron con activistas de izquierda. El final de cada una muestra la crueldad de una vida sin propósitos, una vida carente de amor propio y de calor de hogar, pero más que eso, una vida de desestabilización exagerada, coherente con la miseria que ofrece la pobreza del comunismo.

Jenny murió de cáncer a los 38 años; Laura, junto con su marido, Paul Lafargue, decidieron suicidarse, tras haber llegado a la conclusión de que la vida no merecía la pena al pasar su juventud donde no se puede disfrutar los placeres de la existencia. La más joven, de 43 años, Eleanor, se envenenó, según investigaciones, por decepción amorosa luego de que su compañero, Edward Aveling, se casara en secreto con su amante.

Laura tuvo una vida particularmente difícil, atravesó etapas de depresión, quizá debido a la muerte temprana de sus tres hijos y a la pobreza que soportó por la admiración y amor sumiso a su marido. Trabajó como profesora de idiomas y acompañó a su marido por varios países huyendo de la policía y colaborando con los movimientos socialistas.

Eleanor, que había querido ser actriz, fue la más intelectual de las hijas de Marx; escribió numerosos artículos, algunos interpretativos de la obra de su padre y otros sobre aspectos de importancia política y social. Las tres adoraban a su padre, a pesar de su vida dramática y vacía de amor.

Final de Karl Marx

En sus últimas dos décadas, Marx sufrió serios problemas de salud física que le impedían trabajar en sus obras políticas y literarias. Sufrió de trastorno hepático; brotes de ántrax; colículos en el cuello, el pecho y la espalda; glúteos lacerados que no le permitían sentarse; dolores de muela; inflamación ocular; edema pulmonar; hemorroides; dolores de cabeza persistentes que no le permitían dormir sin drogas. Tras la muerte de su esposa Jenny a causa de cáncer el 2 de diciembre de 1881, Marx desarrolló un fuerte catarro que se convirtió en neumonía y su mala salud durante quince meses finalmente acabaría con su vida el 14 de marzo de 1883, en Londres, a los 64 años, sumido en la pobreza y en la persecución por parte de la burguesía europea.

A pesar de las teorías sobre las traiciones a la filosofía de Karl Marx, como en los casos de Karl Kautsky, Eduard Bernstein y, por otro lado, la tercera generación de marxistas que salió como defensora de dicho movimiento, no hay razón para detener la creatividad de nuevas ideas, pues no cabe duda de que el socialismo y el comunismo no son la salida para encontrar paz, propósitos de vida o construir un mundo lleno de amor juntos.

Tanto usted como yo podemos pasar años investigando y leyendo sobre el mismo tema de la historia contada para sacar nuestra propia conclusión sobre la aventura de la revolución que propone el líder ideólogo, pero mientras se detenga el pensamiento en procesos ya establecidos y mal fusionados, nuestra mente seguirá condicionada a patrones repetidos sin permitirnos salir del conflicto universal que ha llevado a terminar con la vida en forma suicida, y a mucha gente en variedad de causas injustificadas, como lo estamos experimentando hoy día.

La riqueza espiritual heredada en el ser humano es la capacidad de abrir nuestra mente a la creatividad de ideas frescas. Evadir la esclavitud mental empieza por valorar y amar nuestra propia especie, apreciar y admirar las diferentes razas, los rangos, tamaño, colores que existen en el mundo.

Che Guevara

El odio como factor de lucha, violenta, selectiva y fría máquina de matar; nuestros soldados tienen que ser así: un pueblo sin odio no puede triunfar sobre un enemigo brutal.
Che Guevara

Entre los "héroes" tenemos, especialmente en Latinoamérica, al Che Guevara. ¿Qué hay detrás de la profunda, misteriosa y vehemente mirada que expresaba Ernesto Guevara?, es la pregunta que el mundo se hace sobre este líder revolucionario.

Vale la pena destacar el trabajo profesional de los periodistas, que obtuvieron información reservada y veraz del entrevistado que nunca ellos imaginaron se confesara. También, hay vivencias del Che contadas por él mismo, con detalles, encontradas en las líneas de su *Diario*.

Adolescente de estatura mediana, después de los 20 años aquella naturaleza de chico sin barba y flaco empezó la transformación apropiada que lo identificó como un idealista con barba y melena negra decorada con su boina aureolar que caracterizó al ícono de esta historia.

Incansable en la lucha por los menos afortunados, conocido por el sobrenombre de *Che*, dado por uno de sus mejores amigos, Antonio Nico López, también joven, soñador y de pelambrera alborotada, a quien conoció en Guatemala, entre un grupo de exiliados cubanos, cuando este país era una caldera de grupos exiliados militantes progresistas e izquierdistas específicamente latinoamericanos.

Ernesto *Che* Guevara fue uno de mis héroes en la adolescencia, me mantuvo por largos años alborotada con el tópico de la revolución en el colegio, y en algunos momentos levitando. Sus fotografías inspiraban y el cuento narrado por los educadores y estudiantes revolucionarios era de un argumento tan convincente que atrapaba la mente no solo de los ingenuos que lo percibíamos como un superhéroe capaz de cambiar al mundo, sino que también los medios resaltaban su figura. En mi condición de líder estudiantil me correspondía asistir a las reuniones de los líderes rebeldes que inspiraban con la idea de un cambio. En mi ambiente no eran muchos los rebeldes por ser colegios privados; sin embargo, se colaban algunos ideólogos que nos preparaban con ideas del Che Guevara con el objetivo único de salir, tras las reuniones del consejo estudiantil, a contagiar a mis compañeros para ir a protestar en las calles, trabajo que le quedaba muy bien a mi ego elevado.

Por ejemplo, en una de mis lecturas recientes encontré una frase que tuvo que ser muy mencionada para que aun hoy llegara a mi recuerdo: "El deber de todo revolucionario es hacer la revolución". Frases como esta no tienen mucho sentido, pero la emoción de pertenecer al grupo de protesta bastaba para hacer la revolución sin entender detalles.

Ernesto Guevara tuvo una infancia normal y, al mismo tiempo, tormentoso por la lucha contra el asma que le persiguió toda su vida. En su adolescencia fue un 'pibe' o muchacho caprichoso, rebelde, extremadamente travieso; le gustaba discutir y provocar desacuerdos para entrar a golpes y defender su posición. De muy mal carácter, con frecuencia provocaba discusiones con sus padres, maestros y superiores. Con apariencia *hippie*, desaliñado, poco amigo del aseo personal, su carácter era de fiera enfadada con la naturaleza humana. Recibió el apodo de Chancho o Cerdo Guevara y él mismo lo aceptó con agrado. Desde su infancia le enseñaron a ser un individuo con profundos resentimientos sociales y el resultado fue contar con una mente violenta, que se debatía en la encrucijada de su propio yo, en la cual se despertó el apetito incontrolable por el poder sobre la humanidad que lo llevó a la cima de la fantasía para construir un mundo sin sentido.

Por la cantidad de sus seguidores, decidí exponer las dos caras de la moneda. Basándome no solo en el comportamiento social e histórico del Che, me pareció interesante profundizar un poco también en su parte psicológica. Leo desde hace bastante tiempo toda actualidad sobre psicología e investigo y aprendo al respecto, debido a la conexión que la psicología tiene con la autoestima y la comprensión de la conducta del ser humano. Wilhelm Wundt, considerado uno de los padres de la psicología, insistió en que esta debería ser una disciplina independiente y más empírica en cada individuo. Como lo expresé alguna vez, mi interés por la psicología se incrementó mucho más, después de que atenté contra mi vida; el hecho me llevó a buscarle razones a mi comportamiento y confirmo en la actualidad que el interés de Wundt por concientizar a las personas de adoptar la psicología como disciplina personal, es tan positivo que mantiene una placentera salud mental.

Así que ahondar sobre el comportamiento del Che Guevara ha sido buena práctica en el análisis del comportamiento humano, me inclino a considerarlo más un mito que mi ídolo. Empecé a indagar primero con sus seres más cercanos a través de las entrevistas a su hermano Juan Martín Guevara, su hija Aleida Guevara y a Rosario Amanda González, la nana del Che, entre algunas amistades de la familia que lo vieron crecer. No era para menos la opinión que en ellos encontré. Juan Martín, admirador de su hermano y seguidor de su filosofía revolucionaria, lo mantiene más vivo que muerto:

La imagen hoy sigue siendo una imagen que repercute en el mundo, evidentemente es por algo que todavía no está concluido, que todavía no está logrado; hay alguna cosa que la gente, en general las sociedades, los jóvenes ven en esta imagen algo y alguna psicología de lo que todavía no tienen, de lo que todavía no se ha logrado. (Juan Martín Guevara, *Grandes Biografías*, Actualidad.art.com)

En todo caso, el Che sigue siendo el ícono de los jóvenes y no se puede dar por hecho que sea por la versión de su hermano que los jóvenes vean en su imagen algo no continuado. La verdad es que luego de mirar hacia atrás nos detenemos en el presente, el momento de emancipación en la juventud nunca se ha ido y jamás se irá, significa que la semilla de la revolución sembrada por el Che seguirá germinando como plan iluso y alborotado de todos los tiempos para la inspiración rebelde.

En comparación con otras entrevistas, me pareció que Juan Martín no compartió con su hermano la época en la que el Che se convirtió en su verdadero sueño: "una máquina de matar". Juan Martín hablaba con la dependencia de una información inculcada, era fácil percibir un robot de carne y hueso como todos los manejados a control remoto por líderes de la revolución, en este caso su propio hermano. Vislumbrando la conexión mental que tenía con el Che, creo que la conclusión es sencilla y no deja mucho para indagar; él espera concluir la revolución, expresa que su único deseo es continuar expandiendo las ideas comunistas que elaboró su hermano basándose en la filosofía marxista, especialmente las que había puesto en práctica el líder Lenin, a quien el Che veneró.

De este modo podemos ver que la lucha por las clases marginadas con esta ideología es una farsa. En una entrevista de la presentadora María Stárostina, a la hija del Che Guevara, se puede percibir toda una filosofía de ideas del comunismo infundidas por la manipulación de los adultos responsables de su educación. Escuchando en sus palabras:

Mi madre hizo todo para que desde niños sintiéramos la presencia de nuestro padre ausente. Fidel para mí fue como una figura paterna, suplente, era mi tío, tío para acá y tío para allá, quería sacar las mejores notas para que mi tío estuviera orgulloso de mí, porque si mi tío estaba orgulloso de mi papá también, mi mamá también". (Aleida Guevara)

No podía concebir que una persona tan inteligente, con un espíritu de gran servicio realmente admirable, pero tan sumisa por haber nacido y crecido en la cuna de la persistente revolución con ideas de su padre ausente desde la infancia. Atrapada en un mundo diseñado por el comunismo; en este particular, con influencia de los Castro; marginada en Cuba, condicionada y con poco conocimiento del ilimitado potencial propio. Ella describe a su madre enamorada de la figura ejemplar de un esposo, compañero y consejero a pesar de su ausencia.

Encuentro en este personaje, a pesar de su gran educación académica, una mente con cadenas que arrastra desde su infancia, fuera de la realidad; inducida a dejar de que el ambiente la zarandeara como una marioneta de papel. La imagen de su padre es para ella como una fotografía viviente grabada en su memoria por el resto de su vida; no pude percibir en la entrevista libertad interior, sino, por el contrario, un encasillamiento de su propio yo con ideas de guerra, igual que su padre, con la diferencia de que desde la infancia le cortaron las alas, le prohibieron la aventura de la vida, la libertad, su visión e imaginación creativa para salir de Cuba.

Tengo la impresión de que estos personajes no les tienen miedo a las balas, ni les impresionan los ríos de sangre, pero sí le temen a la libertad y les aterra la armonía en particular.

Me estremecí profundamente con la respuesta que la hija del Che dio a la presentadora, cuando le pidió la opinión sobre su padre que para unos es mártir y para otros es asesino, un héroe que asesina para luchar por sus ideales. Ella, sin pensarlo, dos veces dice que en una guerra de guerrillas nunca se asesina, porque en un combate no se mata a un inocente, "matan porque si no te matan", según lo entendí, asegura que Fidel y el Che "nunca asesinaron". También sorprende la certeza de sus palabras cuando dijo que si el Che viviera estaría feliz, con un presidente indígena en el poder como Evo Morales. La revolución bolivariana la admira ella profundamente y dice que el Che estaría ahí apoyando a Chávez (entrevista, 5 de noviembre del 2012).

De mi análisis a la entrevista, no me es difícil entender ahora la psicología de Nathaniel Branden, quien llama a estos tipos de comportamientos "metafísicos sociales", una vida que no es genuina, "que vive para satisfacer las expectativas, las condiciones y valores de otras personas". Este es el modelo perfecto para describir a los fieles del comunismo: la filosofía propia no es desarrollada por ellos, sino impuesta por líderes con propósitos ajenos, una mente de ídolos en cuerpo ajeno es lo que percibo.

Rosario Amanda González, la nana del Che, se expresa del Che en forma familiar y con la propiedad que puede apreciarse en el amor de una nana a un niño genio: "Demasiado inteligente para la edad de 4 años", le llamaba a ella la atención verlo leer de corrido a la edad de 4 años, igualmente que al doctor Alberto Granados, su amigo, le impresionaba.

Otro amigo del Che refiere:

Le gustaba arriesgarse en juegos peligrosos para deleitar a sus amigos. Un muchacho corajudo, se tiraba de una cascada a un pozo con el agua muy helada, y había que calcular para caer en el lugar, se tiraba y no tenía problema. No tenía miedo, era un lugar de mucho cuidado, por las piedras en ese lugar se podía matar, pero él calculaba y caía bien. (Enrique Martin)

Ernesto sufría de fuertes ataques de asma y eso llevó a que su madre lo educara en el hogar hasta los 9 años, cuando empezó a ir a la escuela, que pronto le aburrió y mostraba su fuerte carácter con mala conducta.

Una vecina de la familia Guevara en la niñez del Che, lo describe como un niño conflictivo, que provocó problemas a sus padres con los vecinos del área. Por ejemplo, los testimonios de los testigos leídos coinciden en que Ernesto entraba a las casas para hacer travesuras y a la edad de 10 años se convirtió en jefe de una pandilla callejera. Su incontrolable conducta la manifestaba con juegos como los de ladrones y policías; tal cual como es la formación en la conducta de los asesinos en serie que vemos en los videojuegos, o en la vida obsesionada por tomar control de la mente humana como se percibe en las intenciones de algunos personajes en la actualidad, fijaciones que por la magnitud irrealista de la imaginación desarrollan la "habilidad de hacer daño". A los 10 años, el Che empezó a rebelarse con asuntos políticos; en una ocasión provocó una protesta contra el Gobierno debido al alza de la electricidad y con su pandilla juvenil rompieron las farolas con sus tirapiedras, una acción que me recuerda las piedras que yo lancé a los ventanales del teatro más importante que había en mi ciudad natal.

Desde el principio de las investigaciones se revela o se percibe al Che en todo momento con la seguridad de que nació para triunfar, con la visión fija de matar, desafiando su enfermedad. En este recorrido hay lecciones que, sin duda, son evidentes que los seres humanos somos lo que pensamos, nacemos con la autoridad de configurar nuestra consciencia a niveles superiores o inferiores, de acuerdo con lo escogido en la aventura de la vida.

Ernesto aprendió a manejar armas de fuego antes de su educación académica, predecía que le era indispensable para su futuro. Una muestra ejemplar de su control mental, que le admiro, es aquella decisión de entrar a estudiar medicina buscando su propia cura para el asma; aunque se dice que dudó de escoger esta carrera, revela la fuerza de la esperanza por el deseo de vivir y el poder de la supervivencia que tenemos todos. El plan de sus sueños de recorrer el mundo posiblemente era también un aliento de consolación mental por su lucha para sobrevivir ante la condición de mala salud. Otro factor que afectó la vida emocional del Che y que encuentro en autores como algo que le impulsó hacia su plan de guerra, fue la fuerza de la frustración por un amor que no pudo conquistar dada la diferencia de clases sociales entre las dos familias, a pesar de su aristocrático apellido español-irlandés. Sus amigos cercanos, como el doctor Alberto Granados, compañero de juego en *rugby*, admite que los viajes del Che empezaron con una idea fantasiosa y después de darle un tono político la gente empezó a endiosar sus ideas y creo que su imagen.

Edelberto Torres Rivas, amigo contemporáneo del Che, rectifica un dato muy importante en el análisis del mito revolucionario: "inquietudes políticas profundas no tenía" y aduce que a los 25 años todavía prevalecía el espíritu aventurero en el andarín.

Argentina fue su primera visión para iniciar la aventura, al reflexionar sobre temas de administración política, lo que incrementó su rebeldía y odio retenidos. Hay varias versiones sobre la vida del Che que relacionan su comportamiento debido a que en plena adolescencia vio el sufrimiento de su madre y su familia al tener que sostenerse precariamente en una sociedad de ricos. No hay duda de que en su alto vuelo llevaba reprimido en el corazón, desde la infancia, el sufrimiento y su consolación fue aliarse con la clase marginada para la transformación de mentes humanas en máquinas de matar, igual que él.

El viaje por Suramérica

Su viaje por Suramérica es simbólico para historiadores, seguidores de su filosofía, críticos y soñadores; ese espíritu aventurero de Ernesto Guevara simpatizaba mucho con el de su compañero Alberto Granado. Fue una inspiración fantástica que activó las fuerzas de dos aventureros, y con poco dinero, en una motocicleta y diversos medios de transporte, empezaron la aventura.

Ambos encontraron a través del contacto con los pobres las impresionantes desigualdades entre ricos y pobres. El Che acató la idea de atribuir las injusticias sociales y económicas al imperialismo yanqui. De acuerdo con las versiones históricas, consideraba a los estadounidenses el peor fantasma de su vida y el enemigo del resto del mundo; fue la coyuntura perfecta para descargar contra Estados Unidos la semilla del odio que ya carcomía su corazón, era su profecía diseñada, que actualmente continúa con más fuerza contra el "imperialismo", ¡el enemigo del mundo perfecto!

Sus ideas revolucionarias evolucionaron notoriamente, siempre con inclinación a la filosofía marxista-leninista, razón que lo mantenía ajeno a cualquier organización política. Tampoco le convenía buscar ambiente político al principio de sus planes, porque en la expedición es necesario presentar las brillantes ideas que pueden desestabilizar gobiernos, a un mundo de personas vulnerables, la misma masa de inocentes soñadores que se dejan seducir de los mesías que traen paz y justicia. Ingenuamente, son seres humanos que desconocen los verdaderos sentimientos ocultos en la mente de un hombre como el Che, con una sed de venganza que quemaba la vida bajo las balas de un rifle, sin prejuicios.

El Che, antes de empezar sus grandes hazañas, manifestó el odio por primera vez a través de una carta enviada a su tía Beatriz, previo a uno de sus viajes más importantes, Guatemala, donde empezó su faceta de guerrillero y conoció a Fidel Castro, su conexión perfecta para hacer el clic explosivo con sus ideas. Sin embargo, al final de la historia, Fidel fue el traicionero que le dio la espalda junto con la CIA el día de su ejecución.

Carta a su tía:

> En El Paso, tuve la oportunidad de pasar por los dominios de la United Fruit, convenciéndome una vez más de lo terrible que son estos pulpos. He jurado ante una estampa del viejo y llorado camarada Stalin no descansar hasta ver aniquilados estos pulpos capitalistas. En Guatemala me perfeccionaré y lograré lo que me falta para ser un revolucionario auténtico. Tu sobrino, el de la salud de hierro, el estómago vacío y la luciente fe en el porvenir socialista. Chau. Chancho.

También advirtió a Latinoamérica el monstruo de violencia que se venía, con el juramento que hizo a la memoria de Stalin, una destrucción masiva a los seres humanos en protesta por la desigualdad de clases, promesa que más adelante cumplió con el hecho de ejecutar a 165 personas por fuera de combate en la Fortaleza Militar La Cabaña, en La Habana, episodio que horroriza la biografía de este héroe en palabras de grandes historiadores y escritores como Nicolás Márquez en su libro *La máquina de matar*.

Las versiones indican que el principal objetivo del Che, era destruir a los Estados Unidos sembrando el odio en el mundo, fue ese talón el que le facilitó el contacto y la simpatía de trabajadores y personas de clases marginadas en Argentina y toda América Latina, con las que se identificó sin contratiempos por la contrariedad social que compartía, mas no por el afecto hacia ellos. Otro de sus objetivos contra el mundo fue destruir a su enemigo con una bomba nuclear. Basta como prueba de esta afirmación los misiles que puso la Unión Soviética en Cuba, una de las causas por la que el Che y su amigo Fidel Castro se distanciarían. Ernesto Guevara aclamaba la tercera guerra mundial y repudió el hecho de que Fidel Castro se uniera con los soviéticos para retirar los misiles. Así es como Ernesto Guevara configuró su mente a la de sus seguidores para, irónicamente, destruirla.

Finalmente, sus viajes por gran parte de Suramérica, en 1951, como paramédico a bordo en la flota de la empresa argentina Yacimientos Petrolíferos Fiscales (YPF), le concedió la fortuna de recorrer la Costa Atlántica, desde el puerto patagónico Comodoro Rivadavia hasta la entonces colonia británica Trinidad y Tobago, pasando por Curazao, Guyana Británica, Venezuela y varios puertos de Brasil. La vasta experiencia adquirida en su trayectoria como explorador lo llevaron a integrar el grupo guerrillero que realizaría la revolución en la Cuba, que hasta el día de hoy es una población compuesta por robots de carne y huesos, un país donde los hermanos Castro se robaron los sueños de miles de seres humanos, porque la creatividad la mataron en la mente del individuo y vilmente se abrió la puerta a la sobrevivencia. (Este parágrafo está combinado con algunas presentaciones de José M. Jiménez, la revista *Almiar* y documentales). Los hechos contados dejan caer la careta de estos líderes, que toda su vida camufló sus verdaderos sentimientos maquiavélicos tras la estampa de lo que se podría comparar con falsos profetas.

Episodios de combate

La guerra es dura, y cuando el enemigo estaba
intensificando su agresividad uno no podía tolerar
ni siquiera la sospecha de una traición.
Che Guevara

Enrique Ros, investigador e historiador, autor del libro *Ernesto Che Guevara: mito y realidad*, una de las más completas investigaciones sobre la vida del guerrillero argentino, desenmascara a quien nos presentaban como el luchador infatigable a favor de los necesitados, al supuesto Robin Hood latinoamericano. Ros, en su narración, lo describe como un joven idealista que cuando llegó a Guatemala no tenía ninguna formación ideológica, era aventurero y apasionado por los viajes, le encantaban el fútbol y las fotografías que tomaba. Enrique Ros y Edelberto Torres coincidieron en la descripción de un aventurero.

Fue Hilda Gadea, su primera esposa, una chica peruana de baja estatura, robusta, de ojos rasgados e ideas comunistas, quien empezó a formar ideológicamente al Che y quien le presentó personas influyentes en ese medio, como fue el contacto con el Flaco López, quien lo reclutó y presenta al grupo de cubanos exiliados que militaban en el Movimiento 26 de Julio en Guatemala, donde empezó su faceta de comunista.

El doctor Ernesto Guevara luego se unió en México a la expedición que organizó su entonces camarada Fidel Castro, quien lo nombró médico del grupo guerrillero. En una madrugada de 1955, salieron hacia Cuba 82 hombres con la misión clara de derrocar el régimen de Fulgencio Batista y conquistar el sueño del Che junto al de Fidel, que era continuar la revolución latinoamericana contra un enemigo común, Estados Unidos.

Jon Lee Anderson describe a la isla de Cuba en esa época, dividida en dos Cubas, La Habana como un lugar de diversiones donde los estadounidenses disfrutaban del ambiente caribeño, con folclor, brisa, mar y mucha extravagancia, y la otra parte sumida en miseria y pobreza. En lo que puedo percibir de su testimonio, La Habana era lujuria y libertinaje, mientras el resto de la isla se desangraba bajo el demoníaco velo de la dictadura de Fulgencio Batista, que había tomado posesión mediante un golpe de Estado en 1952. Los vínculos de fuertes intereses entre la mafia estadounidense y la dictadura de Batista le daban el privilegio a la primera de sacarle partido al infierno que habían construido en La Habana. En esta bella isla al sur del mar Caribe, desembarcó aquel muchacho de 27 años, ya convertido en el Che rebosante de deseos despiadados por practicar lo que traía en su mente condicionada en máquina de matar.

Entró entre la penumbra de la cadena montañosa de Sierra Maestra, al mundo que el joven había idealizado desde su infancia, tan deslumbrante como consciente de que era el lugar diseñado en la mente de Fidel Castro como base de su movimiento guerrillero.

La magia de este paraíso se impone en la naturaleza de las montañas por estar bañada con la brisa del mar Caribe y la majestuosidad de sus paisajes. Sin embargo, en la compleja estructura geológica de la naturaleza penetra el grupo guerrillero, estableciendo el refugio perfecto donde las ramas y las plantas epífitas sirvieron de cojines o almohadas en la oscuridad del entorno montañoso. El refugio lo percibía perfecto la mente del médico joven, que no llegaba solo a ocuparse de curar a sus discípulos, sino también como instructor en la preparación ideológica de los jóvenes que iban reclutando.

La imponente naturaleza proveía todo un despliegue de riquezas para la sobrevivencia; variedad de aves, anfibios, mamíferos, reptiles y toda clase de insectos, pero irónicamente, aunque podría ser un banquete exquisito en medio de la jungla, causaba molestias a los insurgentes, como si la madre naturaleza en su sabiduría protestara contra ellos por ser los asesinos de la vida.

Don Soldini, exguerrillero de Fidel, describe bien cómo se puede clasificar o visualizar la vida cuando es un infierno en medio del paraíso:

La vida en el campamento rebelde no es fácil, mis botas no tenían suela, comíamos cuando podíamos, a veces no teníamos agua. En las selvas de Cuba los rebeldes son vulnerables a todo tipo de problemas de salud que el Che trataba, teníamos las piernas muy infectadas por picaduras de mosquitos y él nos atendía.

Jon Lee Anderson, autor de *Una vida revolucionaria*, narra:

A los hombres les daba un poco de miedo que les tratara el Che, le llamaban Doctor Sacamuelas, era bastante brusco y no era famoso precisamente por su delicadeza. Además de sus funciones como médico, el Che demuestra reiteradamente su valía en el campo de batalla, se dice que en más ocasiones que Fidel. El Che fue determinante para enfrentarse a la muerte, fue determinante para conformar un carisma poco común, de modo que le proporcionó una fama casi legendaria, se rebeló como un hombre a quien los otros temían y además respetaban por su mirada.

Aquella naturaleza personal del Che le dio la confianza a Fidel Castro y lo ascendió a comandante, lo puso al frente de su primera unidad de 75 hombres, en la columna número 4. En uno de sus diarios el Che reacciona con gran entusiasmo al nuevo título con las textuales palabras que quedaron nítidas para el recuerdo: "Aquella asignación me hizo entonces el hombre más feliz del mundo".

Acorde con otros testimonios en la guarida de Sierra Maestra, aquel ego enaltecido reflejaba un carisma desconocido y abstracto que llamaba la atención de los chicos más jóvenes, entre los 15 y 16 años, ellos eran sus discípulos y él el ideólogo, a quienes incluso alfabetizaba. La sangre fría del Che, igual a la de los anfibios y al follaje de la selva, los conjugó en el apodo que encontró para los chicos hechizados: "Los cachorros". La independencia del dominio propio y el de sus cachorros con los otros frentes, no se hizo esperar. El Che, en su madriguera construida con el escenario natural majestuoso, donde las brisas se cuelan en el viento y refrescan sustancialmente la Sierra Maestra subtropical y de húmedo suelo, fue donde verdaderamente sacó a la luz su verdadera esencia.

El Che, en su primera batalla, el 22 de enero de 1957, con sus rebeldes, tienden una primera emboscada a una patrulla militar; cuando suenan los primeros disparos el Che se encuentra cara a cara con el enemigo y dispara en cuanto los vio, y parece ser que estuvo midiendo sus primeras reacciones para ver cómo se sentía, y se sintió bien. (Jon Lee Anderson, *Una vida revolucionaria*)

El *Diario* del Che ha sido un recurso indispensable por las afirmaciones reveladas sobre las acciones del "Chancho" durante la revolución. Desde entonces sus primeras acciones criminales son notoriamente transparentes:

El pequeño grupo, refiriéndose al grupo que el Che dirigía, Los Cachorros, ahora tiene que enfrentarse a la ejecución de uno de su grupo; descubrieron que un hombre llamado Eutimio Guerra, uno de los primeros colaboradores del grupo, era un traidor, un espía. Fidel le sentenció a muerte, nadie dijo nunca quién había ejecutado a Eutimio Guerra, pero en el diario personal del Che se puede confirmar que fue él, lo describe con todo detalle: "Le despojo de todas sus pertenencias, intercambio unas palabras con él, […] «Justo entonces se desató una tormenta, le puse un revólver en la sien y le volé la tapa de los sesos, con un revólver de calibre 25»". El Che como médico inspeccionó la entrada y la salida de la herida, y escribió que había dormido bien después de lo que había hecho, a partir de entonces el Che cambió. (Jon Lee Anderson)

Siempre he creído en los misterios del más allá junto al asombroso propósito de la existencia humana, el hecho de que el Che hubiera mencionado la tormenta que se desató mientras cometía el primer crimen, había sido una prueba de que a él le gustaba desafiar los misterios de la naturaleza y no los ignoraba. Los relatos son tan nítidos que percibo al doctor Guevara tan minucioso en la descripción de sus actos reprobables, que me atrevería a creer que se le encendía un fuego infernal cada que le asesinaba un ser humano a la creación divina y lo celebraba desde su interior plasmándolo en un papel como actos heroicos.

Después de todo, fueron tantos los crímenes que se cometieron en esta causa que hay discrepancias entre los historiadores sobre la indagación en el caso de Eutimio Guerra. Hay quienes sostienen que fue Raúl Castro quien le quitó la vida, contrariando el *Diario del Che*. En ambos, su intención era teñir la tierra con sangre, no solo de un individuo, sino también de muchos que vendrían adelante.

Orlando de Cárdenas fue amigo de Fidel Castro, uno de los principales colaboradores en el Movimiento 26 de Julio en México, y refiere en su testimonio que el Che nunca los vio como compañeros, les hacía burla por su forma de hablar a los mexicanos y ellos en revancha no le decían doctor Guevara sino el Che. Cuenta el historiador que nunca llegó a socializarse con el grupo de jóvenes revolucionarios cubanos y que durante el entrenamiento militar en tierra azteca el desprecio hacia los cubanos siempre se hacía sentir, "sentimiento que extendía a los negros y al pueblo mexicano, a quienes constantemente menospreciaba".

Miguel Sánchez, el Coreano, por combatir en la guerra de Corea, fue reclutado por Fidel como instructor militar del grupo de guerrilleros en México, y confirma el anterior testimonio: "Allí en la casa de María Antonia González conocí a Ernesto Gonzales de la Serna. Él despreciaba a los negros, despreciaba a los indios y les decía «la indiada mexicana»". No creo que haya mayor satisfacción para la conclusión de un escrito que la variedad de opiniones. El doctor Alberto Granados nos deja en la imaginación dos interpretaciones de los dos testimonios anteriores, una de ellas: "Las conversaciones del Che eran siempre sarcásticas y él no era muy simpático para hablar o para expresar afecto"; para el doctor Granados, que lo acompañó en sus viajes de exploración, ese carácter era simplemente una forma particular de ser y lo detalla de forma divertida.

Dariel Benigno Ramírez, exguerrillero del Che, tenía 17 años cuando entró al grupo, admite la complejidad del carácter de Guevara y sostiene que era tan fría su alma como su corazón. Por la expresión sobresaltada de Benigno, cuando da su testimonio después de décadas, parece ser que la tranquilidad perpetua del

Che para condenar a un muchacho a muerte y luego ejecutarlo con sus manos, marcó la memoria de Benigno para el resto de su vida.

Testimonio de Nilo Messer, exiliado cubano y miembro de la brigada 2506: "Ambos eran unos asesinos, Castro mató a miles de personas y Che Guevara también mató a miles de personas, así que el Che también era un demonio". Además de los culpables, algunos aseguran que fueron ejecutados muchos inocentes, razón por la que muchas personas les odian, al ser causantes de dolor y sufrimiento en numerosas familias.

Lázaro Guerra militó en los movimientos revolucionarios en Cuba. Estuvo exiliado en México y sobrevivió en la expedición del *Corinthia*, conoció a Guevara en México y lo describe como un hombre de mente maquiavélica, lleva y trae al comandante Fidel Castro, o el informante de Fidel.

José Villasuso, abogado, trabajó bajo las órdenes de Ernesto Guevara como instructor de expedientes de la llamada "Comisión Depuradora" en la Fortaleza de La Cabaña. José refiere:

> Era un hombre que no vamos ahora a juzgarlo, pero cientos de hombres fueron condenados a la pena de muerte por fusilamiento, sin la presencia de pruebas incriminatorias, sin la posibilidad del ejercicio de una defensa justa, mediante sentencias preestablecidas en los denominados "juicios sumarísimos". Ernesto Guevara preparó a muchos de sus hombres de confianza, quienes dirigieron o firmaron las ejecuciones a lo largo y ancho de la isla, con la misma falta de escrúpulos que su jefe.

Napoleón Vilaboa refiere:

> Estuve trabajando en la Fortaleza de La Cabaña a las órdenes de Ernesto *Che* Guevara, jefe militar de esa fortaleza. La Comisión Depuradora era un organismo que se crea, lo crea el Gobierno de Fidel Castro, con el pretexto de depurar las Fuerzas Armadas en Cuba; claro, el fin de esto era implantar el terror revolucionario en Cuba, mediante los fusilamientos. Los fusilamientos era una cosa arbitraria, porque los infelices que llevaban allí ya estaban previamente sentenciados a muerte, como es el caso, por ejemplo, del primer teniente José Castaño,

que fue asesinado personalmente por el Che Guevara en su propia oficina. Y contra el cual no había ningún tipo de proceso legal para poderlo fusilar, porque este señor ni había matado, ni había torturado a nadie durante el régimen de Fulgencio Batista.

Confesiones de Guevara

"Querida vieja: Estoy en la manigua cubana, vivo y sediento de sangre…". (Enero 28, 1957. Carta de Ernesto Guevara a Hilda Gadea).

"Tengo que confesarte, papá, que en ese momento descubrí que realmente me gusta matar". Carta del Che a su padre).

La cara oculta del Che Guevara

Por Jacobo Machover

(Investigación completa sobre la trayectoria del Che. *Álbum de la Revolución cubana*).

¡Está todo cambiado! ¡No tiene nada que ver con lo que me están contando!

Infierno Verde: por la información que he podido reunir, yo quiero creer que el Che siempre fue igual, lo que pasa es que cuando él desempeñaba los cargos que desempeñaba en la isla, en Cuba, pues se comportaba de otra forma. En el momento que él empieza a entrar en la guerrilla el comportamiento cambia o florece o sale a la luz, porque una persona es como es, punto. Entonces, le tenían miedo, era una persona que no tiene que ver con lo que nos han contado, la imagen del idealista, del héroe, del libertador, ¡falso! ¡Absolutamente falso! Es decir, era un déspota, era un desequilibrado mental, era un tipo que hubiera lanzado las bombas atómicas contra Estados Unidos en la crisis de los misiles, era un individuo que fusiló a más de quinientas personas en La Habana y que no le importaba matar a los soldaditos en Bolivia. Era un individuo que no tiene nada que ver con el logo, la historia, ha montado a su alrededor, nada, quizá el Che representa un ícono, una figura, una ideología que no tiene que ver en este caso con la persona.

Todos estos testimonios son de quienes compartieron y conocieron de cerca al héroe. Los recuerdos son nítidos y fueron los compañeros del Che Guevara, quienes a través de sus vivencias junto a él narran la verdadera personalidad del ídolo en documentales y libros a los historiadores dedicados a investigar de punta a punta de los territorios recorridos por el hombre de la moto.

Aquí queda en evidencia la mente criminal y despiadada del héroe que sembró la semilla del comunismo en toda Latinoamérica. También queda en líneas para la historia del robot de carne y hueso la manifestación del odio convertido en el mártir del planeta que sacrificó su vida por amor al prójimo.

Cada lectura, cada libro, cada argumento, cada película, videos y expresiones documentadas, se me han hecho en este camino de aprendizaje un reto más al escoger un ícono de América para quitarle la careta. El salir de la ignorancia en este tema me enseñó, al mismo tiempo, que la fuerza para sostener a una leyenda es la imaginación idólatra de la mente que se detiene en el tiempo.

El socialismo y el comunismo no pueden continuar configurando la imaginación de miles de idólatras detrás de un mito. Todos estos héroes fracasados son ejemplos de que su teoría no funciona y no va a funcionar. La paranoia que se ha sembrado contra el imperialismo estadounidense es la culpa del fracaso de la mente humana alrededor del mundo. El sol calienta a todos en el globo terráqueo y las estrellas no discriminan en qué área del espacio van a brillar.

La verdadera historia del comunismo es teñir con sangre las espesas montañas, ríos, y cambiar los colores de la vida por el solo rojo. Dejando las huellas del dolor en el alma y los corazones abatidos que se pintan de rojo por las heridas que aún no sanan.

La farsa de Fidel Castro

Fidel Castro, junto al Che Guevara, hizo una Cuba independiente y aislada del imperialismo yanqui para unir sus fuerzas con los países socialistas y comunistas a costa del secuestro inhumano de sus ciudadanos, con la promesa de darle una vida mejor a su población. Entonces, ¿por qué sigue siendo Cuba un país inmerso en un desarrollo mediocre y una población subyugada? Uno de los resultados es el robo de las riquezas del suelo caribeño, la paralización del cerebro pensante en cada individuo, adicionando el bloqueo económico impuesto por los Estados Unidos. La estrategia falsa para seducir al pueblo se repite. Aliviado por el apoyo que lo llevó a la victoria, Fidel motivado con la influencia de sus ideas marxistas, Castro olvidó las promesas que le hizo al pueblo antes de liberarse del dictador Fulgencio Batista. Su promesa era una Cuba libre, un Gobierno con elecciones donde predominara la voz del voto. Aseguró a su enemigo del Norte que no había en su pensamiento la idea del comunismo marxista. Engañó al mundo con sus discursos llenos de esperanza y emoción en la celebración del triunfo. Pero sus cátedras de humildad y vocación de redentor bien acentuada no lograron que el Gobierno estadounidense minimizara las sospechas de que Fidel era un mentiroso guerrillero y dictador.

La historia de júbilo cambió dos meses después, cuando pronunció su juramento como primer ministro de la isla. El mundo entero entró en incertidumbre, sin entender el repentino cambio, la complejidad del comportamiento del entonces primer ministro de Cuba despertó la sospecha de si era o no comunista, dando por hecho las predicciones de su vecino en la Casa Blanca, en Washington.

Las elecciones prometidas quedaron pendientes para siempre en la mente ilusa del mundo entero. De modo que los comunistas castristas son autoherederos de una bella nación empobrecida por el dictador recién caído, Batista, y a la víspera de su "restauración" Fidel se ve obligado a reconocer que la reparación de daños en la nación (económicos, sociales, culturales, morales) no era posible sin el apoyo extranjero.

Estados Unidos niega todo apoyo al vecino país que antes fue el patio en el Caribe para sus diversiones a lo largo y ancho de sus playas de ensueño. Era casi seguro para encontrar un perfecto aliado y cómplice del socialismo que reemplazara la ayuda negada, ¡los soviéticos!, que entran como tabla de salvación para empezar a construir un imperio castrense. Las tensiones de la Guerra Fría entre Estados Unidos y la Unión Soviética se hacen obvias. Fidel, por su parte, empieza el trabajo de los socialistas y comunistas: la apropiación de tierras en Cuba, incluyendo las muchas propiedades de accionistas estadounidenses, por ejemplo, Texaco, Esso, entre otras. Castro consigue quedarse con todas las empresas de Estados Unidos en Cuba. La reacción de su vecino país suspende entonces todas las importaciones azucareras desde Cuba. Los soviéticos, entusiasmados con la nueva alianza, abren las puertas a las exportaciones azucareras. La tensión resulta en el intento de Estados Unidos por remover a Castro del poder con tropas de exiliados cubanos entrenados por Estados Unidos; la esperanza era unir las fuerzas militares que entraban con las anfitrionas en Cuba para traicionar a Fidel y acabar con la dictadura. Pero la estrategia falló y los cubanos se mantuvieron firmes a la dictadura de Fidel Castro. En este juego de ajedrez entra de nuevo el Che Guevara como un dragón para negociar la instalación de misiles rusos en Cuba, destruir al enemigo y causar el desastre global que él deseaba en la ficción que manejó su mente. Es preciso repasar la historia para ver estos modelos desfilar con tanta propiedad por América Latina, sin cambiar el rumbo de pobreza y estancamiento mental que sumerge al mundo cada día en una lucha contra el enemigo fantasma del imperialismo.

17.

La influencia positiva en la década de 1960 se percibe deformada

"Esa cosa o ese algo, es alguna psicología que no está concluida", de la que habla el hermano del Che, no es otra cosa que una idea confundida entre la rebeldía de la naturaleza humana como reacción psicológica al rechazo de la influencia cultural y a las presiones que empezamos a sentir con los clichés o patrones impuestos. Desde que nacemos, empezamos a acumular información ajena en nuestro inconsciente, hasta que somos conscientes de que ya no son mecanismos de supervivencia impuestos y hay que empezar a salir del nido. Llegó la hora de levantar la voz con nuestra propia conducta. Es la gran etapa inevitable, cansados de aguantar a papá y a mamá o a nuestros superiores, un proceso normal y humano con emociones encontradas en la búsqueda de nuestra propia filosofía sobre bases de valores cultivados.

Ese proceso de maduración es un reto entre el valor y el miedo, que se mezcla con las actividades cotidianas; por ejemplo, tres bases notables en ese proceso de cambio que despierta en cada generación el instinto de ser creativos, ayudan a ir dejando el miedo, son manifestaciones de avivamientos de la consciencia en forma colectiva a través del arte, la música y la forma de vestir.

La época de los años sesenta es un buen ejemplo de seducción para el despertar de consciencia en la emancipación donde vencer los miedos es uno de los retos que en todas las generaciones se refleja.

La vida propia de los años sesenta, vino acompañada de espléndidos cambios que transformaron el modelo sociocultural, económico y político del momento, importantes hechos que marcaron la historia de la humanidad para continuarla. Diferentes hechos de la época fueron gran incentivo para los jóvenes en el campo creativo, el desarrollo en la idealización de sueños afloraba como motivación para realizarlos. Por ejemplo, en el campo tecnológico, fue mi primer sueño hecho realidad desde que tengo uso de razón, la magnitud creativa de la era espacial despertó en mí pasión por los trajes espaciales en esos momentos de suspenso con la conquista de la Luna. Era una especie de drama que se apreciaba en los pueblos tranquilos de mi tierra colombiana; la aglomeración de niños, jóvenes parados como estatuas sin importar el sol o la lluvia en las aceras de las calles frente a cualquier ventana o puerta entreabierta que se prestara para ver la televisión y disfrutar de la hazaña de un hombre por primera vez en la Luna. No era solo estudiantes chicos y jóvenes, los adultos también se detenían lelamente para apreciar con suspenso el episodio, algunos porque no tenían televisor en sus hogares y otros porque la rutina cotidiana no les daba el tiempo para llegar a sus destinos. Las imágenes que quedaron de ese momento histórico, Neil Armstrong y Michael Collins descendiendo del Apolo 11 para conquistar la Luna, me crearon en la mente la inquietud de construir un traje espacial. Tanta era mi admiración que busqué las posibilidades de diseñar el traje espacial en seis meses y la creatividad de adolescente no me falló, logré ser elegida para presentar mi creación en una feria de la ciencia entre varios departamentos o estados de la nación que participarían en Armenia, Quindío. Era un evento de gran magnitud para dejar huella y demostrar la capacidad de ingenio en la mente de cada participante cuando se vence el miedo.

Es tan nítido mi recuerdo, que puedo traer a mi mente la salida de compras con mi hermana Julie a buscar el vestido rosado pálido aterciopelado y los zapatos que luciría despreocupada porque la juventud iluminaba mi rostro desmaquillado. La emoción que me acompañaba se confundía entre mi traje nuevo y la ilusión de asistir a la escena que jamás imaginaba. Sentada en las primeras sillas del escenario como candidata a recibir un premio de ciencias, quizá un poco desprevenida, por un parlante de alta voz escuché mi nombre en todo el coliseo con una asistencia suficiente para sentirme afamada; con paso ligero caminé hacia el frente para ocupar el segundo puesto de la competencia. Fue el primer evento de la vida real que me hizo sentir como una reina.

Aunque el auge de la época de los años sesenta estaba pasando, celebré mi éxito con la magnificencia de los hechos que perduraban a través de lances como la segunda etapa de la liberación femenina, que dejó la puerta abierta para todas con el grito de la minifalda y la píldora. Era mi primer paso en una feria de la ciencia para unirme involuntariamente a la sublevación de la mujer contra el rol de ama de casa sumisa que impone los dardos de prejuicios ancestrales desde que éramos niñas. Hoy, entre mis añoranzas, encontré la inocencia con que desafié las obligaciones domésticas que todavía recaen sobre las mujeres. Pero gracias a la época prodigiosa de los años sesenta, hemos incursionado por fin en un mundo de posibilidades que la mujer ha sabido aprovechar en todos los ámbitos: social, económico, cultural, político, y muchas de ellas sin abandonar los roles domésticos. No hay excusa de la capacidad competitiva con el sexo opuesto. Hoy es el día para ver que la transformación feminista se debe a la fuerza masiva formada con sucesos relevantes que se suman en la historia para reconocer la importancia de ser mujer, no fue con la forma de aislarse en grupos feministas llenos de resentimiento con secuelas del pasado, como se perfila en cualquier protesta que hoy polariza sentimientos manipulados.

Creo que el despertar de consciencia colectivo de las mujeres para alzar la voz en el momento propicio donde se avivaron múltiples causas, es ejemplo del empoderamiento con resultados positivos; de la misma manera la erradicación del culto a los héroes del comunismo y el socialismo, ha despertado la consciencia para otorgarnos el poder y defender la vida, basándonos en la realidad del daño que han causado. Asimismo, la rebelión de masas estudiantiles en los centros docentes contra la guerra de Vietnam, inconformidad con el sistema educativo, libertad sexual y otros asuntos de adelanto en la evolución de aquella época, pueden ser modelo en nuestra era moderna para entender la importancia de buscar nuevas estrategias de cambio para un mejor futuro con menos destrucción. Si los jóvenes de ese período lograron realizar cambios importantes, sin los avances de la comunicación global, con la Internet tenemos mejor oportunidad de participar en esta nueva revolución, pero en busca de unión pacífica. Estamos viviendo cambios poco favorables para la democracia en el mundo y es preciso participar con campañas masivas en redes sociales para detener el cáncer del comunismo. Por eso es necesario tomar acción ahora y rechazar el genocidio disimulado, como se hace también urgente quitar la máscara a aquellos héroes del pasado y del presente.

Hemos sido creados para construir el mundo que deseamos, pero a pesar de eso, nos hemos acostumbrado a celebrar el triunfo de otras personas que están destruyendo nuestra vida sin darnos cuenta que estamos estancados contemplando los acontecimientos.

Después de varias décadas, seguimos contagiados de emociones y conmemoramos episodios históricos tales como el gran sueño de Martin Luther King con su revolución racial; se celebra con un día de descanso, algunos entre una que otra marcha para el recuerdo, pero no nos sentimos inspirados para tomar acción, formar nuevos valores y continuar la marcha que nos dejó el líder, pero de forma sofisticada como lo hacen los magnates que en silencio se quieren tomar el mundo. Para el joven de 26 años de edad, lograr vencer la segregación racial y obtener la libertad de los derechos civiles tenía que enfrentar a un enemigo letal capaz de destruirlo todo, el Ku Klux Klan: los encapuchados segregacionistas más radicales de la historia. El poder de la fuerza moral y espiritual que sobrepasaba todas las expectativas en la mente libre del muchacho logró entre la más alta conmoción, nunca antes vista. Ante los ojos del mundo tembló el odio del Ku Klux Klan y todos los pensamientos racistas de la época contra la idea de libertad que exigía el joven negro; la violencia se desató con asesinatos, bombas, y generó la detención del líder que preparó su movimiento sin aplicar violencia. Ni las mangueras de agua con su fuerza, ni la violencia de los caninos que se usó, detuvo el sueño. La lucha pacífica también conmocionó al mundo y puso a la moral de los hombres blancos del gobierno en jaque con el arma poderosa del amor, que fue el soporte de la resistencia pasiva para coronar su ideal: "Hemos logrado salir del oscuro y desolado valle de la segregación para andar por el soleado camino de la justicia racial".

La auténtica victoria de Martin Luther King es una muestra ejemplar de que el amor triunfa por encima del odio y protestar con derramamiento de sangre genera más dolor que paz espiritual. Sin embargo, con la expansión fácil y rápida del crimen y la revolución de las guerras de guerrillas, podemos concluir que es más excitante para la raza humana abandonar los valores éticos y morales que la preservación de ellos para respetar la vida y ser felices. No pretendo huir de la realidad del mundo que vivimos hoy, es preciso someter a juicio y algunas veces usar la fuerza para controlar el bagaje de ideas corruptas de los individuos que dominan el mundo causando tanto daño.

Aun así, creo en la capacidad del pensamiento individual para crear ideas y unir fuerzas a fin de lograr un despertar de consciencia colectiva, controlar la corrupción, aceptarnos los unos a los otros con respeto a sus inclinaciones personales de género. No veo necesidad de agruparse en autodiscriminación resentida; por último, luchar en forma civilizada para desaparecer las dictaduras.

No obstante, los acontecimientos que pasaron a la historia el pasado 23 de febrero de 2019, con la ayuda humanitaria interrumpida para Venezuela, deja mucha incógnita en la mente de quienes seguimos de cerca, momento a momento esta frustrada misión. El hecho de quemar un camión con alimentos para una nación que destila hambruna y muerte es un grito a la guerra del régimen corrupto de Nicolás Maduro. La indecisión que se percibe con la respuesta a ese hecho de lesa humanidad es el peor de los casos contemplados que sin duda fortaleció la agresión de los asesinos sueltos de Maduro, la impunidad de los actos criminales contra la vida de los venezolanos por parte de partidos comunistas en la persona de Maduro. No hay duda de la poderosa fuerza que tienen los magnates que están contribuyendo con esta dictadura. Como colofón, la pasividad de los altos mandatarios en la reunión del Grupo de Lima el lunes 25 de febrero, mientras en la frontera de Colombia y Venezuela los disturbios continuaban, no se tomó ninguna solución para sacar al dictador Maduro. Pareciera que en esas reuniones con grupos defendiendo sus propios intereses, desean mantener ese tizón encendido.

Veía el concierto del 21 de febrero en apoyo a la ayuda humanitaria y la voluntad de los artistas inspirados con su música me remontó a la época de la Guerra Fría, mientras alternaba con mi manuscrito para *El robot de carne y hueso*. Me inspiré en la influencia de la música sobre la humanidad y si hablo de los años sesenta no podía faltar uno de los grandes acontecimientos, el aporte de los Beatles, aquellos jóvenes que viven en el recuerdo porque marcaron el sentimiento a través de sus canciones.

Al llegar a un análisis sobre estos personajes que lograron el despertar de la consciencia hacia la libertad en esa época, aunque no todos lo entendieron mas no se continuó, me encontré con la certeza de que la libertad no se encuentra en ninguna Constitución ni bajo el amparo de ninguna regla. La libertad es algo innato y aflora por voluntad propia.

18

Ruta de la Seda

El tradicional mito de la Ruta de la Seda deja de serlo

Cuando se habla de grandes transformaciones que han marcado la historia del mundo en general, es innegable la presencia de la mujer; tanto desde el inicio de la vida como en su desarrollo, no podía ser la excepción en este gran combate de poderes. En China dicen: "El hombre controla las cosas grandes, la mujer los detalles, pero la vida consiste en un 90 % de detalles", así supe también la razón de por qué a mí me seducen los detalles.

Esa es la teoría, pensemos ahora en detalles que representan grandes acontecimientos. Hay una gigantesca visión de furia e intensidad que busca el poder, desde el siglo xvi a. C., un mito centenario que rebrota y envuelve la seducción de una mujer. La hermosa mujer del emperador Huang Di, emperatriz Lei-Tsu, un día cualquiera se paseaba en los jardines del palacio y decidió reclinarse bajo la sombra de un árbol de morera que le ofrecía un fresco ambiente para deleitar un té. Sorpresivamente, un capullo cayó desde una de las ramas a su taza de té. Cuenta la historia que el capullo empezó a desenrollarse al sacarlo del té caliente; la emperatriz, admirada, detalladamente observaba que se iba formando un hilo muy largo, delicado, que brillaba y cubría un misterio; era el gusano de seda, que estaba desvaneciéndose desde el centro. Fue tan asombrosa la hermosura del hilo de seda, que la emperatriz se dedicó a plantar abundantes árboles de morera para cultivar los gusanos y tejerle un traje al emperador con los hilos delicados y suaves que tocaba con sus dedos. Así es como el emperador convirtió a su mujer en la "diosa de la seda", y decidió guardar el secreto por largo tiempo; se dice que por más de tres mil años el tejido fue secreto en China, hasta que gradualmente se fue usando como privilegio para la alta clase social y la familia del emperador. Después, con las técnicas en desarrollo, la seda se convirtió en la prenda más costosa y apreciada en las clases de alto rango. Desde luego no faltaron los que codiciaban el gran secreto del delicado hilo, y con la apertura de la Ruta de la Seda los intentos por entrar a la competencia se multiplicaron entre los comerciantes, turistas e infiltrados de Occidente. Con el pasar del tiempo, la astucia de una nueva emperatriz propuso traficar con las semillas de morera y capullos de gusanos de seda, transportándolos como un secreto escondido en el enrevesado peinado alto muy típico de la época de las emperatrices. Hasta que a este método se le abrió la competencia con el ingenio y la perspicacia de los hombres de Occidente, que encontraron en el bambú un escondite ideal, y se empezó a usar la planta para introducir la semilla de morera y transportar los capullos del gusano de seda sin ninguna sospecha hacia el mundo occidental.

Ahora bien, el mito iba quedando atrás porque los europeos encontraron otras formas de competencia, en el auge de la sericultura o cultivo de gusanos de seda y se extendió por medio de los árabes, que convirtieron a Andalucía en la primera región europea con criadero de gusanos de seda, seguida por Cataluña, entre otras regiones. Continuó el auge en la textilería francesa e italiana, nuevos artrópodos forman parte de este prestigiado tejido, que nunca pasa de moda. Pero no solo este acontecimiento con el mito marcó la Ruta de la Seda, sino también las famosas caravanas de camellos, que irrumpieron en el camino con todo tipo de riqueza, piedras preciosas entre ellas el jade, metales valiosos, especies, porcelanas, cristales y variedad de mercancías en cantidades considerables, que se confundían entre las masas de árabes y chinos. A través de esta ruta conocida como las caravanas, también se expandieron las ideologías, religiones y filosofías como el islam y el budismo.

El emblemático tejido que abrió la comercialización a todo tipo de mercaderes en todo el continente asiático, conectando a China con Mongolia, India, Persia, Arabia, Siria, Turquía, Europa y África, también ha tenido decadencia, altibajos y depresión económica. Sin embargo, la cuna de la Ruta de la Seda, es decir China, ha sido contemplada como un suelo fértil y mejor cultivado, con más industria y una población sin precedentes comparada con el resto del mundo, pero considerada un gigante estancado. Tal vez desde el 2011 parece ser que no se encontraba estancada, sino que dormía ante los ojos del mundo, mientras abría un nuevo eslabón férreo, más fuerte, poderoso y próspero, el Puente Terrestre Euroasiático, que terminó en 1990. Desde el 2011, la ciudad china de Chongqing está oficialmente conectada con la alemana Duisburgo, sirviendo con mercancías a través de Eurasia y superando la velocidad de rutas marinas tradicionales que transportaban en contenedores mercancía con la lentitud de 36 días; hoy, en solo 13 días por tren de carga, se recorre desde la China el ambicioso plan de la Ruta de la Seda.

Sorprende ahora que no fluye con impetuoso y misterioso apetito el tejido de la seda, sino que "brotan ciento de miles de millones en acero y hormigón, de nuevas vías, puentes, carreteras, túneles, en más de 65 países del mundo". El mundo de hoy aún no ha comprendido la magnitud de este imperio, "una idea que mueve a las personas, las impresiona y les afecta, representa éxito y sufrimiento". Amenaza y hace temblar a Occidente, conquista a Asia Central casi en su totalidad, navega por mares del sureste asiático. Arrasa con las mayores rutas de la navegación. China, hoy ha traspasado todos los límites de la prosperidad, conociendo en sus aventuras las debilidades del mundo actual, en el que instaló su gente como espías y comerciantes infiltrados. Dan es mi amiga entrevistada anteriormente, no dejó duda de que las comunicaciones chinas son todas, sin excepción, controladas por el Gobierno. Pero como no estuvimos de acuerdo en todo, yo tengo mi propia perspectiva.

China, hoy alcanza grandes estándares de calidad en inteligencia artificial, que le da referencia mundial suficiente para satisfacer eficientemente las necesidades de los consumidores, con el agravante incontrolable de que ha generado y genera herramientas de control con las cuales manejar el mundo, como vimos en los capítulos anteriores.

Claro que el siglo XXI exige unas características que van más allá del manejo de cualquier ruta comercial; si bien es cierto que, en gran porcentaje, hoy se ha logrado el distanciamiento social y la idea de condicionar a la humanidad detrás de un computador y amañarlo al teléfono celular es ya un éxito, hay también la necesidad de mantener a los seres conectados con su instinto sexual. La industria de los robots sexuales se ha incrementado, a modo de buen complemento de satisfacción personal en medio de la crisis de contagio que justifica la decadencia de la empatía. El análisis del libro *Modernidad líquida*, que nos dejó el polaco-británico sociólogo y filósofo Zygmunt Bauman, es una luz en el camino para entender que el plan diseñado para la humanidad es un mundo desechable y está a la vuelta de la esquina con la mente artificial supuestamente temporal, pero que podría permanecer después de la pandemia. El peligro de los robots sexuales para la humanidad está precisamente en el apoyo incondicional que estos artefactos ofrecen al fortalecimiento de la timidez y a ese miedo que ataca a la "sociedad líquida", como lo expone Bauman en sus libros. "Pocos compromisos por el miedo", elecciones por necesidad, la construcción de ideas sin alternativas, las relaciones amorosas por episodios que no comprometan el sentimiento. "El nuevo escenario tiende a la producción de una cultura artificial". Una materia deambulando, sin un fin determinado.

La coherencia basada de acuerdo con la ansiedad de la publicidad, respaldando los mercados hacia el apetito egocéntrico. La economía consumista sin ganancia futura. Mente cultivada al aquí y el ahora, desconectados de las bases fundamentales para flotar hasta llenar espacios con información fragmentada, con mensajes insignificantes, patrocinados por los que diseñaron la atención a un objetivo.

La cultura de la discontinuidad y el desapego de los valores humanos. En la librería mental del legado que deja Bauman hay un lumbral en el campo de educación que expone el tema del exceso y el material de desecho. Me transportó a la época de mi ingenuidad, después de la crisis económica, que me llevó al callejón sin salida que ofrece la próspera vida de tarjetas de crédito. No puedo describir mejor el mundo actual, que la forma en que lo especificó Bauman: "Los mercados de consumo encontraron la varita mágica con la que atrae huéspedes de cenicientas mediante una estrategia de vida basada en el crédito". El autor describe las emociones descontroladas de la gente manifestada en una cenicienta empeñada al sistema de crédito por "una única y arrebatada noche".

Es un hecho que las técnicas de *marketing* y tarjetas de crédito van unidas a las políticas gubernamentales para convertir a las personas que vivían del ocio en consumidores generadores de ganancia para los poderosos dueños y amos de los bancos.

Finalizando esta obra, concluyo que son los medios publicitarios del poder adquisitivo los que deciden cuál será el objetivo a seguir en el trayecto individual del ser humano.

Qué más podría decir, si es que estamos en la época moderna, donde hay un camino más fácil para enredar a la cenicienta, "disfrute ahora y pague más tarde". Obviamente, no incluimos aquí a las personas que van en vía contraria a la agitación que impulsa la publicidad. Infortunadamente, es para la mayoría de la gente, la que vive hoy atrapada en el despilfarro del exceso y el desecho. En otras palabras, a los seguidores de una "sociedad líquida".

¿Ha llegado entonces el momento de vivir al fuego del consumo y todo *made in China*? (¿todo hecho en China?).

Esta crisis de recogimiento, a pesar de ser obligatoria, ha hecho relevante pequeños detalles que aletean en la consciencia; mucha gente se ha podido detener en las puertas de sus clósets para ver cantidad de prendas de vestir acumuladas sin poder lucirlas. La lección aprendida en esta guerra de poderes puede ser la oportunidad para reflexionar y dar un salto de deudor a campeón, para salir de la masa de víctimas colaterales del sistema de consumo y para tomar consciencia de la manipulación que nos absorbe. Nunca es tarde para elevar los niveles de consciencia y defender a toda costa nuestras libertades, pero usted y yo sabemos lo que significa crear un cambio de consciencia, implica un nuevo orden con bases y fundamentos sólidos a partir de los detalles.

Esa sala donde a carcajadas se disfrutaba de un té entre amigos o familia y que hoy hemos permitido pasarla al campo virtual de Twitter, Facebook, Instagram, o Zoom o Google Duo, tiene una oportunidad de reconstruirse con nuestra fuerza de voluntad.

Salir y tener empatía es parte del compromiso con el amor entre seres humanos y el método para construir una vida con la capacidad de conservar y preservar principios. La construcción del robot de carne y hueso es la consecuencia de una vida acelerada, donde "lo que se aprende rápido se olvida rápido".

El modelo para reducir la memoria y acelerar la confusión es convertir al ser humano en un robot de carne y hueso que va en sentido contrario al de amarnos los unos a los otros.

Epílogo

Desde el nacimiento del ser humano, ha desencadenado el debate entre la filosofía y la religión; en sentido general, es la idea de la capacidad del ser, nacer, desarrollarse, reproducirse y fallecer. Sin embargo, las distintas implicaciones entre las dos ramas mencionadas que se debaten hasta el presente fueron ajenas para la mayoría de la población mundial, hasta el 2020, cuando la pandemia interrumpió con la idea de que ocurriera una tercera guerra mundial. Efectivamente, el mundo hoy se encuentra enfrentando una guerra con arma biológica, manifestada con un virus que sustituyó las bombas y misiles de destrucción masiva. Literalmente, se está viendo un refuerzo masivo con "palos, piedras" y fuego provocado, necesario para la agitación bélica mundial. Parece que el gran científico Albert Einstein se adelantó a varios hechos que hoy estamos viviendo sin haber concluido la tercera guerra mundial; situando textualmente: "No sé con qué armas se combatirá la tercera guerra mundial, pero la cuarta será con palos y piedras".

Por otro lado, dándole un sentido más objetivo al debate filosófico y religioso, en el campo espiritual, cuando se le pregunta a Albert Einstein (1943), cuál es su opinión sobre Dios, respondió: "Dios es un misterio, pero un misterio comprensible. No tengo nada sino admiración cuando observo las leyes de la naturaleza. No hay leyes sin un legislador". No me extenderé buscando leyes de la sabiduría que traspasan todo entendimiento, pero al igual que Einstein, la mayoría de la humanidad reconoce a un legislador de acontecimientos sobrenaturales valorado de acuerdo con la cultura.

La información que ofrecen libros que a través de la historia se han considerado sagrados por la sabiduría coherente a hechos pasados y presentes en la historia, aunque acomodados a los diferentes acontecimientos en connivencia de intereses, percibimos algo comparable a las premoniciones:

"Hazte un arca de madera de gofer; harás aposentos en el arca, y la calafatearás con brea por dentro y por fuera".

Todos quieren ir a las montañas a un lugar tranquilo o a cualquier lugar del mundo a construir un arca para escapar a las consecuencias de las acciones cometidas. Los avances de la tecnología que podrían sustituir la expresión "arca de Noé" son los búnkeres que se han puesto de moda para protegerse de persecuciones, exterminios de catástrofes naturales y provocadas, como también hay búnkeres sofisticados con alta tecnología para que los protagonistas de la destrucción humana continúen su obra de manipulación para los futuros robots de carne y hueso.

Sea usted creyente o no creyente, o simplemente un filósofo de su propia observación, no se puede negar que el camino sobre la Tierra empezó sobre un paraíso de nacimiento, de hierba, árboles, simientes de su especie, era pues un jardín que da "fruto suave al paladar", con ríos divididos en cuatro brazos, como el Éufrates y el Tigris, Gihón, el que recorre toda la tierra de Etiopía y el Fisón, donde se halla oro fino, por mencionar a los más destacados del pasado. Toda criatura sobre la Tierra tiene ojos para comprobar las maravillas y la grandeza natural, y si no los tiene lo puede palpar o percibir, todo fue creado para deleite del hombre y la mujer sobre la Tierra. Pero, ese espíritu de vida, esa alma racional que para muchos fue creada por un soplo de vida espiritual y para otros por evolución o diferentes teorías, parece que se detiene hoy en las mismas preguntas surgidas de la inseguridad e incertidumbre que causan la violencia: ¿es el fin de la civilización?, ¿en manos de quién estará el futuro?

Tal es el temor de la creación en el mundo moderno, que ningún poder sobre la Tierra es ajeno al desenlace de las consecuencias de esta guerra. De hecho, Vladimir Putin recordó a Albert Einstein, con la misma frase que aquí menciono, sobre la cuarta guerra, de "palos y piedras". El presidente ruso señaló:

> Constantemente estallan conflictos regionales, como la guerra de Vietnam o el conflicto en la península coreana o el que se desarrolla ahora en Medio Oriente, desde Irak a Libia. Hay otros conflictos, pero no hubo conflictos globales. ¿Por qué? Porque a nivel mundial entre las principales potencias militares se ha entablado una paridad estratégica. El miedo al exterminio mutuo siempre ha contenido a los actores internacionales. Ha frenado a las principales potencias mundiales de realizar movimientos bruscos y las ha llevado a tenerse respeto.

Todavía no podemos saber a ciencia cierta si esa palabra "respeto" a la que se refiere el presidente Putin tiene sentido en esta guerra o si va más allá del "respeto", que podemos fácilmente sustituirlo por intereses propios de esos "actores internacionales". Basada en la recapitulación de *El robot de carne y hueso*, nos encontramos con la transformación del principio de un siglo apocalíptico, donde aflora la sabiduría de los grandes maestros y la filosofía de grandes hombres de renombre, comprobando la maldad del hombre que busca a toda costa posesionarse como el dios del planeta Tierra, dejando a un lado el respeto por la vida, para tomar control del nacimiento y el fenecer de la descendencia humana. También es cierto que sobrepasa el misterio a la certeza y predomina la pregunta de quién será o cuál potencia acaparará el insaciable deseo de someter nuestras libertades, ¿será la China?, ¿será Rusia, India, Norteamérica o quizá la unión de la fuerza latinoamericana con los grupos narcoterroristas, con los magnates a la cabeza? La sorpresa es que todos llevan un bagaje recorrido entre guerras y manipulaciones sin escrúpulos, hasta encerrar al mundo en el pánico global mientras avanza el plan de sus agendas. Lo cierto es que estos cambios no han ocurrido por accidente y tanto la codicia como el miedo representan a la reina y al rey en este juego de ajedrez, donde a los peones los convulsiona el miedo y no les queda otra cosa que esperar con tapabocas el jaque mate para concluir la historia.

Aunque estamos viviendo en un mar de incertidumbre, el mundo es todavía nuestro.

FIN

Printed in the United States
by Baker & Taylor Publisher Services

Printed in the United States
by Baker & Taylor Publisher Services